新物理学シリーズ 38

統計力学 II

学習院大学教授 理学博士
田崎 晴明 著

培風館

本書の無断複写は，著作権法上での例外を除き，禁じられています。
本書を複写される場合は，その都度当社の許諾を得てください。

目　次

8. グランドカノニカル分布　　285〜303
- 8-1　グランドカノニカル分布の基礎 …………………………………… 285
- 8-2　グランドカノニカル分布の応用 …………………………………… 298
- 　　　演習問題 8. ……………………………………………………………… 303

9. 熱力学的構造，確率モデルの等価性　　304〜339
- 9-1　熱力学の三つの形式 ………………………………………………… 305
- 9-2　ミクロカノニカル分布 ……………………………………………… 318
- 9-3　三つの確率モデルの等価性 ………………………………………… 326
- 9-4　等価性のまとめと注意 ……………………………………………… 334
- 　　　演習問題 9. ……………………………………………………………… 339

10. 量子理想気体の統計力学　　340〜417
- 10-1　多粒子系の量子力学 ………………………………………………… 340
- 10-2　量子理想気体の統計力学の一般的な枠組み ……………………… 365
- 10-3　理想フェルミ気体 …………………………………………………… 381
- 10-4　理想ボース気体 ……………………………………………………… 396
- 　　　演習問題 10. …………………………………………………………… 416

11. 相転移と臨界現象入門　　418〜472
- 11-1　相転移，臨界現象とは何か ………………………………………… 418
- 11-2　強磁性イジング模型 ………………………………………………… 428
- 11-3　一次元イジング模型 ………………………………………………… 437
- 11-4　イジング模型の平均場近似 ………………………………………… 442
- 11-5　イジング模型における相転移と臨界現象 ………………………… 457

演習問題 11. ……………………………………………… 471

付録 B． 凸関数とルジャンドル変換　473〜492
- **B-1** 凸関数 ……………………………………………… 473
- **B-2** ルジャンドル変換 ……………………………… 484

付録 C． いくつかの厳密な結果の証明　493〜509
- **C-1** モデルの定義と基本的な性質 ……………………… 493
- **C-2** マクロな系での基底エネルギーと状態数のふるまい …… 500
- **C-3** 三つの確率モデルの等価性 ………………………… 503

参考文献　511
演習問題解答　513
索　引　　*1*

I 巻目次

1. 統計力学とは何か
1-1 統計力学とその背景
1-2 本書についてのいくつかの注意

2. 確率論入門
2-1 確率論の基本
2-2 物理量のゆらぎと大数の法則
2-3 連続変数の扱い

3. 量子論からの準備
3-1 エネルギー固有状態
3-2 状態数

4. 平衡統計力学の基礎
4-1 平衡状態の本質
4-2 カノニカル分布の導出
4-3 カノニカル分布の基本的な性質

5. カノニカル分布の基本的な応用
5-1 カノニカル分布のまとめ
5-2 理想気体
5-3 常磁性体と関連するモデル
5-4 比熱の一般的なふるまい
5-5 調和振動子の平衡状態
5-6 古典的な粒子の系
5-7 二原子分子理想気体の熱容量

6. 格子振動と結晶の比熱
6-1 アインシュタインモデルとその問題点
6-2 一次元格子系の固有振動のモード
6-3 連成振動の一般論

6-4 三次元の結晶の統計力学

7. 電磁場と黒体輻射
7-1 簡単な歴史的背景と問題設定
7-2 電磁場と調和振動子
7-3 古典論の破綻
7-4 量子論による黒体輻射の扱い

付録 A. 数学的な補足
A-1 いくつかの積分
A-2 スターリングの公式
A-3 ν 次元球の体積

8. グランドカノニカル分布

この短い章では，カノニカル分布とともに実用的に用いられるグランドカノニカル分布を扱う。カノニカル分布では，体積と粒子数を固定し，逆温度 β というパラメターで系のエネルギーを制御した。グランドカノニカル分布では，体積だけを固定し，逆温度 β と化学ポテンシャル μ という二つのパラメターで系のエネルギーと粒子数をそれぞれ制御する。グランドカノニカル分布は，もっとも素直には，外界との間でエネルギーと粒子を弱くやりとりして実現されるような平衡状態を記述すると考えられる。もちろん，平衡状態の性質は，平衡状態を実現する方法には依存しないので，場合によっては，粒子数が一定の系をグランドカノニカル分布で解析することもある。10 章で扱う量子理想気体がその好例なので，10 章を読むためには，この章の基本的な内容を理解している必要がある。

この章で扱うことがらは，本書のこれまでの内容を消化している読者にとっては，さほど難しくないヴァリエーションと感じられるだろう。8-1 節ではグランドカノニカル分布を導出し，いくつかの一般的な性質を示す。8-2 節では，グランドカノニカル分布の基本的な応用を議論する。

8-1　グランドカノニカル分布の基礎

グランドカノニカル分布にとって素直な設定は，注目する系が，エネルギーだけでなく粒子をも外の世界とやりとりしているような状況である。たとえば，気体の入った容器に小さな穴があいていて，そこから気体が出入りしている系を想像してもいいし，半導体がより大きな金属と接触していて，電子が出入りしているような系を考えてもよい。8-1-1 節で見るように，このような状況で平衡状態が達成されたと考えて，全系に等重率の原

理を適用すれば，注目する系についてのグランドカノニカル分布を導くことができる．

　もちろん，熱力学的な経験事実によれば，平衡状態のマクロな性質は，どうやって平衡状態を用意したかには依存しない（この点は，カノニカル分布を導出した 4-2-1 節で強調した）．グランドカノニカル分布は，上で述べた「素直な設定」以外の平衡状態の解析にも用いることができる．

　8-1-2 節では諸量の期待値などについての基本的な関係をまとめる．

8-1-1　グランドカノニカル分布の導出

　図 8.1 のように，われわれが注目する量子系が，より大きな量子系と接触していて，両者のあいだではエネルギーと粒子がゆるやかに行き来できるとしよう．全系が外界から完全に孤立しており，この状況で長い時間がたてば平衡状態が実現する．このような設定を念頭において得られる平衡状態の確率モデルが，グランドカノニカル分布である．これからグランドカノニカル分布を導出するが，考え方は 4-2 節のカノニカル分布の導出とほとんど同じである．4-2 節の内容を思い出してから読まれることをおすすめする．

系の設定

　われわれの「注目する系」は，一定の体積 V の領域の中に，多数の粒子があるような系である．ここでの「粒子」とは何らかの分子であると考え

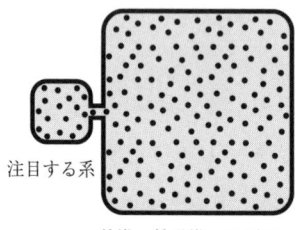

注目する系

熱浴・粒子浴，リザバー

図 **8.1**　グランドカノニカル分布にとって素直な設定．われわれが注目するマクロな量子系は，より大きなマクロな量子系（これを，リザバー，あるいは熱浴・粒子浴と呼ぶ）と接触していて，ゆるやかにエネルギーと粒子をやりとりする．全系が平衡に達した状況で，注目する系のふるまいを調べることで，グランドカノニカル分布が得られる．

8-1 グランドカノニカル分布の基礎

るのが自然だが，もちろん，そうでなくてもよい．簡単のため，粒子は一種類とするが，多種の粒子がある場合への拡張は難しくない[1]．

ここでも注目する系のエネルギー固有状態を列挙するのだが，（体積 V は一定だが）系全体の粒子数を固定せず，様々な粒子数のエネルギー固有状態をすべて数え上げる．$N = 0, 1, 2, \ldots, N_{\max}$ を注目する系がとりうる粒子数とする．そして，粒子数が N のときのエネルギー固有状態すべてに $i = 1, 2, \ldots, n_N$ と番号をつけ，対応するエネルギー固有値を $E_i^{(N)}$ と書く．よって，エネルギー固有状態を一つ指定するときには (N, i) のように粒子数と固有状態の番号を並べて書くことにする．ここで，最大の粒子数 $N_{\max}$ と，粒子数 N に対応する状態の総数 n_N は有限だと仮定したが，カノニカル分布のときと同様，導出が終わった後でこれらの量を無限に大きくする．

注目する系と接触している大きな系は，ここでも**熱浴** (heat bath) の役割を果たすが，さらに，注目する系の粒子数を調節する**粒子浴** (particle bath) の役割も果たす．よって，この系のことを「熱浴・粒子浴」と呼ぶが，これはあまり格好よくないので，単に**リザバー** (reservoir[2]) と呼ぶほうがいいかもしれない．もちろん，リザバーは注目する系と同じ種類の粒子からなるマクロな量子系ならば何でもかまわない．リザバーの体積を V_R とする．リザバーについても様々な粒子数を考えておく．リザバーの粒子数が N_R のときのエネルギー固有状態に $k = 1, 2, \ldots$ と名前をつけ，対応するエネルギー固有値を $B_k^{(N_\mathrm{R})}$ と書く．エネルギー固有状態は，やはり，(N_R, k) のように粒子数と番号を並べて指定する．

さて，ここで注目する系とリザバーのエネルギー固有状態を列挙する際には，3 章と同じように，粒子を互いに区別できるモデルを使い，粒子に名前をつけて区別する．実際は，粒子が区別できない（量子系では正当な）モデルを使ったほうが，以下の導出は見通しがよいのだが，10 章を先取りするわけにはいかないだろう．粒子が区別できない場合の扱いについては，導出が終わった後で，変更点を整理する．

リザバーの粒子数が N_R のときの，粒子を区別して数え上げた状態数を $\widetilde{\Omega}_{N_\mathrm{R}}(B)$ とする（状態数の定義については，3-2-1 節を参照）．これを粒子の並べ替えの場合の数で割った $\Omega_{N_\mathrm{R}}(B) = (1/N_\mathrm{R}!)\widetilde{\Omega}_{N_\mathrm{R}}(B)$ が，これまで

---

[1] 進んだ注：粒子の種類の数だけ，異なった化学ポテンシャルを導入することになる．入門書である本書では扱わないが，多成分の粒子系は実用上は重要である．
[2] 103 ページ（I 巻）の脚注 41）を見よ．

議論してきた（マクロな観点からは自然な）状態数である．状態数 $\Omega_{N_\mathrm{R}}(B)$ はマクロな系の状態数の普遍的な性質 (3.2.30) をもつと仮定しよう．

平衡状態の表現

今，注目する系とリザバーを合わせた全系が平衡状態にあるとする．全系の粒子数を N_tot，全系のエネルギーを U_tot とする．4-2-2 節と同じように，注目する系とリザバーの間の相互作用は無視できるほど小さいと仮定しよう．相互作用が無視できるので，注目する系のエネルギー固有状態とリザバーのエネルギー固有状態を指定すれば，全系のエネルギー固有状態が決まる．上で導入した書き方を使うと，全系のエネルギー固有状態は $\{(N,i),(N_\mathrm{R},k)\}$ という組で指定できる．この状態に対応するエネルギー固有値は $E_i^{(N)} + B_k^{(N_\mathrm{R})}$ である．ただし，全系の粒子数が N_tot なので，注目する系の粒子数 N とリザバーの粒子数 N_R は，$N + N_\mathrm{R} = N_\mathrm{tot}$ という拘束条件を満たさなくてはならない．

ここで，粒子が区別できるとしたので，$\{(N,i),(N_\mathrm{R},k)\}$ という組に対応する全系のエネルギー固有状態は一つだけではない．$\{(N,i),(N_\mathrm{R},k)\}$ を指定しても，さらに，N_tot 個の粒子を，注目する系に N 個，リザバーに N_R 個，割り振る必要がある[3]．この割り振り方の場合の数は $N_\mathrm{tot}!/(N!\,N_\mathrm{R}!)$ である（$0! = 1$ と約束する）．よって，$\{(N,i),(N_\mathrm{R},k)\}$ という一つの組に対して，ちょうど $N_\mathrm{tot}!/(N!\,N_\mathrm{R}!)$ 個のエネルギー固有状態が対応する．

全系の平衡状態をミクロカノニカル分布（93 ページを見よ）で記述する．エネルギーと粒子の配分を考えれば，

$$U_\mathrm{tot} - V_\mathrm{R}\,\delta < E_i^{(N)} + B_k^{(N_\mathrm{R})} \leq U_\mathrm{tot}, \qquad N + N_\mathrm{R} = N_\mathrm{tot} \qquad (8.1.1)$$

を満たす組 $\{(N,i),(N_\mathrm{R},k)\}$ の各々について，対応する $N_\mathrm{tot}!/(N!\,N_\mathrm{R}!)$ 個のエネルギー固有状態を列挙したとき，それらすべてが同じ重みで出現することになる．これで平衡状態のマクロな性質が再現できる．

今，注目する系の粒子数 N を一つ選び，また対応するエネルギー固有状態 $i = 1, 2, \ldots, n_N$ を一つ固定する．すると，リザバーの粒子数は $N_\mathrm{R} = N_\mathrm{tot} - N$ になり，また，(8.1.1) から，リザバーのエネルギー固有状態 $k = 1, 2, \ldots$ で考慮すべきなのは，

$$U_\mathrm{tot} - E_i^{(N)} - V_\mathrm{R}\,\delta < B_k^{(N_\mathrm{tot}-N)} \leq U_\mathrm{tot} - E_i^{(N)} \qquad (8.1.2)$$

---

[3] 進んだ注：全粒子を $1, \ldots, N_\mathrm{tot}$ と呼ぶ．正確に言うと，系に割り振られた N 個の粒子を，番号が若い順に $1, \ldots, N$ と名づけ直す．リザバーについても同様．

8-1 グランドカノニカル分布の基礎

を満たすものとわかる。この条件を満たす k の総数は，リザバーの（粒子を区別して数えた）状態数を使って，

$$W_{N,i} = \widetilde{\Omega}_{N_{\text{tot}}-N}(U_{\text{tot}} - E_i^{(N)}) - \widetilde{\Omega}_{N_{\text{tot}}-N}(U_{\text{tot}} - E_i^{(N)} - V_R \delta)$$
$$\simeq \widetilde{\Omega}_{N_{\text{tot}}-N}(U_{\text{tot}} - E_i^{(N)}) \qquad (8.1.3)$$

と書ける。ただし，ここで (4.2.7) の評価を使って表式を簡単にした。

上で注意したことからわかるように，(N, i) に対応する考慮すべきエネルギー固有状態の総数は，$W_{N,i}$ に場合の数 $N_{\text{tot}}!/(N! N_R!)$ をかけた

$$\Omega_{N,i} = \frac{N_{\text{tot}}!}{N!(N_{\text{tot}}-N)!} W_{N,i} \simeq \frac{N_{\text{tot}}!}{N!} \Omega_{N_{\text{tot}}-N}(U_{\text{tot}} - E_i^{(N)}) \qquad (8.1.4)$$

である。ここで，(8.1.3) と $\Omega_{N_R}(B) = (1/N_R!)\widetilde{\Omega}_{N_R}(B)$ を使った。(8.1.4) を全ての $N = 0, 1, \ldots, N_{\max}$ と $i = 1, 2, \ldots, n_N$ について足し上げた

$$\Omega_{\text{total}} := \sum_{N=0}^{N_{\max}} \sum_{i=1}^{n_N} \Omega_{N,i} \simeq \sum_{N=0}^{N_{\max}} \frac{N_{\text{tot}}!}{N!} \sum_{i=1}^{n_N} \Omega_{N_{\text{tot}}-N}(U_{\text{tot}} - E_i^{(N)}) \qquad (8.1.5)$$

が，エネルギー殻に含まれるエネルギー固有状態の総数である。

全系のミクロカノニカル分布は，これら Ω_{total} 個のエネルギー固有状態が，すべて同じ $1/\Omega_{\text{total}}$ という確率で出現するという確率モデルである。Ω_{total} 個のエネルギー固有状態のうち，注目する系がエネルギー固有状態 (N, i) をとるものは $\Omega_{N,i}$ 個ある。よって，この確率モデルにおいて，注目する系がエネルギー固有状態 (N, i) をとる確率は，

$$p_{N,i} = \frac{\Omega_{N,i}}{\Omega_{\text{total}}}$$
$$\simeq \frac{N_{\text{tot}}!}{N!} \Omega_{N_{\text{tot}}-N}(U_{\text{tot}}-E_i^{(N)}) \left\{ \sum_{\widetilde{N}=0}^{N_{\max}} \sum_{j=1}^{n_{\widetilde{N}}} \frac{N_{\text{tot}}!}{\widetilde{N}!} \Omega_{N_{\text{tot}}-\widetilde{N}}(U_{\text{tot}}-E_j^{(\widetilde{N})}) \right\}^{-1}$$
$$= \frac{1}{N!} \frac{\Omega_{N_{\text{tot}}-N}(U_{\text{tot}}-E_i^{(N)})}{\Omega_{N_{\text{tot}}}(U_{\text{tot}})} \left\{ \sum_{\widetilde{N}=0}^{N_{\max}} \frac{1}{\widetilde{N}!} \sum_{j=1}^{n_{\widetilde{N}}} \frac{\Omega_{N_{\text{tot}}-\widetilde{N}}(U_{\text{tot}}-E_j^{(\widetilde{N})})}{\Omega_{N_{\text{tot}}}(U_{\text{tot}})} \right\}^{-1}$$
$$(8.1.6)$$

である。(4.2.10) と同様に，$\Omega_{N_{\text{tot}}-N}(U_{\text{tot}} - E_i^{(N)})/\Omega_{N_{\text{tot}}}(U_{\text{tot}})$ という量の対数をとって $E_i^{(N)}$ と N の両方についてテイラー展開すると，

$$\log \frac{\Omega_{N_{\text{tot}}-N}(U_{\text{tot}} - E_i^{(N)})}{\Omega_{N_{\text{tot}}}(U_{\text{tot}})} = \log \Omega_{N_{\text{tot}}-N}(U_{\text{tot}} - E_i^{(N)}) - \log \Omega_{N_{\text{tot}}}(U_{\text{tot}})$$
$$= -E_i^{(N)} \frac{\partial}{\partial U} \log \Omega_{N_{\text{tot}}}(U) \bigg|_{U=U_{\text{tot}}} - N \frac{\partial}{\partial N_R} \log \Omega_{N_R}(U_{\text{tot}}) \bigg|_{N_R=N_{\text{tot}}} + \cdots$$

となる (N_R は離散的な変数だが, $\Omega_{N_\mathrm{R}}(U)$ が N_R になめらかに依存するので, 微分を使ってテイラー展開している). ここでも, $\rho = N_\mathrm{tot}/V_\mathrm{R}$, $u = U_\mathrm{tot}/V_\mathrm{R}$ として, (3.2.30) の漸近形 $\log \Omega_{N_\mathrm{R}}(U_\mathrm{tot}) = V_\mathrm{R}\, \sigma(u,\rho) + o(V_\mathrm{R})$ を用いると, (4.2.10) と同じように評価して[4],

$$= -E_i^{(N)} \frac{\partial}{\partial u}\sigma(u,\rho) - N \frac{\partial}{\partial \rho}\sigma(u,\rho) + O\left(\frac{1}{V_\mathrm{R}}\right) + \frac{o(V_\mathrm{R})}{V_\mathrm{R}}$$

$$= -\beta(u,\rho)\, E_i^{(N)} + \beta(u,\rho)\, \mu(u,\rho)\, N + O\left(\frac{1}{V_\mathrm{R}}\right) + \frac{o(V_\mathrm{R})}{V_\mathrm{R}} \tag{8.1.7}$$

あるいは,

$$\frac{\Omega_{N_\mathrm{tot}-N}(U_\mathrm{tot} - E_i^{(N)})}{\Omega_{N_\mathrm{tot}}(U_\mathrm{tot})} \simeq \exp[-\beta(u,\rho)\, E_i^{(N)} + \beta(u,\rho)\, \mu(u,\rho)\, N] \tag{8.1.8}$$

が得られる. ここで,

$$\beta(u,\rho) := \frac{\partial}{\partial u}\sigma(u,\rho) = \left.\frac{\partial}{\partial U}\log \Omega_{N_\mathrm{tot}}(U)\right|_{U=U_\mathrm{tot}} > 0 \tag{8.1.9}$$

は (4.2.12) と同じ逆温度であり,

$$\mu(u,\rho) := -\frac{1}{\beta(u,\rho)}\frac{\partial}{\partial \rho}\sigma(u,\rho) = -\frac{1}{\beta(u,\rho)}\left.\frac{\partial}{\partial N_\mathrm{R}}\log \Omega_{N_\mathrm{R}}(U_\mathrm{tot})\right|_{N_\mathrm{R}=N_\mathrm{tot}} \tag{8.1.10}$$

は, 化学ポテンシャル (chemical potential) と呼ばれる量である[5].

ここでも, 注目する系はそのままにして, 熱浴だけを限りなく大きくする極限を考える. より正確には, $u = U_\mathrm{tot}/V_\mathrm{R}$ と $\rho = N_\mathrm{tot}/V_\mathrm{R}$ を一定に保ったまま, 全エネルギー U_tot と熱浴の体積 V_R と全粒子数 N_tot を大きくする. すると, (8.1.7) の余分な項は消えて, (8.1.8) の $\simeq$ は等号になる. (8.1.8) を (8.1.6) に代入すれば, 注目する系がエネルギー固有状態 (N, i) をとる確率 $p_{N,i}$ が,

$$\boxed{p_{N,i}^{(\mathrm{GC},\beta,\mu)} = \frac{1}{N!\,\Xi_V(\beta,\mu)}\,\exp[-\beta E_i^{(N)} + \beta\,\mu\,N]} \tag{8.1.11}$$

---

[4] いささか省略気味の書き方だが, 展開の二次の項が $V_\mathrm{R} \nearrow \infty$ で小さくなることは, (4.2.10) と同様に示される.

[5] 理論の対称性を考えれば, $\mu(u,\rho)$ ではなく, $\alpha(u,\rho) := \partial \sigma(u,\rho)/\partial \rho$ という量を使うべきだろう. μ を用いるのは歴史的にこの量が広く用いられてきたからである.

8-1 グランドカノニカル分布の基礎

と書けることがわかる。ただし、リザバーの u と ρ を変化させることに興味はないので、$\beta(u,\rho)$ と $\mu(u,\rho)$ を単に β, μ と書いた。β と μ は、このリザバー（熱浴・粒子浴）を特徴づける二つのパラメターである。

カノニカル分布での確率 (4.2.13) と比較すると、注目する系のエネルギー E_i に依存する重み $\exp[-\beta E_i]$ が、注目する系のエネルギー $E_i^{(N)}$ と粒子数 N の両方に依存する重み $(1/N!)\exp[-\beta E_i^{(N)} + \beta\mu N]$ に置き換えられたことがわかるだろう。逆温度 β が注目する系へのエネルギーの出入りを調整するパラメターだったように、化学ポテンシャル μ は注目する系への粒子の出入りを調整するパラメターである。

確率 (8.1.11) の分母に現れた規格化の定数

$$\Xi_V(\beta,\mu) := \sum_{N=0}^{N_{\max}} \frac{1}{N!} \sum_{i=1}^{n_N} \exp[-\beta E_i^{(N)} + \beta\mu N] \qquad (8.1.12)$$

は、**大分配関数** (grand partition function) と呼ばれる[6]。体積を表す添字 V は省略してもよい。カノニカル分布の分配関数 $Z_{V,N}(\beta)$ と同様、単なる規格化定数という以上の役割を果たす量である。

これまで、注目する系の粒子数の上限を $N_{\max}$ とし、粒子数 N のときのエネルギー固有状態は n_N 個しかないとしてきた。しかしこれらの上限をいちいち気にするのはいかにも不便だ。カノニカル分布の場合と同様、ここで $N_{\max}$ と n_N を限りなく大きくする極限をとってしまおう[7]。よって大分配関数 (8.1.12) は、

$$\boxed{\Xi_V(\beta,\mu) = \sum_{N=0}^{\infty} \frac{1}{N!} \sum_{i=1}^{\infty} \exp[-\beta E_i^{(N)} + \beta\mu N] = \sum_{N=0}^{\infty} e^{\beta\mu N} Z_{V,N}(\beta)} \qquad (8.1.13)$$

となる。確率の表式は (8.1.11) のままである。これらの表式は、和が収束しさえすれば、極限においても問題なく成立する[8]。最右辺では、(4.2.16) の形での、粒子数が N の系の分配関数 $Z_{V,N}(\beta) = (1/N!)\sum_{i=1}^{\infty} e^{-\beta E_i^{(N)}}$ を用

---

[6] Ξ は見慣れない文字だが、ギリシャ文字の ξ（グザイ）の大文字である。

[7] 上限を無限に大きくしたからといって、注目する系の粒子数が無限に大きくなってしまう心配はない。粒子数が大きくなりすぎれば自然に確率が小さくなるので、実質的に平衡状態に寄与するのは、「まっとうな」粒子数の状態だけである。

[8] 多くのモデルで、任意の（正負の実数の）μ の値について、これらの和は収束する。理想ボース気体は、いささか病的な系であり、化学ポテンシャルは（大ざっぱに言って）$\mu < 0$ の範囲しかとりえない（10-4-1 節を参照）。

いて $\Xi(\beta,\mu)$ を表しておいた．この表現は，$Z_{V,N}(\beta)$ がすでに求められているときに $\Xi(\beta,\mu)$ を計算する際に便利だ．また，9-3-2 節でグランドカノニカル分布とカノニカル分布の関係を見るときにも，この表式が出発点になる．

(8.1.11), (8.1.13) によって，注目する系の平衡状態を記述する一つの確率モデルが得られた．確率分布[9] $\boldsymbol{p}^{(\mathrm{GC},\beta,\mu)} := (p_{N,i}^{(\mathrm{GC},\beta,\mu)})_{N=0,1,\ldots,\,i=1,2,\ldots}$ をグランドカノニカル分布 (grand canonical distribution) または大正準分布と呼ぶ．また，同じものを指してグランドカノニカルアンサンブル (grand canonical ensemble), 大正準集団ということもある[10]．グランドカノニカル分布は，カノニカル分布に次いで使いやすい分布で，特に，10 章での量子理想気体の扱いでは中心的な役割を果たす．

$\hat{f}$ を任意の物理量とし，エネルギー固有状態 (N,i) における $\hat{f}$ の値を $f_{N,i}$ とする．物理量 $\hat{f}$ のグランドカノニカル分布 (8.1.11) による期待値を，

$$\begin{aligned}\langle\hat{f}\rangle_{\beta,\mu}^{\mathrm{GC}} &:= \sum_{N=0}^{\infty}\sum_{i=1}^{\infty} f_{N,i}\, p_{N,i}^{(\mathrm{GC},\beta,\mu)} \\ &= \frac{1}{\Xi_V(\beta,\mu)} \sum_{N=0}^{\infty} \frac{1}{N!} \sum_{i=1}^{\infty} f_{N,i}\, \exp[-\beta E_i^{(N)} + \beta\mu N]\end{aligned} \quad (8.1.14)$$

と書く．当然だが，ゆらぎの一般的な定義 (2.2.5) に従って，グランドカノニカル分布での物理量 $\hat{f}$ のゆらぎを

$$\sigma_{\beta,\mu}^{\mathrm{GC}}[\hat{f}] := \sqrt{\langle \hat{f}^2\rangle_{\beta,\mu}^{\mathrm{GC}} - (\langle \hat{f}\rangle_{\beta,\mu}^{\mathrm{GC}})^2} \quad (8.1.15)$$

と定義する．

グランドカノニカル分布の別の書き方

上では，注目する系のエネルギー固有状態を列挙する際，まず粒子数 N を決め，それからエネルギー固有状態を数え上げた．これは自然なやり方だが，他の列挙の方法もある．様々な粒子数のエネルギー固有状態を，「通し番号」をつけて一気に列挙してしまうこともできる．つまり，粒子数を固定せずに，注目する系のエネルギー固有状態のすべてに $i=1,2,\ldots$ と番号をつけてしまうのだ．そして，エネルギー固有状態 i に対応するエネ

---

[9] この書き方については，(2.1.3) を見よ．
[10] 93 ページの脚注 21), 22) を見よ．

8-1 グランドカノニカル分布の基礎

ルギー固有値を E_i, 粒子数を N_i と書く. このような番号のつけ方をすると, (8.1.13) のような式で, N と i を別々に足さなくても, ただ i についてだけ足し上げればよい.

よってグランドカノニカル分布の確率 (8.1.11) と大分配関数 (8.1.13) は,

$$p_i^{(\mathrm{GC},\beta,\mu)} = \frac{1}{N_i!\,\Xi_V(\beta,\mu)} \exp[-\beta E_i + \beta\mu N_i] \tag{8.1.16}$$

$$\Xi_V(\beta,\mu) = \sum_{i=1}^{\infty} \frac{1}{N_i!} \exp[-\beta E_i + \beta\mu N_i] \tag{8.1.17}$$

と表される.

粒子が区別できない場合の注意

同種粒子は原理的に区別できないという (量子論としては正しい) 扱いをしたとき, 上の導出がどう変わるかを見ておこう[11]. 前に述べたように, このほうが導出は簡単になる.

粒子が区別できない取り扱いで量子力学の計算を進めた場合, 粒子の区別や分配の場合の数についての注意はいっさい不要になる. N_{tot} 個の粒子が区別できないのだから, それらを N 個と N_R 個に分ける場合の数は一通りである. そのため, 上の導出に現れた「個数の階乗」は全て 1 で置き換えればいいことになる. もちろん, $\Omega_{N_\mathrm{R}}(B)$ と $\tilde{\Omega}_{N_\mathrm{R}}(B)$ を使い分ける必要もない. その結果, 最終的な (8.1.11), (8.1.12), (8.1.13), (8.1.14), (8.1.16), (8.1.17) も, 全て $N!$ のない形になる. 念のため, (8.1.16), (8.1.17) に対応する表式を書いておくと,

$$p_i^{(\mathrm{GC},\beta,\mu)} = \frac{1}{\Xi_V(\beta,\mu)} \exp[-\beta E_i + \beta\mu N_i] \tag{8.1.18}$$

$$\Xi_V(\beta,\mu) = \sum_{i=1}^{\infty} \exp[-\beta E_i + \beta\mu N_i] \tag{8.1.19}$$

となる. 10 章での量子理想気体の解析には, この形を用いる. このように, 粒子が区別できるかどうかでグランドカノニカル分布についての基本的な表式が変わってしまうのはいささか不便だが, これはあきらめるしかない[12].

---

11) この部分は, 10 章を学ぶ際に読めばいい.
12) 論理的にもっとも明快なのは,「同種粒子は区別できない」という流儀を一貫して採用することだが, 学部生向けの教科書や講義でそのような進め方をするのはいささか無理があるだろう.

8-1-2 グランドカノニカル分布の基本的な性質

期待値とゆらぎの表現

まず,カノニカル分布についての 4-3-2 節に対応して,大分配関数から自然に得られる物理量を調べる。分配関数からエネルギーの期待値を求める便利な関係 (4.3.7) に触発されて,ここでも $\log \Xi(\beta, \mu)$ をリザバーを特徴づけるパラメターで微分してみよう。

まず,新しいパラメターである μ での微分を調べる。大分配関数の表式 (8.1.13) を使って素直に計算すると,

$$\frac{\partial}{\partial \mu} \log \Xi(\beta, \mu) = \frac{\sum_N (1/N!) \sum_i \beta N \exp[-\beta E_i^{(N)} + \beta \mu N]}{\sum_N (1/N!) \sum_i \exp[-\beta E_i^{(N)} + \beta \mu N]} = \beta \langle \hat{N} \rangle_{\beta, \mu}^{\mathrm{GC}} \tag{8.1.20}$$

が得られる。もちろん,$\hat{N}$ は粒子数 N に対応する物理量である。重要で役に立つ関係なので,まとめておけば,

$$\boxed{\langle \hat{N} \rangle_{\beta, \mu}^{\mathrm{GC}} = \frac{1}{\beta} \frac{\partial}{\partial \mu} \log \Xi(\beta, \mu) \tag{8.1.21}}$$

ということである[13]。また,エネルギーのゆらぎの表式 (4.3.11) に対応して,粒子数のゆらぎを

$$\sigma_{\beta, \mu}^{\mathrm{GC}}[\hat{N}] = \frac{1}{\beta} \sqrt{\frac{\partial^2}{\partial \mu^2} \log \Xi(\beta, \mu)} \tag{8.1.22}$$

と表現することができる。

次に,$\log \Xi(\beta, \mu)$ を β で微分すると,

$$\frac{\partial}{\partial \beta} \log \Xi(\beta, \mu) = \frac{\sum_N (1/N!) \sum_i (-E_i^{(N)} + \mu N) \exp[-\beta E_i^{(N)} + \beta \mu N]}{\sum_N (1/N!) \sum_i \exp[-\beta E_i^{(N)} + \beta \mu N]}$$

$$= -\langle \hat{H} \rangle_{\beta, \mu}^{\mathrm{GC}} + \mu \langle \hat{N} \rangle_{\beta, \mu}^{\mathrm{GC}} \tag{8.1.23}$$

が得られる。よって μ 微分についての (8.1.21) と合わせれば,エネルギーの期待値を

$$\langle \hat{H} \rangle_{\beta, \mu}^{\mathrm{GC}} = -\frac{\partial}{\partial \beta} \log \Xi(\beta, \mu) + \frac{\mu}{\beta} \frac{\partial}{\partial \mu} \log \Xi(\beta, \mu) \tag{8.1.24}$$

---

[13] (8.1.21), (8.1.22), (8.1.24) の関係は,$N!$ のない (8.1.19) の形式を採用しても,そのままの形で成立する。

独立な部分からなる系

独立な部分からなる系の扱いについては，ほとんど説明する必要もないだろう。

われわれが注目する系が，M 個の互いに独立な部分（それらに，$j = 1, 2, \ldots, M$ と名前をつける）からできていて，それらの間に相互作用はないとする。また，すべての部分系で，粒子は同じ種類だとしよう。この系が，逆温度 β，化学ポテンシャル μ で特徴づけられる単一のリザバーと接して平衡にある。すると注目する系全体の大分配関数は，

$$\Xi(\beta, \mu) = \prod_{j=1}^{M} \Xi_j(\beta, \mu) \tag{8.1.25}$$

のように，各々の部分系の大分配関数 $\Xi_j(\beta, \mu)$ の積になる。さらに，グランドカノニカル分布で定まる確率モデルは，確率論の意味で，独立な部分からなる系として扱うことができる。特に，$\hat{f}, \hat{g}$ がそれぞれ系 j と系 k のみに依存する物理量で，$j \neq k$ ならば，

$$\langle \hat{f} \rangle_{\beta,\mu}^{\mathrm{GC}} = \langle \hat{f} \rangle_{\beta,\mu}^{\mathrm{GC},j}, \qquad \langle \hat{f}\hat{g} \rangle_{\beta,\mu}^{\mathrm{GC}} = \langle \hat{f} \rangle_{\beta,\mu}^{\mathrm{GC},j} \langle \hat{g} \rangle_{\beta,\mu}^{\mathrm{GC},k} \tag{8.1.26}$$

が成り立つ。ここで，$\langle \cdots \rangle_{\beta,\mu}^{\mathrm{GC},j}$ は，部分系 j のみについてのグランドカノニカル分布の期待値である。

導出も詳細も，カノニカル分布の場合とそっくりなので，4-3-3 節を参照していただきたい（問題 8.1 を見よ）。唯一，注意すべきなのは，リザバーと N 個の系に粒子を配分する方法の場合の数を正しく評価することである。

熱力学関数，体積を大きくする極限

ここでは，（注目する系として）体積 V の容器の中の粒子の系を考えることにし，体積 V をあらわに書く。

$\log \Xi_V(\beta, \mu)$ の微分で粒子数とエネルギーの期待値を表す (8.1.21), (8.1.24) は，分配関数 $Z(\beta)$ の対数を微分してエネルギーを出す関係 (4.3.7) に似ている。$\log Z(\beta)$ は，(4.3.26) のように，ヘルムホルツの自由エネルギーに直結していた。そこで，(4.3.26) をそっくり真似して，

$$J(V; \beta, \mu) := -\frac{1}{\beta} \log \Xi_V(\beta, \mu) \tag{8.1.27}$$

という量を定義すれば，これも何らかの自由エネルギーになるのではない

かと期待される．$J(V;\beta,\mu)$ は，グランドポテンシャル (grand potential) と呼ばれている[14]．

ここで，体積 V_1 と V_2 の二つの独立な部分からなる系を考えよう．それぞれの系の大分配関数を $\Xi_{V_1}(\beta,\mu)$, $\Xi_{V_2}(\beta,\mu)$ とすれば，(8.1.25) より，全系の大分配関数は $\Xi_V(\beta,\mu) = \Xi_{V_1}(\beta,\mu) \Xi_{V_2}(\beta,\mu)$ である．これを，(8.1.27) を用いて，グランドポテンシャルの関係に書き直すと，

$$J(V;\beta,\mu) = J(V_1;\beta,\mu) + J(V_2;\beta,\mu) \tag{8.1.28}$$

となる．この関係を見ると，パラメター β, μ は二つの部分系でも全系でも共通だが，グランドポテンシャル J については，部分系の J を足し合わせたものが全系の J になっていることがわかる．つまり，熱力学の立場からいうと，β, μ は（系の大きさに依存しない）示強的なパラメターであり，グランドポテンシャル J は（系の大きさに比例する）示量的な量だということになる．

ここで少しだけ熱力学についての考察をしよう．グランドポテンシャルが示量的ということは，任意の $\lambda > 0$ について，$J(\lambda V;\beta,\mu) = \lambda J(V;\beta,\mu)$ が成り立つということだ．よって，$\lambda = 1/V$ と選び，$j(\beta,\mu) := J(1;\beta,\mu)$ と書けば，

$$\frac{J(V;\beta,\mu)}{V} = j(\beta,\mu) \tag{8.1.29}$$

が成り立つことになる．

(8.1.29) という熱力学的な関係を，統計力学の立場から見直せば，

$$j(\beta,\mu) := -\lim_{V \nearrow \infty} \frac{1}{V\beta} \log \Xi_V(\beta,\mu) \tag{8.1.30}$$

という無限体積の極限が存在することを示唆している（これは，ヘルムホルツの自由エネルギーの無限体積極限についての (4.3.36) に対応する関係である）．実際，75 ページの定理 3.1 で扱った一般的なマクロな系について，極限 (8.1.30) が存在することが厳密に証明できる（333 ページの定理 9.3）．

(8.1.30) を物理的に（やや不正確に）言いかえれば，体積 V が大きいときに

---

[14] これは，明らかに，「グランドカノニカル分布に対応する熱力学的ポテンシャル」というネーミングだから，熱力学関数としての由緒正しい名前ではない．熱力学の理論体系の中では J も立派な完全な熱力学関数なのだが，歴史的には，J は熱力学の世界ではあまり用いられなかったようだ．

8-1 グランドカノニカル分布の基礎

$$\log \Xi_V(\beta, \mu) \simeq -V \beta j(\beta, \mu) \tag{8.1.31}$$

が成り立つことを意味している．密度を表す物理量を $\hat{\rho} := \hat{N}/V$ としよう．(8.1.31) を (8.1.21), (8.1.22) に代入すると，

$$\langle \hat{\rho} \rangle_{\beta,\mu}^{\mathrm{GC}} \simeq -\frac{\partial}{\partial \mu} j(\beta, \mu), \qquad \sigma_{\beta,\mu}^{\mathrm{GC}}[\hat{\rho}] \simeq \sqrt{-\frac{1}{\beta V} \frac{\partial^2 j(\beta, \mu)}{\partial \mu^2}} \tag{8.1.32}$$

という関係が得られる．体積 V が大きいときには，密度 $\hat{\rho}$ の期待値は V によらず，また，密度のゆらぎはきわめて小さいことがわかる．マクロな系の平衡状態では，マクロな物理量が（ほぼ）確定値をもつことの現れである．

そもそもグランドカノニカル分布は，粒子数が変化しうるような設定を意識してつくった分布だった．しかし，**体積が十分に大きければ，密度のゆらぎは（マクロなスケールでは）無視できるほどに小さくなり，実質的には粒子数が一定の状況と変わらなくなるのである**．これは，すでに強調した，「平衡状態をどうやって準備しようと，その性質は同じである」という普遍性が理論的にも確認されたことを意味する．この点については，9-3-2 節で詳しく議論し，厳密な結果も示す．

外界からの操作と圧力

次に，4-3-4 節でカノニカル分布について見たように，外界からの操作による仕事が理論にどのように現れるかを見ておこう．

ここでも，体積 V をパラメターとして含むハミルトニアン $\hat{H}(V)$ を考えよう．ハミルトニアン $\hat{H}(V)$ に対応するグランドカノニカル分布の期待値を $\langle \cdots \rangle_{\beta,\mu,V}^{\mathrm{GC}}$ と書き，大分配関数を（これまでと同様に）$\Xi_V(\beta, \mu)$ と書く．(4.3.28), (4.3.29) で，体積を変化させる操作を調べることで，圧力を $-d\hat{H}(V)/dV$ という量の期待値として表せることを見た．ここでも同じ考え方を使い，(4.3.30) を導いた論法をくり返せば，平衡状態における圧力が

$$P(\beta, \mu) = -\left\langle \frac{d\hat{H}(V)}{dV} \right\rangle_{\beta,\mu,V}^{\mathrm{GC}} = \frac{1}{\beta} \frac{\partial}{\partial V} \log \Xi_V(\beta, \mu) \tag{8.1.33}$$

と表されることがわかる（問題 8.2）．ところが，大分配関数の対数 $\log \Xi_V(\beta, \mu)$ は，体積が十分に大きければ，(8.1.31) のように単に V に比例する量になる．よって，V で微分することは，単に V で割ることであり，(8.1.33) は，

$$\boxed{P(\beta,\mu) = \frac{\log \Xi_V(\beta,\mu)}{\beta V} = -j(\beta,\mu)} \qquad (8.1.34)$$

という，より簡単な形になる．これは，大分配関数と観測量を結びつける重要な関係式である．

8-2 グランドカノニカル分布の応用

本書でのグランドカノニカル分布のもっとも重要な応用は，10章で見る量子理想気体である．ここでは，考え方を把握するため，ごく基本的な応用だけを見ることにする．

具体的な問題に入る前に，グランドカノニカル分布の応用についての一般的な注意をしておこう．大ざっぱに言って，グランドカノニカル分布は二つの異なった考え方で応用することができる．

一つ目は，導出法に素直に従った応用法である．つまり，図 8.1 のように，注目する系が外の環境とエネルギーと粒子をやりとりできる状況での平衡状態を記述するのだ．この場合は，外の環境を特徴づけるのに，エネルギーと粒子の出入りのしやすさを表す二つのパラメーターが必要になる．β と μ は，どちらも直接的な物理的意味をもったパラメーターだといえる．このような考え方に従う応用の例として，8-2-2 節で表面吸着の問題を扱う．

もう一つは，導出の際の設定にこだわらない，平衡状態の普遍性を利用した応用の仕方である．たとえば，カノニカル分布の導出の際に想定したような，注目する系が外界と物質をやりとりせずエネルギーだけをやりとりする状況（図 4.4）での平衡状態を，あえてグランドカノニカル分布で記述することもできる[15]．ただし，この場合は，外の環境を特徴づけるパラメーターは（エネルギーのやりとりを制御する）逆温度 β だけである．そのかわり，系の全粒子数 N あるいは密度 ρ が一定に保たれているので，それが系を特徴づけるパラメーターになる．グランドカノニカル分布では，粒子数や密度は直接に制御できるパラメーターではないので，化学ポテンシャル μ を適切に選ぶことで，平衡状態の密度が与えられた ρ に等しくなるよう調整してやる必要がある．図 8.2 を見よ．これは，ごく素直な手続きな

---

[15] まだるっこしいようだが，そうやって調べたほうが簡単に扱える問題もあるのだ．10 章の量子理想気体が好例である．

8-2 グランドカノニカル分布の応用

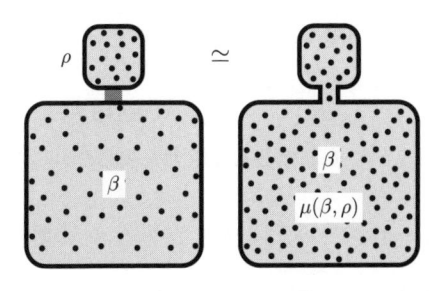

図 8.2 グランドカノニカル分布の「二つ目の使い方」の概念図。左のように，密度 ρ が一定で，逆温度 β の熱浴に接した系を扱いたい。その代用品として，右のように，逆温度 β，化学ポテンシャル $\mu(\beta,\rho)$ のリザバーと接触した系を考える。注目する系での密度（の期待値）が ρ になるよう，$\mu(\beta,\rho)$ を絶妙に調整してやれば，左右での注目する系のふるまいはほとんど同じになる。このようなグランドカノニカル分布の使い方は，10 章の量子理想気体の扱いでは必須である。

のだが，（量子理想気体のような）難しい応用問題の中で登場すると混乱の原因になりうる。8-2-1 節では，古典的な理想気体というこれ以上ない単純な設定で，ここに述べた手続きを丁寧に見ておこう。

8-2-1 理想気体

5-2-1 節と同じ理想気体の問題を扱おう。体積 V の三次元的な箱の中に，質量 m の自由粒子が N 個入っている系が，逆温度 β の平衡状態にある。平衡状態を特徴づけるのは，逆温度 β と密度 $\rho := N/V$ である。これはカノニカル分布で取り扱うのがもっとも自然な問題だが，ここでは敢えてグランドカノニカル分布を用いて解析する。

まず，パラメター β, μ で特徴づけられるグランドカノニカル分布の性質を見よう。温度が十分に高いとして，5-2-1 節と同じ近似を用いると，カノニカル分布の分配関数 $Z_{V,N}(\beta)$ は (5.2.5) の形になる。大分配関数を分配関数で表す (8.1.13) の最後の表式を用いると，

$$\Xi_V(\beta,\mu) = \sum_{N=0}^{\infty} e^{\beta\mu N} Z_{V,N}(\beta) \simeq \sum_{N=0}^{\infty} e^{\beta\mu N} \frac{V^N}{N!} \left(\frac{m}{2\pi\hbar^2\beta}\right)^{3N/2}$$
$$= \sum_{N=0}^{\infty} \frac{1}{N!} \left\{ e^{\beta\mu} V \left(\frac{m}{2\pi\hbar^2\beta}\right)^{3/2} \right\}^N = \exp\left[e^{\beta\mu} V \left(\frac{m}{2\pi\hbar^2\beta}\right)^{3/2} \right]$$
(8.2.1)

のように大分配関数の簡単な表式が得られる。(8.1.34) を使えば，圧力は

$$P(\beta,\mu) = \frac{\log \Xi_V(\beta,\mu)}{\beta V} = \frac{e^{\beta\mu}}{\beta}\left(\frac{m}{2\pi\hbar^2\beta}\right)^{3/2} \tag{8.2.2}$$

となる。これは，β と μ の関数として圧力を表したものだから，ほしい答えではない。

次に，(8.1.21) を用いて，粒子の密度 $\hat{\rho} := \hat{N}/V$ の期待値を求めると，

$$\langle \hat{\rho} \rangle^{\text{GC}}_{\beta,\mu} = \frac{1}{\beta V}\frac{\partial}{\partial \mu}\log \Xi_V(\beta,\mu) = e^{\beta\mu}\left(\frac{m}{2\pi\hbar^2\beta}\right)^{3/2} \tag{8.2.3}$$

となる。これは，β, μ の関数として密度を表したものになっている。しかし，われわれの問題設定では，密度 ρ は与えられたパラメーターであり，一方，μ は問題には登場しない余分なパラメーターである。そこで，β と ρ が与えられたとし，

$$\langle \hat{\rho} \rangle^{\text{GC}}_{\beta,\mu} = \rho \tag{8.2.4}$$

という関係を要請し，この方程式の解として化学ポテンシャル μ を決めることにする。こうすれば，β, ρ の関数としての化学ポテンシャル $\mu(\beta,\rho)$ が得られる。実際，(8.2.4) に (8.2.3) を代入して，μ を決めると，

$$\mu(\beta,\rho) = \frac{1}{\beta}\log\left[\rho\left(\frac{2\pi\hbar^2\beta}{m}\right)^{3/2}\right] \tag{8.2.5}$$

となる。このような手続きを踏み，逆温度 β，化学ポテンシャル $\mu(\beta,\rho)$ で特徴づけられるグランドカノニカル分布を考えれば，実質的に，逆温度 β，密度 ρ の平衡状態を解析することができるのだ。

(8.2.5) の $\mu(\beta,\rho)$ を，圧力を β と μ の関数として表した (8.2.2) に代入すれば，

$$P(\beta,\mu(\beta,\rho)) = \frac{\rho}{\beta} = \frac{NkT}{V} \tag{8.2.6}$$

となり（(8.2.2) と (8.2.3) を連立させて μ を消去すれば一瞬の計算），β と ρ の関数としての圧力が求められる。当然だが，理想気体の状態方程式 $PV = NkT$ が得られた。

以上のような手続きによって，系の粒子数が変化しうるグランドカノニカル分布を使っても，粒子数（密度）一定の平衡状態についての結果を正しく導くことができるのである。

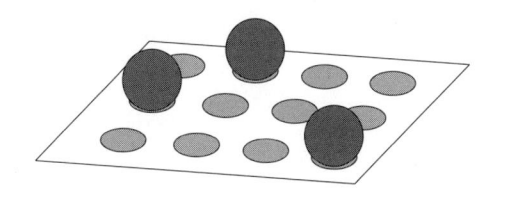

図 8.3 固体表面に吸着する気体分子の模式図。表面上には，灰色で示した吸着サイトが並んでいる。各々の吸着サイトには，ちょうど一つの気体分子が吸着できる。

8-2-2 固体表面に吸着する分子の系

エネルギーと粒子の両方を外界とやりとりする系の典型例として，表面吸着という問題を見ておこう。きれいに磨かれた固体の表面が圧力の低い気体と接している。固体の表面には，気体の分子がくっつくことのできる特別な場所が周期的に並んでいる。この特別な場所をこれからは吸着サイトと呼ぼう。(単純化しすぎだが) 平らな板にくぼみが並んでいるタコ焼きの板のようなものを想像してもらっていいだろう[16]。

各々の吸着サイト (板のくぼみ) には，気体分子が一つだけくっつくか，あるいは，何もついていないかのいずれかだとしよう。分子一つあたりの吸着のエネルギーを $-v < 0$ とする。つまり，吸着サイトが空っぽのときのエネルギーは 0，吸着サイトに一つの分子が吸着しているときのエネルギーは $-v$ ということだ。異なった吸着サイトのあいだに相互作用はないとする。

固体表面と気体は同じ一定の温度に保たれており，気体の圧力も一定とする。固体表面を「注目する系」とみなすと，まわりの気体はエネルギーと粒子を供給するリザバー (熱浴・粒子浴) とみることができる。まさに，グランドカノニカル分布で取り扱うのに格好の状況である (図 8.1 を見よ)。リザバー，すなわち気体の逆温度を β，化学ポテンシャルを μ とする。

まず，簡単のため，吸着サイトが一つしかない状況を考えよう。すると，系のとりうる状態は，「分子が吸着している」，「分子が吸着していない」の二つだけということになる。念のため，これらの状態での粒子数とエネルギーを表にしておけば，

---

[16] 固体表面への吸着の問題は，大きく，物理吸着と化学吸着に分けられる。物理吸着というのは，特に吸着サイトがなく，分子が表面のどこにでも結合できるような場合を指す。ここで扱っているのは，化学吸着である。

吸着サイトの状態	分子を吸着していない	分子を吸着している
エネルギー E	0	$-v$
粒子数 N	0	1

$$\text{(8.2.7)}$$

となる。これをもとに，定義 (8.1.17) を使えば，吸着サイト一つの大分配関数が

$$\Xi_0(\beta,\mu) = e^0 + e^{-\beta(-v)+\beta\mu} = 1 + e^{\beta(v+\mu)} \qquad (8.2.8)$$

と求められる。

表面には全体で N_s 個の吸着サイトがあるとしよう。各々の吸着サイトは互いに独立だから，全系の大分配関数は，(8.1.25) により，

$$\Xi(\beta,\mu) = \{\Xi_0(\beta,\mu)\}^{N_\text{s}} = (1 + e^{\beta(v+\mu)})^{N_\text{s}} \qquad (8.2.9)$$

と求められる。これから，表面に吸着してる分子の総数を，(8.1.21) によって，

$$\langle \hat{N} \rangle^\text{GC}_{\beta,\mu} = \frac{1}{\beta}\frac{\partial}{\partial \mu}\log \Xi(\beta,\mu) = \frac{N_\text{s}\, e^{\beta(v+\mu)}}{1 + e^{\beta(v+\mu)}} \qquad (8.2.10)$$

と求めることができる。吸着サイトのどの程度が分子でふさがっているかという被覆率を $\Theta(\beta,\mu) := \langle\hat{N}\rangle^\text{GC}_{\beta,\mu}/N_\text{s}$ と定義すれば，ただちに，

$$\Theta(\beta,\mu) = \frac{e^{\beta(v+\mu)}}{1 + e^{\beta(v+\mu)}} \qquad (8.2.11)$$

が得られる。

ここで，この系を構成している気体を理想気体として扱ってよいとしよう。すると，気体の圧力 P と化学ポテンシャル μ は (8.2.2) の関係で結ばれている。よって，

$$e^{\beta\mu} = P\beta\left(\frac{2\pi\hbar^2\beta}{m}\right)^{3/2} \qquad (8.2.12)$$

と書くことができる。これを被覆率の表式 (8.2.11) に代入すると，

$$\Theta(\beta,\mu) = \frac{e^{\beta\mu}}{e^{-\beta v}+e^{\beta\mu}} = \frac{P\beta(2\pi\hbar^2\beta/m)^{3/2}}{e^{-\beta v}+P\beta(2\pi\hbar^2\beta/m)^{3/2}}$$
$$= \frac{P}{P+P_0(\beta)} \qquad (8.2.13)$$

と整理できる。ここで，

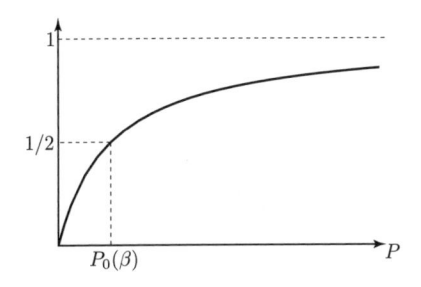

図 **8.4** 固体表面の被覆率 Θ を，逆温度 β を一定にして，気体の圧力 P の関数として見た。圧力が $P_0(\beta)$ に等しいとき，被覆率はちょうど $1/2$ になり，それから 1 に向かって増加していく。

$$P_0(\beta) := \frac{e^{-\beta v}}{\beta}\left(\frac{m}{2\pi\hbar^2\beta}\right)^{3/2} \qquad (8.2.14)$$

は逆温度 β のみで決まる基準の圧力である。(8.2.13) の最右辺は，逆温度 β を一定に保って気体の圧力 P を変化させたときに被覆率の変化を表す関係であり，ラングミュアー[17]の等温吸着式と呼ばれている（図 8.4）。

演習問題 8.

8.1 [独立な部分からなる系] 独立な部分からなる系についての (8.1.25) と (8.1.26) の関係を示せ。粒子が区別できるとしてエネルギー固有状態を求めた場合を考えること（つまり，粒子の配分の場合の数を考える必要がある）。

8.2 [圧力の表式] 圧力の表式 (8.1.33) を導け。

---

17) Irving Langmuir (1881–1957) アメリカの化学者，物理学者。企業（ジェネラル・エレクトリック社）で研究を進めた。表面化学への貢献で 1932 年にノーベル化学賞。

9. 熱力学的構造，確率モデルの等価性

　本書では，4 章で平衡状態とは何かを考え始めたときから，平衡状態の普遍性が重要であることを強調してきた。特に，「マクロな系の平衡状態の性質は，どうやって平衡状態を実現し維持しているかには依存しない」という普遍性は重要な経験事実である。われわれは，この普遍性を信頼して，ミクロカノニカル分布，カノニカル分布，グランドカノニカル分布という三つの確率モデルをつくり，特に，カノニカル分布とグランドカノニカル分布をいくつかの問題に適用してきた。

　この章では，少し立ち止まって，このような「平衡状態の普遍性」を理論的な立場から見直しておこう。つまり，ミクロカノニカル分布，カノニカル分布，グランドカノニカル分布という三つの確率モデルが本当に同じマクロな平衡状態を記述するのかを検討したい。この問題は熱力学の数学的な構造と密接に関連している。これら三つの確率分布は，熱力学における (U, V, N) 表示，$(T; V, N)$ 表示，$(T, \mu; V)$ 表示という三つの表現の仕方とそれぞれ自然に対応しているのだ。そして，熱力学において三つの表示がルジャンドル変換によって自然に結びつけられていることが，統計力学における三つの確率モデルの等価性を保証するのである。

　この章では，まず，三つの確率モデルと熱力学の対応を明確にする。そして，ルジャンドル変換についての考察を通して，系の体積が大きくなる極限で三つの確率モデルが等価であることを見る。

　はじめに，9-1 節で，少しページを割いて，熱力学の三つの表示についてまとめておく。9-2 節で，もっとも基本的なミクロカノニカル分布について詳しく議論し，熱力学との対応を見る。9-3 節では，ミクロカノニカル分布，カノニカル分布，グランドカノニカル分布の等価性を議論する。最後の 9-4 節では，三つの確率モデルとそれらの等価性をまとめ，さらに，相転移など特殊な事情がある場合の等価性の微妙な点について述べる。

なお，この章の内容は，本書の中でも抽象的である[1]。先を急ぐ読者や，初めて統計力学を学ぶ読者は，この章をとばして先に進んでかまわない。

9-1 熱力学の三つの形式

ここでは，これからの節の準備のため，熱力学の形式をまとめておく[2]。単一の物質からなる単純な熱力学系について，(U, V, N) 表示から出発して，$(T; V, N)$ 表示，$(T, \mu; V)$ 表示を導き，三つの表示の関連を議論する。特に，それぞれの表示での完全な熱力学関数がルジャンドル変換で結ばれることが重要である。この事実は，確率モデルの等価性を理解するうえでも本質的である。以下で扱う系は単一の物質からなる熱力学系ならば何でもよい。理想気体とか希薄気体といった特別な制限は設けない。

9-1-1 節では，(U, V, N) 表示の熱力学に焦点をあて，エントロピーの意味を含めて，少し詳しく議論する。それを踏まえて，9-1-2 節では $(T; V, N)$ 表示，9-1-3 節では $(T, \mu; V)$ 表示の熱力学を議論する。各々の表示での完全な熱力学関数を結びつけるルジャンドル変換は，変分原理の帰結として自然に導かれる。

9-1-1 (U, V, N) 表示の熱力学

平衡状態の記述

体積 V の容器に N 個の粒子（分子）が入っている系が，全体として U のエネルギーをもっている。このような系の（マクロに見た）平衡状態は，これら三つの変数の組 (U, V, N) によって完全に指定できる。エネルギー U，体積 V，粒子数 N は，「何かの量」を表す**示量変数** (extensive variable) である。

平衡状態 (U, V, N) を次のように「加工」することができる。$\lambda > 0$ を任意の実数とするとき，平衡状態 (U, V, N) の性質をそのままに，すべてを λ 倍した平衡状態をつくることができる。これを，$(\lambda U, \lambda V, \lambda N)$ と書く。また，二つの平衡状態 (U_1, V_1, N_1), (U_2, V_2, N_2) を，エネルギーや物質をやりとりしないよう断熱壁で仕切って並べたものを，新たな平衡状態とみな

---

[1] とはいえ，統計力学についてある程度深く考えたいなら，ここにまとめた内容は必須だと思う。
[2] 熱力学については [5, 6, 7] などを参照。(U, V, N) 表示については [7] が詳しい。

し，$\{(U_1, V_1, N_1)|(U_2, V_2, N_2)\}$ と書く．同じ思想で，より多くの平衡状態を並べたものを考えてもよい．

平衡状態への断熱操作

熱力学では，平衡状態への操作 (operation) という概念が本質的である．

一般的な平衡状態を $\mathcal{S}$, $\mathcal{S}'$ のように表す．これらは，単独の平衡状態 (U, V, N) であってもいいし，$\{(U_1, V_1, N_1)|(U_2, V_2, N_2)\}$ のような（あるいは，より多くの系を並べた）複合的な平衡状態であってもよい．

平衡状態 $\mathcal{S}$ に対して，外から力学的方法で操作を行なう．ピストンを押したり引いたりして体積を変化させる，複数の系の間の仕切りを取り除く，新たな仕切り[3]を挿入する，などの操作が許される．これらをゆっくりと実行する必要はない．ただし，注目する系を外にある熱力学的な系とは接触させない．最後の条件は，「系が外界と熱のやりとりをしない（よって，力学的なエネルギーのやりとりだけを見ていれば，エネルギー保存則が成立する）」という意味である．このような一連の操作を行なったあと，系を長時間そのままにしておくと，いずれは新たな平衡状態 $\mathcal{S}'$ に落ち着くはずだ．このようにして，平衡状態 $\mathcal{S}$ を別の平衡状態 $\mathcal{S}'$ に移す手続きを**断熱操作** (adiabatic operation) と呼ぶ．記号的には，$\mathcal{S} \xrightarrow{\mathrm{a}} \mathcal{S}'$ と書く．

断熱操作の特別な場合として，系が実質的につねに平衡状態にあるような，きわめてゆっくりとした操作を考える．また，このような操作は，好きなだけゆっくり実行することも，途中で止めることも，そして，望めば逆向きに実行することもできるとしよう．ピストンをゆっくりと動かす場合などがこれにあたる[4]．このような操作を，**断熱準静操作** (adiabatic quasi-static operation) と呼ぶ．平衡状態 $\mathcal{S}$ から平衡状態 $\mathcal{S}'$ への断熱準静操作を $\mathcal{S} \xrightarrow{\mathrm{aq}} \mathcal{S}'$ のように表す．

断熱操作とエントロピー

熱力学でエントロピーがどのように位置づけられるのかを復習しておこう．以下で見るように，エントロピー $S[U, V, N]$ は，平衡状態の (U, V, N)

---

[3] 熱も物質も通さない断熱壁，熱は通すが物質は通さない透熱壁のどちらでもよい．また，圧力の変化に応じて移動できる可動壁を使ってもいいし，固定された壁を使ってもよい．

[4] 内部がそれぞれ 1 気圧と 1/2 気圧の気体で満たされている同じ大きさの容器二つを接触させ，間の壁に小さな穴をあける．気体がゆっくりと移動し，いずれは，二つの容器に気圧は 3/4 気圧に落ち着く．これは，ゆっくりとした過程だが，逆向きに実行することはできないので，ここで考えている断熱準静操作には属さない．

9-1 熱力学の三つの形式

表示での完全な熱力学関数であり，断熱操作についての本質的な情報をもっている。

エントロピーを，マクロなレベルでどのように特徴づけるかについて多くの文献の記述は，決してわかりやすいとは言えない。しかし，近年では，熱力学のもつ数学的構造が明確にされ，エントロピーについての直観的かつ論理的な理解も容易になってきた。一つの簡明な見方は，エントロピー $S[\mathcal{S}]$ を，以下の S1), S2), S3) の三つの性質をもつような，平衡状態 $\mathcal{S}$ の関数として特徴づけることである。

S1) 任意の断熱準静操作 $\mathcal{S} \overset{\mathrm{aq}}{\to} \mathcal{S}'$ について

$$S[\mathcal{S}] = S[\mathcal{S}'] \tag{9.1.1}$$

が成り立つ。つまり，エントロピーは断熱準静操作で不変である。

S2) エントロピー $S[U, V, N]$ は，系のエネルギー U の増加関数である。

S3) $\lambda > 0$ を任意の実数とするとき，ある平衡状態 (U, V, N) を λ 倍して作った平衡状態 $(\lambda U, \lambda V, \lambda N)$ について，

$$S[\lambda U, \lambda V, \lambda N] = \lambda\, S[U, V, N] \tag{9.1.2}$$

が成り立つ。これをエントロピーの**示量性**という。二つの平衡状態 (U_1, V_1, N_1) と (U_2, V_2, N_2) を（断熱壁で仕切って）組み合わせた平衡状態 $\{(U_1, V_1, N_1)|(U_2, V_2, N_2)\}$ のエントロピーは，

$$S[(U_1, V_1, N_1)|(U_2, V_2, N_2)] = S[U_1, V_1, N_1] + S[U_2, V_2, N_2] \tag{9.1.3}$$

のように，それぞれの部分のエントロピーの和になる。これを，エントロピーの**相加性**という。

以上の三つの性質 S1), S2), S3) を満たす熱力学関数は，定数倍と定数の足し算の自由度を除けば，一通りしかあり得ないことが知られている（これは，熱力学的な系のマクロな性質についてのいくつかの基本的な仮定から示すことができる[5]）。つまり，上の三つの性質がエントロピーの完全な特徴づけなのだ。

さらに，こうして定まったエントロピーは，どのような断熱操作が可能かについての明確な判断基準を与えてくれる。「できること」と「できない

---

5) [5] の付録 B を見よ。設定や記号が微妙に違うが，全く同じ論法が使える。

こと」を区別してくれると言ってもよい。この点についてもきちんと述べておこう。

考えうる断熱操作の中には，実現可能なものと不可能なものがある。もっとも簡単な例は，V を変えない断熱操作 $(U, V, N) \xrightarrow{a} (U', V, N)$ である。もし $U \leq U'$ なら，容器についたピストンをガシャガシャと動かし元の位置に戻すことで，この操作は実現できる。「ガシャガシャ」によって，系のエネルギー（あるいは，温度）が上がる操作だ。一方，$U > U'$ のように，系のエネルギー（あるいは，温度）が下がる操作は，断熱壁で囲んでいるかぎりは，決して実現できないのである。

エントロピーを使えば，より一般的な場合に，実現可能な操作と不可能な操作を区別できる。**断熱操作 $\mathcal{S} \xrightarrow{a} \mathcal{S}'$ が可能であるための必要十分条件は，エントロピーが**

$$S[\mathcal{S}] \leq S[\mathcal{S}'] \tag{9.1.4}$$

を満たすことなのである。

相加性 (9.1.3) とあわせて考えると，この必要十分条件が深い意味をもっていることがわかる。複合した平衡状態のあいだの断熱操作

$$\{(U_1, V_1, N_1)|(U_2, V_2, N_2)\} \xrightarrow{a} \{(U'_1, V'_1, N'_1)|(U'_2, V'_2, N'_2)\}$$

が可能なための必要十分条件は，

$$S[U_1, V_1, N_1] + S[U_2, V_2, N_2] \leq S[U'_1, V'_1, N'_1] + S[U'_2, V'_2, N_2]$$
(9.1.5)

である。仮に $S[U_1, V_1, N_1] > S[U'_1, V'_1, N_1]$ が成り立つとしよう。当然，断熱操作 $(U_1, V_1, N_1) \xrightarrow{a} (U'_1, V'_1, N_1)$ は不可能だ。ところが，$S[U'_2, V'_2, N_2]$ が $S[U_2, V_2, N_2]$ に比べて，十分に大きければ，全体としては (9.1.5) が成立し，断熱操作 $\{(U_1, V_1, N_1)|(U_2, V_2, N_2)\} \xrightarrow{a} \{(U'_1, V'_1, N_1)|(U'_2, V'_2, N_2)\}$ が可能になる。この場合，$(U_1, V_1, N_1) \xrightarrow{a} (U'_1, V'_1, N_1)$ の「『不可能』性」を，もう一つの操作の「『可能』性」が，うまく打ち消して，全体として断熱操作が可能になったと言える。そういう意味で，エントロピーは，不可逆性の定量的な尺度を与える量なのである。

エントロピーの凸性と変分原理

このように，断熱操作との関連で登場したエントロピーは，変分原理を経て，他の熱力学的な量と結びついていく。

9-1 熱力学の三つの形式

まず，エントロピーの凸性を示しておこう。これは，数学的に見えるが，物理的にもきわめて重要な性質である。$0 < \lambda < 1$ を満たす λ をとり，平衡状態 $(\lambda U, \lambda V, \lambda N)$ と $((1-\lambda)U', (1-\lambda)V', (1-\lambda)N')$ を考える。少しわざとらしい形だが，理由がある。これらを並べた状態 $\{(\lambda U, \lambda V, \lambda N)|((1-\lambda)U', (1-\lambda)V', (1-\lambda)N')\}$ から出発し，二つの部分を仕切る壁を取り除いて，全体を一つの容器にしてしまうと，

$$\{(\lambda U, \lambda V, \lambda N)|((1-\lambda)U', (1-\lambda)V', (1-\lambda)N')\}$$
$$\stackrel{a}{\to} (\lambda U + (1-\lambda)U', \lambda V + (1-\lambda)V', \lambda N + (1-\lambda)N')$$
(9.1.6)

という断熱操作が実現する。エネルギーも体積も粒子数も保存するので，右辺での各変数は，いずれも単純な和になっている。ここで（この操作が可能であることから）エントロピーの大小関係 (9.1.4) を使い，さらに，相加性 (9.1.3) と示量性 (9.1.2) を使えば，

$$\lambda S[U, V, N] + (1-\lambda) S[U', V', N']$$
$$\leq S[\lambda U + (1-\lambda)U', \lambda V + (1-\lambda)V', \lambda N + (1-\lambda)N']$$
(9.1.7)

という不等式が得られる。この不等式は，$S[U, V, N]$ が三つの変数 U, V, N について上に凸であることを表している。凸関数の詳細については，付録 B-1 を見よ。

次に，変分原理を見るために，二つの平衡状態 $(U_1, V_1, N_1), (U_2, V_2, N_2)$ を断熱壁を介して並べた平衡状態 $\{(U_1, V_1, N_1)|(U_2, V_2, N_2)\}$ から出発し，仕切りの壁を断熱壁から透熱壁に置きかえるという操作を考える。これも断熱操作の一種である。二つの部分はエネルギーをやりとりして，最終的には，

$$\{(U_1, V_1, N_1)|(U_2, V_2, N_2)\} \stackrel{a}{\to} \{(U_1^*, V_1, N_1)|(U_2^*, V_2, N_2)\} \quad (9.1.8)$$

のように，安定したエネルギーの配分 U_1^*, U_2^* に落ち着くはずだ。もちろん，エネルギー保存則 $U_1 + U_2 = U_1^* + U_2^*$ が成り立つ。エントロピーの大小関係 (9.1.4) と相加性 (9.1.3) から，

$$S[U_1, V_1, N_1] + S[U_2, V_2, N_2] \leq S[U_1^*, V_1, N_1] + S[U_2^*, V_2, N_2]$$
(9.1.9)

が成り立つことがわかる．ここで上の導出をよく見れば，$U_1+U_2=U_1^*+U_2^*$ を満たす任意の U_1,U_2 について (9.1.9) が成立すると言える．この事実を，

$$S[U_1^*,V_1,N_1]+S[U_2^*,V_2,N_2]$$
$$=\max_{\Delta U}\{S[U_1^*+\Delta U,V_1,N_1]+S[U_2^*-\Delta U,V_2,N_2]\} \quad (9.1.10)$$

のように，**変分原理** (variational principle) の形に書き直そう．$\max_{\Delta U}(\cdots)$ というのは，変数 ΔU をいろいろに動かして，$(\cdots)$ という量を最大にせよ，という記号である．もちろん，最大値が達成されるのは $\Delta U=0$ のときだ．(9.1.10) は，二つの部分がエネルギーをやりとりできる場合の平衡状態でのエネルギー配分 U_1^*,U_2^* を決定する本質的な関係式である．

同じような変分原理をあと二つ導くことができる．やはり $\{(U_1,V_1,N_1)|(U_2,V_2,N_2)\}$ から出発し，今度は仕切りの壁を自由に移動できる透熱壁に置きかえる．すると，二つの部分がエネルギーをやりとりするだけでなく，二つの部分の体積が（全体積を一定に保ちながら）変化し，最後はエネルギーと体積がバランスした平衡状態 $\{(U_1^*,V_1^*,N_1)|(U_2^*,V_2^*,N_2)\}$ に落ち着く．この場合にも，上と同様にして，変分原理

$$S[U_1^*,V_1^*,N_1]+S[U_2^*,V_2^*,N_2]$$
$$=\max_{\Delta U,\Delta V}\{S[U_1^*+\Delta U,V_1^*+\Delta V,N_1]+S[U_2^*-\Delta U,V_2^*-\Delta V,N_2]\}$$
$$(9.1.11)$$

が得られる．ここでは二つの量 $\Delta U,\Delta V$ を動かして最大値をさがす．

同様に，$\{(U_1,V_1,N_1)|(U_2,V_2,N_2)\}$ から出発し，仕切りの壁に小さな穴をあければ，二つの部分のエネルギーと粒子を（全エネルギーと全粒子数を一定に保ちながら）やりとりする．最終的に落ち着く状態を $\{(U_1^*,V_1,N_1^*)|(U_2^*,V_2,N_2^*)\}$ とすれば，変分原理

$$S[U_1^*,V_1,N_1^*]+S[U_2^*,V_2,N_2^*]$$
$$=\max_{\Delta U,\Delta N}\{S[U_1^*+\Delta U,V_1,N_1^*+\Delta N]+S[U_2^*-\Delta U,V_2,N_2^*-\Delta N]\}$$
$$(9.1.12)$$

が得られる．

完全な熱力学関数としてのエントロピー

上に凸な関数は自動的に連続関数になることが知られているので（475 ページの定理 B.1），$S[U,V,N]$ は U,V,N の連続関数である．さらに，われわれが知るかぎり，物理的な熱力学系では $S[U,V,N]$ は U,V,N について一

9-1 熱力学の三つの形式

回微分可能である[6]。以下では、一回微分可能性を仮定して話を進める[7]。

エネルギーについての変分原理 (9.1.10) の右辺が $\Delta U = 0$ で最大値をとることから、エントロピーの微分について、

$$\left.\frac{\partial S[U, V_1, N_1]}{\partial U}\right|_{U=U_1^*} = \left.\frac{\partial S[U, V_2, N_2]}{\partial U}\right|_{U=U_2^*} \quad (9.1.13)$$

が言える[8]。二つの部分がエネルギーのやりとりについてバランスしているときは、$\partial S/\partial U$ という量が等しくなる、と言っているのだ。

もちろん、エネルギーのやりとりのバランスを決定する物理量は、温度である。よって、(9.1.13) は二つの部分の温度が等しいということを主張しているはずだ。$\partial S/\partial U > 0$ が温度だと言いたくなるが、凸性を考えると、$\partial S/\partial U$ は U の減少関数だとわかる。温度は U の増加関数のはずだから、結局、逆数をとった $(\partial S/\partial U)^{-1}$ を絶対温度 T と同定するのが正しい[9]。こうして、U, V, N の関数としての絶対温度 T は、

$$T(U, V, N) = \left(\frac{\partial S[U, V, N]}{\partial U}\right)^{-1} \quad (9.1.14)$$

と表現できる。

体積変化を伴う変分原理 (9.1.11) からは、バランスについての関係が二つ出てくる。一つは、もちろん、温度のバランスを表す式で、もう一つは二つの部分で $\partial S/\partial V$ という量が等しいという関係である。壁の移動に関してバランスするのは、力学的な力 (あるいは圧力) である。ただし、$\partial S/\partial V$ そのものは圧力の次元をもたず、これに T をかけたものが圧力に相当する[10]。同じように、粒子のやりとりを伴う変分原理 (9.1.12) から、二つの

---

[6] 一回微分可能というのは、一階の導関数が存在し連続という意味。なお、相転移があっても $S[U, V, N]$ は一回微分可能である。後で見る完全な熱力学関数 $F[T; V, N]$ や $J[T, \mu; V]$ については、一般に一回微分可能性は成立しない。

[7] $S[U, V, N]$ の微分可能性が、何か一般的な原理から証明可能なのかどうか、私は知らない。

[8] これは極値を求める条件だが、凸関数の性質を使うと極値が自動的に最大値を与えることが示される。(9.1.11), (9.1.12) のように複数の変数を動かして最大化する場合にも同じことがいえる。付録 B-1 の系 B.6 (480 ページ) を参照。

[9] 真面目に言えば、増加性だけからこう言い切ってしまうのは大胆にすぎる。正確には (4-2-3 節でやったように) 理想気体などの例を通して温度を同定すべきである。

[10] これは次元解析で示唆されることだが、以下のように外界との力学的な仕事のやりとりを使えば、圧力が完全に同定できる (よって、こちらが正しいやり方)。断熱準静的な体積の微小変化 $(U, V, N) \overset{\mathrm{aq}}{\to} (U - \Delta W, V + \Delta V, N)$ においてエントロピーが不変だから、$S[U, V, N] = S[U - \Delta W, V + \Delta V, N]$ である。一次まで展開し、圧力の力学的定義 $P = \Delta W/\Delta V$ を使うと $(\partial S/\partial V) = (\partial S/\partial U)P$ を得る。つまり $P = T(\partial S/\partial V)$ である。

部分の $\partial S/\partial N$ が等しいことが導かれる。粒子のやりとりのバランスを決めるのは化学ポテンシャル μ だから，やはり次元を合わせて，$-\partial S/\partial N$ に T をかけたものを化学ポテンシャルと同定する[11]。こうして，U, V, N の関数としての圧力 P と化学ポテンシャル μ が，

$$P(U,V,N) = T(U,V,N) \frac{\partial S[U,V,N]}{\partial V},$$
$$\mu(U,V,N) = -T(U,V,N) \frac{\partial S[U,V,N]}{\partial N} \tag{9.1.15}$$

と表現される。絶対温度 T, 圧力 P, 化学ポテンシャル μ は，熱力学的な系やその環境の性質を表す量であり，**示強変数** (intensive variable) と呼ばれる[12]。

(9.1.14), (9.1.15) のように，エントロピー $S[U,V,N]$ を知っていれば他の主要な熱力学的な量を求めることができる。ところが，$T(U,V,N)$, $P(U,V,N), \mu(U,V,N)$ のいずれかを知っているだけでは，残りの量を導くことはできない。そういう意味で，$S[U,V,N]$ は，平衡状態の熱力学的性質についての完全な情報をもった特権的な熱力学関数なのである。そのような量を，われわれは，**完全な熱力学関数** (complete thermodynamic function) と呼んでいる[13]。

エントロピー $S[U,V,N]$ が示量性 (9.1.2) をもつということは，$S[U,V,N]$ が三つの変数に独立に依存するのではないことを意味している。実際，示量性 (9.1.2) で $\lambda = 1/V$ と選べば，

$$\frac{S[U,V,N]}{V} = S\left[\frac{U}{V}, 1, \frac{N}{V}\right] \tag{9.1.16}$$

となり，実質的に右辺の二変数関数の情報だけがあれば，エントロピー $S[U,V,N]$ が完全にわかることになる。(9.1.16) の右辺は，エネルギー密度 $u := U/V$ と密度 $\rho = N/V$ だけの関数だから，エントロピー密度を

$$s(u,\rho) := S[u,1,\rho] \tag{9.1.17}$$

と定義するのが自然だ。明らかに，$s(u,\rho)$ は u について増加関数であり，u, ρ について上に凸な関数である。

[11) マイナスの符号がついているのは単に歴史的な定義に従うためである。
12) この場合，T, P, μ は U, V, N の関数だから，示強「変数」というのはおかしいのだが，熱力学では，変数と関数の区別をあまり明確にしない慣習がある。
13) [5] の記法を受け継ぎ，完全な熱力学関数の場合は，引数をくくるのに $(\cdots)$ ではなく，$[\cdots]$ を用いるという作法に従う。

9-1 熱力学の三つの形式   313

9-1-2　$(T;V,N)$ 表示の熱力学

次に，示量変数であるエネルギー U を指定する代わりに，対応する示強変数の絶対温度 T を指定する熱力学の形式を見ていこう．示量変数 U は系を断熱してエネルギーを出し入れすることで直接に制御できたが，絶対温度 T を制御するには注目する系をより大きな系（熱浴あるいはリザバー）と接触させるのが便利だ（これは，4-2-1 節でカノニカル分布を導いた設定（図 4.4 を見よ）と同じだが，ここでは，あくまで熱力学の枠組で議論している）．

注目する系の体積を V，粒子数を N とする．リザバーは注目する系よりもずっと大きいとし，その体積を V_R，粒子数を N_R とする（V_R, N_R は一定）．注目する系とリザバーを合わせた全体は外界から孤立している（エネルギーも物質もやりとりしない）とし，注目する系とリザバーはエネルギーだけをやりとりするとしよう．よって全系の合計のエネルギー U_tot は変化しない．変分原理 (9.1.10) によれば，V, N を固定したとき，全エントロピー $S[U,V,N] + S[U_\mathrm{tot}-U,V_\mathrm{R},N_\mathrm{R}]$ を最大にするような U が，最終的なエネルギーのバランスの結果として実現される．今，リザバーが非常に大きいとし，

$$S[U_\mathrm{tot}-U, V_\mathrm{R}, N_\mathrm{R}] \simeq S[U_\mathrm{tot}, V_\mathrm{R}, N_\mathrm{R}] - U/T =: S_0 - U/T$$

のようにテイラー展開の一次までで打ち切ろう．ここで，$1/T = \partial S[U_\mathrm{tot}, V_\mathrm{R}, N_\mathrm{R}]/\partial U$ はリザバーの温度の逆数である．

上で見た全エントロピーの最大値を

$$S_\mathrm{tot}(T;V,N) := \max_U \left\{ S[U,V,N] + S_0 - \frac{U}{T} \right\} \tag{9.1.18}$$

と書く[14]．もはや，U は変数ではなく，T が変数になっていることに注意しよう．ここで，注目する系の性質だけを記述するために，U と同じ次元と符号をもった量 $F[T;V,N]$ を，$S_\mathrm{tot}(T;V,N) =: S_0 - F[T;V,N]/T$ によって定義する．(9.1.18) に戻せば，

$$F[T;V,N] = \min_U \{U - T S[U,V,N]\} \tag{9.1.19}$$

ということである．これが，ヘルムホルツの自由エネルギーである．

(9.1.19) は，変分原理から自然に導かれたわけだが，よく知られたルジャ

---
[14] [5] の記法を受け継ぎ，示強的パラメターと示量的パラメターの間をセミコロンで区切るという作法に従う．

ンドル[15]変換 (Legendre transformation) の形をしている。詳しくは，付録 B-2 を見よ（問題 9.3 も参照）。ルジャンドル変換の一般論によれば，$F[T;V,N]$ は T について上に凸，V,N について下に凸な関数である。ルジャンドル変換には逆変換が存在し，

$$S[U,V,N] = \min_T \frac{U - F[T;V,N]}{T} \qquad (9.1.20)$$

によって，$F[T;V,N]$ から $S[U,V,N]$ が得られることも示される。つまり，ヘルムホルツの自由エネルギー $F[T;V,N]$ とエントロピー $S[U,V,N]$ は，どちらか一方がわかれば他方がわかるという意味で，等価な情報をもっているのだ。また，任意の $\lambda > 0$ について，示量性

$$F[T;\lambda V, \lambda N] = \lambda F[T;V,N] \qquad (9.1.21)$$

が成り立つことも，エントロピーの示量性 (9.1.2) と (9.1.19) から簡単にわかる。

$F[T;V,N]$ が一回微分可能であれば[16]，(9.1.14), (9.1.15) と (9.1.19) から，

$$S(T;V,N) = -\frac{\partial F[T;V,N]}{\partial T}, \qquad P(T;V,N) = -\frac{\partial F[T;V,N]}{\partial V},$$

$$\mu(T;V,N) = \frac{\partial F[T;V,N]}{\partial N} \qquad (9.1.22)$$

という関係を導くことができる。機械的な計算だが，念のため一つだけ例を見ておこう。まず，ルジャンドル変換 (9.1.19) の右辺で最小値を達成する U が唯一に決まると仮定して[17]，$U^*(T;V,N)$ と書く。すると，(9.1.19) より，$F[T;V,N] = U^*(T;V,N) - T S[U^*(T;V,N),V,N]$ となる。ややこしいが，右辺も確かに T,V,N の関数になっている。これを，たとえば T で微分してみると，

$$\begin{aligned}\frac{\partial F[T;V,N]}{\partial T} &= \frac{\partial U^*(T;V,N)}{\partial T} - S[U^*(T;V,N),V,N] \\ &\quad - T \frac{\partial U^*(T;V,N)}{\partial T} \left.\frac{\partial S[U,V,N]}{\partial U}\right|_{U=U^*(T;V,N)} \\ &= -S[U^*(T;V,N),V,N] \qquad (9.1.23)\end{aligned}$$

---

15) Adrien Marie Legendre (1752–1833) フランスの数学者。数論，代数，統計，解析学など，数学の幅広い分野での優れた業績がある。

16) 前に注意したように，相転移があると，これは必ずしも正しくない。

17) この仮定は，相転移があれば必ずしも成り立たない。その場合には，この導出は破綻するし，(9.1.22) も成立しない。それでも，ルジャンドル変換 (9.1.19), (9.1.21) はきちんと定義されていることに注意。

9-1 熱力学の三つの形式

となる。途中で，(9.1.14) の関係 $\partial S/\partial U = 1/T$ を用いた。最右辺に現れた $S[U^*(T;V,N),V,N]$ は，エントロピーを T,V,N の関数として表したものだから，$S(T;V,N)$ と書くのが自然だろう。こうして，(9.1.22) の一つ目の関係が得られる。残りの二つの導出もほぼ同じだ。

(9.1.22) のように，$F[T;V,N]$ から他の熱力学的な量が導かれるので，ヘルムホルツの自由エネルギー $F[T;V,N]$ が $(T;V,N)$ 表示での完全な熱力学関数である。面白いことに，この表示では，エントロピー $S(T;V,N)$ は，完全な熱力学関数ではなくなるのだ。

ここでも，示量性の (9.1.21) で $\lambda = 1/V$ とすれば，$F[T;V,N]/V = F[T;1,N/V]$ となることから，ヘルムホルツ自由エネルギー密度を

$$f(\beta,\rho) := F[T;1,\rho] \tag{9.1.24}$$

と定義する（もちろん，β と T は，つねに $\beta = (kT)^{-1}$ で結ばれているとする）。$f(\beta,\rho)$ は T について上に凸，ρ について下に凸な関数である。ルジャンドル変換 (9.1.19)，(9.1.20) を，エントロピー密度 $s(u,\rho)$ と自由エネルギー密度 $f(\beta,\rho)$ で書き直せば，

$$f(\beta,\rho) = \min_u\{u - T\,s(u,\rho)\}, \qquad s(u,\rho) = \min_T \frac{u - f(\beta,\rho)}{T} \tag{9.1.25}$$

となる。

最後に，少し高級だが重要な注意を述べておく。以上のように，$(T;V,N)$ 表示の熱力学では $F[T;V,N]$ が完全な熱力学関数になり，(U,V,N) 表示の $S[U,V,N]$ と全く等価な情報をもっている。われわれは，状況に応じて，(U,V,N) 表示でも，$(T;V,N)$ 表示でも，便利な方を用いて計算を進めればよい。そうすると，平衡状態を，(U,V,N) だけではなく，$(T;V,N)$ によっても指定できるのではないかと考えたくなる。この考えはほとんど正しいのだが，厳密に言えば不正確なのである。気体，液体，固体が共存する三重点では，$(T;V,N)$ 表示だけでは完全に平衡状態を指定しきれないことがわかっているのだ。(U,V,N) 表示のほうが，そういう意味で，情報が細かいのである[18]。それでも，$F[T;V,N]$ が $S[U,V,N]$ と同じ情報を担っているというのは，熱力学の数学的な構造の面白いところだ。

---

18) 詳しく知りたい読者は，[5] の付録 E，[7] の 12 章を参照。

9-1-3　$(T, \mu; V)$ 表示の熱力学

今度は，U, N を指定する代わりに，示強的パラメターである温度 T と化学ポテンシャル μ を指定する形式を見ておこう[19]。

注目する系を，ずっと大きな系（リザバー）と接触させ，エネルギーと粒子をやりとりさせることを考えよう（図 8.1 を見よ）。注目する系の体積を V，リザバーの体積を V_R に固定する。注目する系とリザバーを合わせた全体は外界から孤立している（エネルギーも物質もやりとりしない）とし，注目する系とリザバーはエネルギーと粒子をやりとりするとしよう。よって，全系のエネルギー U_{tot} と全系の粒子数 N_{tot} は一定に保たれる。このような状況での変分原理 (9.1.12) によれば，$S[U, V, N] + S[U_{tot} - U, V_R, N_{tot} - N]$ を最大にするような U と N が実現されることがわかる。ここでも，リザバーは注目する系よりはるかに大きいとして，$S[U_{tot} - U, V_R, N_{tot} - N] \simeq S[U_{tot}, V_R, N_{tot}] - U/T + N(\mu/T) =: S_0 - U/T + N(\mu/T)$ と展開しよう。T, μ と V が，注目する系を特徴づける新たなパラメターになる。全エントロピーの最大値を，

$$S_{\max}(T, \mu; V) := \max_{U, N} \left\{ S[U, V, N] + S_0 - \frac{U}{T} + \frac{\mu}{T} N \right\} \tag{9.1.26}$$

としよう。$\max_{U,N}$ は U, N をともに動かして最大値を探すことを意味する。ここでも，U と同じ次元と符号をもった「自由エネルギー」$J[T, \mu; V]$ を，$S_{\max}(T, \mu; V) =: S_0 - J[T, \mu; V]/T$ によって定義しよう。つまり，

$$J[T, \mu; V] = \min_{U, N} \{U - \mu N - T S[U, V, N]\} \tag{9.1.27}$$

となる。このルジャンドル変換で定義されるのが，グランドポテンシャル (grand potential) である。(9.1.27) の逆変換は，

$$S[U, V, N] = \min_{T, \mu} \frac{U - \mu N - J[T, \mu; V]}{T} \tag{9.1.28}$$

である。また，(9.1.27) と (9.1.19) とを見比べれば，

$$J[T, \mu; V] = \min_{N} \{F[T; V, N] - \mu N\} \tag{9.1.29}$$

のように，ヘルムホルツの自由エネルギーとグランドポテンシャルがルジャ

---

[19] 当然ながら，U, V の代わりに T, P を指定する形式もある。実用の観点からは（特に化学の世界では），これがもっともポピュラーだが，本書では議論しない。$(T, P; N)$ 形式での完全な熱力学関数は，ギブスの自由エネルギー $G[T, P; N]$ である。問題 9.2，[5] の 8 章，[7] の 12 章を参照。

9-1 熱力学の三つの形式

ンドル変換で結ばれていることもわかる。(9.1.29) の逆変換は，

$$F[T;V,N] = \max_{\mu}\{J[T,\mu;V] + \mu N\} \tag{9.1.30}$$

である（B-2-4 節を参照）。このように，$S[U,V,N]$ や $F[T;V,N]$ と対等に変換しあうことから明らかなように，グランドポテンシャル $J[T,\mu;V]$ は，$(T,\mu;V)$ 表示での完全な熱力学関数である。

グランドポテンシャルは，任意の $\lambda > 0$ について

$$J[T,\mu;\lambda V] = \lambda J[T,\mu;V] \tag{9.1.31}$$

となるという示量性をもっている。ここで，$\lambda = 1/V$ とすると，$J[T,\mu;V]/V = J[T,\mu;1]$ となってしまい，右辺は全く V に依存しない。つまり，グランドポテンシャル密度を $j(T,\mu) := J[T,\mu;1]$ と定義すれば，実は，グランドポテンシャルは，

$$J[T,\mu;V] = j(T,\mu)\,V \tag{9.1.32}$$

のように，単に V に比例する量だということがわかる。

ルジャンドル変換の一般論から，$J[T,\mu;V]$ は T, μ について上に凸とわかる（付録 B-2）。もちろん，$j(T,\mu)$ も同じ性質をもつ。さらに，エントロピーの一回微分の関係 (9.1.14), (9.1.15) とルジャンドル変換 (9.1.27) より，

$$S(T,\mu;V) = -\frac{\partial J[T,\mu;V]}{\partial T}, \qquad N(T,\mu;V) = -\frac{\partial J[T,\mu;V]}{\partial \mu}$$
$$P(T,\mu;V) = -\frac{\partial J[T,\mu;V]}{\partial V} = -\frac{J[T,\mu;V]}{V} \tag{9.1.33}$$

が得られる。これらを導くには，(9.1.23) で行なったのと同じような計算をすればよい。ここで，(9.1.32) を使って V による微分を V での割り算に置きかえた。

ルジャンドル変換 (9.1.27), (9.1.28), (9.1.29), (9.1.30) をエントロピー密度，自由エネルギー密度，グランドポテンシャル密度を用いて書けば，

$$j(T,\mu) = \min_{u,\rho}\{u - \mu\rho - T\,s(u,\rho)\}, \qquad s(u,\rho) = \min_{T,\mu}\frac{u - \mu\rho - j(T,\mu)}{T} \tag{9.1.34}$$

$$j(T,\mu) = \min_{\rho}\{f(\beta,\rho) - \mu\rho\}, \qquad f(\beta,\rho) = \max_{\mu}\{j(T,\mu) + \mu\rho\} \tag{9.1.35}$$

となる。

9-1-2 節の最後の「高級な注意」は, $(T,\mu;V)$ 表示と他の二つの表示の対応についてもあてはまる。実は, $(T,\mu;V)$ 表示の場合, 気体と液体の共存状態のような二相が共存する状況でも, 平衡状態を完全に指定することができない。平衡状態の指定という点では, (U,V,N) 表示が完璧であり, 三相共存があれば $(T;V,N)$ 表示が破綻し, 二相共存があれば $(T,\mu;V)$ 表示が破綻する。もちろん, それでも, $J[T,\mu;V]$ は, $S[U,V,N]$ や $F[T;V,N]$ と全く同じ情報をもっている。この点については, 9-4-2 節で, 統計力学の設定で少し詳しく議論する。

9-2 ミクロカノニカル分布

4-1-4 節で定義したミクロカノニカル分布は, 平衡状態を記述するための基礎的な確率モデルである。本書でもミクロカノニカル分布を統計力学の出発点にした。4-2 節でのカノニカル分布の導出でも, 8-1-1 節でのグランドカノニカル分布の導出でも, 最初は, 注目する系とリザバーを合わせた全系にミクロカノニカル分布を適用した。

ここでは, ミクロカノニカル分布そのものに焦点をあてよう。特に, ミクロカノニカル分布から (U,V,N) 表示の熱力学の構造が再現されることを見る。まず, 9-2-1 節で, 取り扱いが便利なように, ミクロカノニカル分布の定義に少しだけ変更を加える。9-2-2 節では, ミクロカノニカル分布と熱力学の関係を見て,「ボルツマンの原理」とも呼ばれるエントロピーの表式 (9.2.5) を導く。

なお, この章のここから先では, 議論を具体的かつ厳密にするため, 3-2-2 節と同じ多粒子の量子力学的な系を考える。もちろん, ほとんどの結果は, より一般的なマクロな量子系に拡張できる。

体積 V の三次元的な容器の中に, 同種の粒子（単原子分子）が N 個入った系を考えよう。75 ページの定理 3.1 の条件（相互作用ポテンシャルの長距離でのふるまいと安定性についての条件）が満たされていると仮定する。3-2-2 節では, 異なった粒子が区別できるとしたので, ここでもその流儀を使おう。粒子を区別して素朴に求めた状態数を $\widetilde{\Omega}_{V,N}(E)$ とする。3-2-2 節で議論した状態数は $\Omega_{V,N}(E) = (1/N!)\widetilde{\Omega}_{V,N}(E)$ である[20]。この量につい

---

[20] もし 10 章のように粒子をもともと区別しない扱いをするなら, $\Omega_{V,N}(E)$ を単なる

ては，75 ページの定理 3.1 により，

$$\Omega_{V,N}(E) \sim \exp[V \sigma(\epsilon, \rho)] \tag{9.2.1}$$

のように書けること（これは (3.2.30) と同じ），より正確には，

$$\sigma(\epsilon, \rho) := \lim_{V \nearrow \infty} \frac{1}{V} \log \Omega_{V,N}(E) \tag{9.2.2}$$

という極限が存在することが厳密にわかっている（これは (3.2.29) と同じ）。ここで，関数 $\sigma(\epsilon, \rho)$ は，ϵ の増加関数であり，また二つの変数 ϵ, ρ について上に凸である。

9-2-1　拡張したミクロカノニカル分布

ここでは，ミクロカノニカル分布の定義に簡単な変更を加える。この変更によって，分布の理論的な扱いは楽になるが，物理的な性質は全く変わらない。

まず，4-1-4 節で述べたミクロカノニカル分布の定義を復習しよう。マクロに見たエネルギー U，体積 V，粒子数 N で特徴づけられる平衡状態を，熱力学では (U, V, N) と書いた。ミクロカノニカル分布は，平衡状態 (U, V, N) を自然に表す確率モデルであり，エネルギー固有値が $U - V\delta < E_i \leq U$ を満たすエネルギー固有状態 i がすべて同じ重みで現れるとして定義した。

エネルギーの範囲の幅を決める δ はかなり自由に選べることを 4-1-4 節で議論した。この幅を思い切り広くとってしまって，エネルギー固有値が $E_i \leq U$ を満たすエネルギー固有状態 i がすべて同じ重みで現れるという確率モデルを考えることもできる。これを，（さしあたっては）「拡張したミクロカノニカル分布」と呼ぼう。「エネルギー E_i が U に近いエネルギー固有状態」を拾ってこようというのが，本来のミクロカノニカル分布のアイディアだったが，ここでは，「エネルギー E_i が U 以下のエネルギー固有状態すべて」をもってこいと言っているのだから，ずいぶんと無茶な話に思える。

ところが，マクロな系では，はじめに定義したミクロカノニカル分布と，拡張したミクロカノニカル分布は，実質的に，全く同じものなのである。その理由は簡単だ。今，拡張されたミクロカノニカル分布に従って，系のエネルギー固有状態を選んでくることを考えよう。$E_i \leq U$ を満たすエネ

状態数とすればよい。以下の議論は，ほとんどそのまま成立する。

ギー固有状態は全部で $\widetilde{\Omega}_{V,N}(U)$ 個あるが，これらがすべて等確率で現れることになる．このとき，選んできた i が，もともとのミクロカノニカル分布の範囲から「はみ出す」確率，つまり，$E_i < U - V\delta$ を満たす確率を考えよう．これについては，カノニカル分布の導出の際に用いた (4.2.7) の評価から，

$$\frac{\widetilde{\Omega}_{V,N}(U-V\delta)}{\widetilde{\Omega}_{V,N}(U)} = \frac{\Omega_{V,N}(U-V\delta)}{\Omega_{V,N}(U)} \simeq \exp\left[-V\delta\frac{\partial}{\partial u}\sigma(u,\rho)\right] \ll 1 \tag{9.2.3}$$

が成り立つことがわかっている．つまり，体積 V が大きいときには，この確率は実質的に 0 とみてよいのである．拡張したミクロカノニカル分布を使っても，「拡張」された $E_i < U - \delta V$ の範囲のエネルギー固有状態を拾ってくる可能性は実質的に無視できることになる．

つまり，拡張したミクロカノニカル分布に従って，$E_i \leq U$ を満たすエネルギー固有状態をすべて等確率で出現させても，実質的には，E_i が U にきわめて近いエネルギー固有状態だけしか登場しないのだ．そうなってしまうのは，状態数 $\widetilde{\Omega}_{V,N}(U)$ が，マクロな系の普遍的なふるまい (3.2.30) に従う，U のすさまじい増加関数だからである．

念のため再度，拡張したミクロカノニカル分布の定義を書いておこう．平衡状態 (U, V, N) を，次のような確率モデルで記述することができる．

（拡張した）ミクロカノニカル分布：系のエネルギー固有状態 $i = 1, 2, \ldots$ の中から，エネルギー固有値 E_i が $E_i \leq U$ を満たすものを全て列挙する．これらのエネルギー固有状態の全てが等しい確率で出現するというモデルが（拡張した）ミクロカノニカル分布である．

この拡張したミクロカノニカル分布は，もともとのミクロカノニカル分布と等価なので，以下では，定義の簡単な「拡張したミクロカノニカル分布」だけを扱うことにしよう．この章のこれから先，単に「ミクロカノニカル分布」といえば，この「拡張したミクロカノニカル分布」を指す．

物理量 $\hat{f}$ のエネルギー固有状態 i での値を f_i とする．上のミクロカノニカル分布での $\hat{f}$ の期待値は，

$$\langle \hat{f} \rangle_U^{\mathrm{MC}} := \frac{1}{\widetilde{\Omega}_{V,N}(U)} \sum_{\substack{i \\ (E_i \leq U)}} f_i \tag{9.2.4}$$

となる。もちろん，ここでは $E_i \leq U$ を満たす i について足し上げる。

9-2-2　ミクロカノニカル分布とエントロピー

ミクロカノニカル分布は，熱力学の (U, V, N) 表示と自然に関連する確率モデルである。それに対応して，(U, V, N) 表示の完全な熱力学関数であるエントロピーを，ミクロカノニカル分布によって表現することができる。エントロピーは，状態数を使って，

$$S[U, V, N] = k \log \Omega_{V,N}(U) \qquad (9.2.5)$$

と書けるのだ。

(9.2.5) は，ボルツマンの公式 (Boltzmann's formula) あるいは，ボルツマンの原理 (Boltzmann's principle) と呼ばれている。$W_{V,N}(U, \delta) := \Omega_{V,N}(U) - \Omega_{V,N}(U - V\delta) \simeq \Omega_{V,N}(U)$ という量（これは，拡張しないミクロカノニカル分布の規格化定数である。(4.1.1) を参照）を用いて，

$$S[U, V, N] = k \log W_{V,N}(U, \delta) \qquad (9.2.6)$$

と書かれることもある。ウィーンにあるボルツマンの墓碑には $S = k \log W$ という式が彫られている。

等式 (9.2.5), (9.2.6) は，マクロな世界の熱力学において最も本質的な量であるエントロピーを，ミクロな立場から見た状態量と結びつける。ミクロな理論とマクロな世界を直接に結びつける関係であり，統計力学の本質を一行に体現した等式だと言ってよいだろう。4 章で見た分配関数によるヘルムホルツの自由エネルギーの表現 (4.3.26) は，熱力学の $(T; V, N)$ 表示と統計力学のカノニカル分布の設定で，(9.2.5), (9.2.6) と同じ役割を果たす関係である。歴史的には，ボルツマンが 1877 年に (9.2.6) の式を書き下したことが，統計力学の誕生に向けた本質的な一歩だったとみることができる[21]。

エントロピーの表式の導出

エントロピーのミクロな表式 (9.2.5)（同じことだが (9.2.6)）がどのようにして正当化されるかを見よう。

---

[21] 細かいことだが，ボルツマン自身はボルツマン定数を用いなかったので，正確にこのとおりの式を書いたわけではない。

少なからぬ（というより，ほとんどの）文献には，エントロピーの表現 (9.2.5), (9.2.6) は証明も正当化もできない「原理」だという記述が見られる。確かに，この表現を一種の「公理」として議論を進める立場もあるかもしれない。しかし，（少なくとも私には）それが自然な考え方だとは思えない。

もちろん，何もないところからミクロとマクロの対応関係を示すのは不可能だ。しかし，以下で見るように，適切な仮定をおけば，エントロピーの表現 (9.2.5), (9.2.6) を導くことができる。ここでの仮定とは，i) 平衡状態が統計力学で記述できる，ii) ミクロな力学に現れる U, V, N は，それぞれ，マクロに見たエネルギー，体積，粒子数に対応する，iii) 熱力学的な系への力学的操作は，ミクロな力学では，ハミルトニアンのパラメター変化として表現できる，という三つである（4-3-4 節でも実質的に同じ仮定を用いた）。i) は統計力学の基本的な出発点であり，その本質は 4-1-2 節で詳しく議論したとおりだ。ii) は，マクロな系をミクロな力学でモデル化しようという思想をもった時点で，必然的に仮定すべきことだ。iii) が，もっともデリケートで，4-3-4 節でも述べたように，熱力学で許される任意の操作がパラメター変化で表されることはないだろう。しかし，図 4.8 の体積変化のように，適切な工夫をしてやれば，ポテンシャル変化で表される操作を使って熱力学的操作を代表させることはできるはずだ。

これらの仮定からエントロピーの表現 (9.2.5), (9.2.6) を導出しよう[22]。

まず，熱力学からの簡単な準備をする。平衡状態 (U, V, N) から出発し，系を断熱したまま，体積を V から $V + \Delta V$ まですばやく変化させ，それから系を新たな平衡状態 $(U + \Delta U, V + \Delta V, N)$ に緩和させる。断熱操作なので，最初と最後の平衡状態でのエネルギーの差 ΔU は，外の操作者が系にした仕事 ΔW と正確に等しい（これが，断熱ということの意味だった）。また，上の操作は準静的ではないが，変化 ΔV が小さければ小さいほど準

---

[22] 実は，すでに知っている結果と 9-3-1 節で導く結果を用いて (9.2.5), (9.2.6) を出すこともできる。4-3-4 節で，分配関数によるヘルムホルツの自由エネルギーの表現 (4.3.26) $F = -\beta^{-1} \log Z(\beta)$ を導いた。これも，ミクロな統計力学の量と熱力学関数を結びつける関係だから，示したい (9.2.5), (9.2.6) にきわめて近い。実際，熱力学では，エントロピーとヘルムホルツの自由エネルギーはルジャンドル変換 (9.1.20) によって結ばれている。一方，統計力学においても，これから 9-3-1 節で示すように，ミクロカノニカル分布の状態数 $\Omega_{V,N}(U)$ とカノニカル分布の分配関数 $Z_{V,N}(\beta)$ がルジャンドル変換で結ばれている。自由エネルギーの表現 (4.3.26) とこれら二つの同値性を用いれば，結果として，求めるエントロピーの表現 (9.2.5), (9.2.6) が得られることになる。

9-2 ミクロカノニカル分布

静操作に近づく。断熱準静操作ならエントロピーは不変だが，この場合には，誤差のついた

$$S(U, V, N) = S(U + \Delta U, V + \Delta V, N) + O((\Delta V)^2) \tag{9.2.7}$$

が成り立つ[23]。

さて，同じ状況を統計力学的に考察しよう[24]。4-3-4 節と同様，体積 V をパラメーターにもつハミルトニアン $\hat{H}(V)$ を考え，対応するエネルギー U のミクロカノニカル分布の期待値を $\langle \cdots \rangle_{U,V}^{\mathrm{MC}}$ と書く。また，$\hat{H}(V)$ のエネルギー固有値を $E_i(V)$ とする。$E_i(V)$ は，V が動く範囲でなめらかだとし，$E_i(V) \leq E_{i+1}(V)$ を満たすように並べておく。

系ははじめ平衡状態 (U, V, N) にある。壁のポテンシャルを急に変化させて，ハミルトニアンを $\hat{H}(V)$ から $\hat{H}(V + \Delta V)$ に変える。(4.3.28) と同様，この際に操作者が外からする仕事は

$$\Delta W = \left\langle \hat{H}(V + \Delta V) - \hat{H}(V) \right\rangle_{U,V}^{\mathrm{MC}} \tag{9.2.8}$$

である。

9-2-1 節で見たように，マクロな系のミクロカノニカル分布では，エネルギー固有値 E_i が上限の U にきわめて近いエネルギー固有状態 i のみが期待値に寄与する。よって初期状態のエネルギーを $U = \langle \hat{H}(V) \rangle_{U,V}^{\mathrm{MC}}$ と書いてよい。考えている断熱操作でのエネルギー変化 ΔU が仕事 ΔW に等しいから，(9.2.8) を使って，

$$U + \Delta U = \left\langle \hat{H}(V) \right\rangle_{U,V}^{\mathrm{MC}} + \Delta W = \left\langle \hat{H}(V + \Delta V) \right\rangle_{U,V}^{\mathrm{MC}}$$

となる。最右辺では，平均を定義する系の体積とハミルトニアンのパラメーターの体積が異なるので，$\hat{H}(V + \Delta V)$ を ΔV について展開し，ミクロカノニカル分布の定義 (9.2.4) を使って，

---

[23] ここで，誤差が $O(\Delta V)$ でないことが，断熱準静操作でエントロピーが不変なことを保証する。たとえば，体積を V から V' に変える断熱操作を考える。操作を n 回に分け，十分長い時間間隔をおいて，体積を $\Delta V = (V' - V)/n$ ずつすばやく変化させる。$n \to \infty$ では，これは断熱準静操作になるはずだ。仮に (9.2.7) での誤差が $O(\Delta V)$ だとすると，この操作全体でのエントロピーの変化は $O(\Delta V) \times n = O(1)$ になってしまい，エントロピーは不変にならない。一方，(9.2.7) での誤差が $O((\Delta V)^2)$ なら，操作全体でのエントロピー変化は $O((\Delta V)^2) \times n = O(1/n)$ で，確かに $n \to \infty$ で 0 になる。

[24] より一般の示強変数の組を変化させる操作の扱いについては，126 ページの脚注 68) に述べたことが，そのままあてはまる。

$$= \left\langle \hat{H}(V) + \Delta V \frac{d\hat{H}(V)}{dV} \right\rangle_{U,V}^{\mathrm{MC}} + O((\Delta V)^2)$$

$$= \frac{1}{\widetilde{\Omega}_{V,N}(U,V)} \sum_{i=1}^{\widetilde{\Omega}_{V,N}(U,V)} \left\{ E_i(V) + \Delta V \frac{dE_i(V)}{dV} \right\} + O((\Delta V)^2)$$

とする。各々の i について，$E_i(V+\Delta V) = E_i(V) + \Delta V\,(dE_i(V)/dV) + O((\Delta V)^2)$ だから，

$$= \frac{1}{\widetilde{\Omega}_{V,N}(U)} \sum_{i=1}^{\widetilde{\Omega}_{V,N}(U)} E_i(V+\Delta V) + O((\Delta V)^2) \tag{9.2.9}$$

とまとめることができる。一方，$U+\Delta U$ は最終的な平衡状態でのエネルギーだから，より直接的に，

$$U + \Delta U = \left\langle \hat{H}(V+\Delta V) \right\rangle_{U+\Delta U, V+\Delta V}^{\mathrm{MC}}$$

$$= \frac{1}{\widetilde{\Omega}_{V+\Delta V,N}(U+\Delta U)} \sum_{i=1}^{\widetilde{\Omega}_{V+\Delta V,N}(U+\Delta U)} E_i(V+\Delta V)$$

$$\tag{9.2.10}$$

とも書ける。(9.2.9) と (9.2.10) の最右辺どうしが等しいのだから，ここに登場した二つの状態数が（ほぼ）等しいことがわかる。それぞれを $N!$ で割って，

$$\Omega_{V,N}(U) = \Omega_{V+\Delta V,N}(U+\Delta U) + O((\Delta V)^2) \tag{9.2.11}$$

が得られる。この操作の前後で，状態数 $\Omega_{V,N}(U)$ は（ほぼ）変化しないのである。エントロピーの不変性 (9.2.7) を見れば，エントロピーが状態数 $\Omega_{V,N}(U)$ の関数だろうと推測される。また，状態数は一般に U の増加関数だから，エントロピーは $\Omega_{V,N}(U)$ の増加関数といえる。

エントロピーと状態数の関係を特定するには，相加性 (9.1.3) を使えばよい。考えている系が二つのマクロな量子系を合わせたものであり，それぞれの系の状態数が $\Omega_{V_1,N_1}(U_1)$，$\Omega_{V_2,N_2}(U_2)$ だとする。全系の状態数は，両者の積 $\Omega_{V_1,N_1}(U_1)\Omega_{V_2,N_2}(U_2)$ になる[25]。エントロピーに関しては，それぞれの系のエントロピーの和が出てきてほしいのだから，積を和に変えるため，対数をとればよい。また，(9.2.1) の関係から $\log \Omega_{V,N}(U)$ が示量性

---

25) これは，粒子を二つの部分に分配するやり方まで考えたうえで正しい。気になる読者は考えてみよう。

9-2 ミクロカノニカル分布

(9.1.2) を満たすこともわかる（下の (9.2.14) を見よ）。

こうして，$\log \Omega_{V,N}(U)$ という量が，307 ページに挙げたエントロピーの性質，S1), S2), S3) を満たすことがわかった。ところが，熱力学によれば，S1), S2), S3) を満たす量は，定数倍と定数の足し算でエントロピーと結ばれる。よって，エントロピーは $S[U,V,N] = a \log \Omega_{V,N}(U) + b$ と書けると結論できる。定数 b は，ある程度自由に選べるので，$b = 0$ としよう。

一方，a は普遍定数だから[26]，何か適切な例を使って決定してやればよい。こういうときは，理想気体を使うのがお手軽だ。理想気体については，(3.2.18) により，

$$\log \Omega_{V,N}(U) \simeq N \log(\alpha (N/V)^{-5/2} (U/V)^{3/2}) \qquad (9.2.12)$$

であることがわかっている。よって，$S[U,V,N] = a \log \Omega_{V,N}(U)$ として，これをエネルギー U で微分すれば，

$$\frac{\partial}{\partial U} S[U,V,N] = a \frac{3}{2} \frac{N}{U} \qquad (9.2.13)$$

となる。左辺は (9.1.14) により $1/T$ に等しい。右辺に理想気体のエネルギーの表式 $U = (3/2)NkT$ を代入し左辺と比べれば，普遍定数 a はボルツマン定数 k と等しいことがわかる。こうして，エントロピーのミクロな表式 (9.2.5) が導かれた[27]。

示量性とエントロピー密度

熱力学でのエントロピーは示量性 (9.1.2) をもっている。統計力学は体積が大きい極限で熱力学を再現すべきものだから，体積が大きいとき統計力学のエントロピーが示量性をもつことが期待される。$V \nearrow \infty$ で (9.1.17) のエントロピー密度 $s(U/V, N/V) := S[U,V,N]/V$ がきちんと定義できることが，エントロピーの示量性の統計力学での現れだと考えてよい。

これについては，新たに何かを示すまでもなく，75 ページの定理 3.1 で完全な結果が得られている。念のため，ここでもまとめておこう。

系 9.1 (ミクロカノニカル分布とエントロピー)　体積 V の容器に N 個の粒子が入っている系があり，75 ページの定理 3.1 と同じ条件

---

[26] a が特定の系によらないことは，エントロピーの相加性と，二つの量子系を合わせてつくった量子系の状態数が各々の系の状態数の積になることから，直ちにわかる。

[27] 本書で触れる余裕はないが，さらに踏み込んで，断熱操作の可能性とエントロピーの不等式 (9.1.4) との関連についても，厳密な結果を示すことができる。

を満たすとする．密度 ρ における基底エネルギー密度を $\epsilon_0(\rho)$ とする．任意の $\rho > 0$ と $u > \epsilon_0(\rho)$ について，密度 $\rho := N/V$ とエネルギー密度 $u := U/V$ を一定に保った極限

$$s(u,\rho) := \lim_{V \nearrow \infty} \frac{k}{V} \log \Omega_{V,N}(U) \tag{9.2.14}$$

が存在する．$s(u,\rho) = k\sigma(u,\rho)$ はエントロピー密度である．$s(u,\rho)$ は u について増加関数であり，二つの変数 u, ρ について上に凸である．

以上の考察を裏返せば，もし状態数が (9.2.1)（あるいは (9.2.2)）の性質をもたなければ，統計力学のエントロピーは示量性をもたないことになる．これは，やや大ざっぱに考えれば，まっとうな熱力学的性質をもつことが（実験的に）わかっている系では，状態数は (9.2.1) を満たさなくてはならないことを意味している．これが，(3.2.30) のすぐ下で触れたことである．

9-3 三つの確率モデルの等価性

ミクロカノニカル分布についての考察が終わったので，ミクロカノニカル分布，カノニカル分布，グランドカノニカル分布の関係について考えていこう．体積が大きい極限で，三つの確率モデルが同じ「物理」を記述していることを示すのが目標である．ここでも，議論を具体的にするため，一定の体積 V の中に一種類の粒子が入った系を扱う．3-2-2 節と同様，異なった粒子が区別できる（仮想的な）多粒子の量子系を扱う．粒子が区別できない場合への拡張は，ほぼ自動的である．

9-3-1 カノニカル分布とミクロカノニカル分布の等価性

まず，カノニカル分布とミクロカノニカル分布が等価であることを見よう．実は，二つの確率モデルの等価性に関してもっとも本質的な点はすでに議論してある．4-3-4 節の最後の (4.3.39) で，$\beta f(\beta, \rho)$ の β についての二階微分が負であれば[28]，カノニカル分布でのエネルギー密度 $\hat{e}$ のゆらぎが $1/\sqrt{V}$ に比例することを見た．これは，体積 V が十分に大きければ，カノニカル分布に従う系のエネルギーは実質的に一定値をとることを意味し

---

[28] 最終的な厳密な結果 (330 ページの定理 9.2) では，二階微分についての条件も不要である．

9-3 三つの確率モデルの等価性

ている。エネルギーが一定値をとるなら，カノニカル分布を使って計算しても，実質的にはミクロカノニカル分布を使った場合と同じ結果が出ると考えられる。

物理的には，以上の考察だけでほとんど十分だと思う。ここでは，より正確を期し，二つの確率モデルが「等価」ということの意味を明確にする。一言でいえば，カノニカル分布とミクロカノニカル分布から，同じ熱力学が得られることを示す。われわれは，すでに 4-3-4 節でカノニカル分布が $(T; V, N)$ 表示での熱力学と対応することを見た。すぐ前の 9-2-2 節でミクロカノニカル分布が (U, V, N) 表示の熱力学に対応することを見たから，二つの確率モデルが対応するのは，自然なことである。

以下では，カノニカル分布とミクロカノニカル分布の等価性を，やや厳密さを欠くが物理では標準的な論法で示す。最後に，対応する厳密な定理（証明は付録 C-3-1）を述べる。

等価性の導出

体積 V の容器の中に N 個の粒子の入った系を考える。V, N を固定したときの，系のエネルギー固有状態に $i = 1, 2, \ldots$ と名前をつけ，対応するエネルギー固有値を E_i と書く。話の都合上，すべての $i = 1, 2, \ldots$ について $E_i > 0$ を仮定しておく（この仮定に実質的な意味はないので，取り除くのは簡単である）。

$\Delta > 0$ を $\beta \Delta \ll 1$ を満たす適当な数としよう。分配関数の和を計算する際に，エネルギー固有値を粗くみて，間隔 Δ ごとに「束ねて」足し上げるということを考えよう[29]。つまり，

$$Z_{V,N}(\beta) = \frac{1}{N!} \sum_{i=1}^{\infty} e^{-\beta E_i} = \frac{1}{N!} \sum_{n=0}^{\infty} \sum_{\substack{i \\ (n\Delta < E_i \leq (n+1)\Delta)}} e^{-\beta E_i}$$

$$\simeq \frac{1}{N!} \sum_{n=0}^{\infty} \sum_{\substack{i \\ (n\Delta < E_i \leq (n+1)\Delta)}} e^{-\beta n \Delta} \tag{9.3.1}$$

とする。（n の和の内側にある）i の和は，$n\Delta < E_i \leq (n+1)\Delta$ が成り立つような i についてとる。この条件が満たされれば $E_i \simeq n\Delta$ なので，最右辺が得られる。

状態数 $\Omega_{V,N}(E)$ の定義（3-2-1 節）を思い出すと，

---

[29] このように，何かの量を粗く見ることを「粗視化 (coarse graining)」と呼ぶ。

である。ここで，体積を十分に大きくとれば，$\Omega_{V,N}((n+1)\Delta) - \Omega_{V,N}(n\Delta) \gg 1$ である。また，関数 $\Omega_{V,N}(E)$ が Δ 程度のスケールでは，なめらかな関数のようにふるまうと仮定すれば，

$$\Omega_{V,N}((n+1)\Delta) - \Omega_{V,N}(n\Delta) \simeq \Delta \left.\frac{d\Omega_{V,N}(E)}{dE}\right|_{E=n\Delta} \tag{9.3.3}$$

$$\frac{1}{N!} \sum_{\substack{i \\ (n\Delta < E_i \leq (n+1)\Delta)}} 1 = \Omega_{V,N}((n+1)\Delta) - \Omega_{V,N}(n\Delta) \tag{9.3.2}$$

と書ける。

分配関数の表式 (9.3.1) に，(9.3.2) と (9.3.3) を代入して，和を積分に直せば，

$$\begin{aligned}Z_{V,N}(\beta) &\simeq \sum_{n=0}^{\infty} \Delta \left.\frac{d\Omega_{V,N}(E)}{dE}\right|_{E=n\Delta} e^{-\beta n\Delta} \simeq \int_0^{\infty} dE \frac{d\Omega_{V,N}(E)}{dE} e^{-\beta E} \\ &= \beta \int_0^{\infty} dE\, \Omega_{V,N}(E)\, e^{-\beta E} \end{aligned} \tag{9.3.4}$$

のように，分配関数をエネルギーの積分で表すことができる。最後の表式を導くのに，部分積分を使った。ここで，$\rho := N/V$ を一定に保って，V を大きくすることを考えよう。状態数の漸近的なふるまいについての (9.2.1) を (9.3.4) に代入すれば，

$$Z_{V,N}(\beta) \sim \int_0^{\infty} dE\, e^{V\sigma(E/V,\rho)} e^{-\beta E} \sim \int_0^{\infty} d\epsilon\, e^{V\{\sigma(\epsilon,\rho)-\beta\epsilon\}} \tag{9.3.5}$$

が得られる。もちろん，$\epsilon = E/V$ によって変数変換した。ここでも，$\sim$ は両辺の対数を V で割ったものがほぼ等しいことを意味する。

(9.3.5) の右辺の積分を一般の関数 $\sigma(\epsilon,\rho)$ について計算することはできないが，体積 V が大きくなるときのふるまいは，かなり正確に評価できる。V が非常に大きいときは，指数関数の肩にある $\{\cdots\}$ の中の関数が最大値をとるような ϵ の値だけが実質的に積分に寄与すると考えていいからだ。そこで，ρ を一つの値に固定し，$\{\sigma(\epsilon,\rho) - \beta\epsilon\}$ を最大にするような ϵ を ϵ^* と呼ぼう。$\sigma(\epsilon,\rho)$ が ϵ について二回微分可能だと仮定して，

$$\sigma(\epsilon,\rho) - \beta\epsilon \simeq \sigma(\epsilon^*,\rho) - \beta\epsilon^* - \frac{\alpha}{2}(\epsilon - \epsilon^*)^2 \tag{9.3.6}$$

のように，ϵ^* からのずれについて二次まで展開する。もちろん，$\alpha = -\partial^2\sigma(\epsilon,\rho)/\partial\epsilon^2|_{\epsilon=\epsilon^*}$ である。$\alpha > 0$ であることを仮定して議論を進めよう（実は，最終的な定理 9.2 にはこの仮定は不要）。

9-3 三つの確率モデルの等価性

(9.3.6) を積分に代入すれば,

$$\int_0^\infty d\epsilon\, e^{V\{\sigma(\epsilon,\rho)-\beta\epsilon\}} \simeq \int_0^\infty d\epsilon\, e^{V\{\sigma(\epsilon^*,\rho)-\beta\epsilon^*\}} e^{-(\alpha V/2)(\epsilon-\epsilon^*)^2}$$

$$\simeq e^{V\{\sigma(\epsilon^*,\rho)-\beta\epsilon^*\}} \int_{-\infty}^\infty dx\, e^{-(\alpha V/2)x^2}$$

$$= \sqrt{\frac{2\pi}{\alpha V}} e^{V\{\sigma(\epsilon^*,\rho)-\beta\epsilon^*\}} \tag{9.3.7}$$

と評価できる。途中で, $x = \epsilon - \epsilon^*$ と変数変換し, x の積分範囲を実数全体に広げた。最後は, もちろんガウス積分 (A.1.3) を使った。このような積分の評価の方法は, ラプラス[30]の方法と呼ばれる[31]。

これを (9.3.5) に戻せば, 体積が大きいときの分配関数の評価

$$Z_{V,N}(\beta) \sim e^{V\{\sigma(\epsilon^*,\rho)-\beta\epsilon^*\}} \tag{9.3.8}$$

が得られる。(4.3.26) のヘルムホルツの自由エネルギーの表現 $F[T; V, N] = -(1/\beta) \log Z_{V,N}(\beta)$ を思いだし, (9.3.8) を単位体積あたりの自由エネルギーについての評価に書き直すと,

$$f_V(\beta, \rho) := -\frac{1}{\beta V} \log Z_{V,N}(\beta) \simeq -\frac{1}{\beta}\{\sigma(\epsilon^*, \rho) - \beta\epsilon^*\} = \min_\epsilon \left\{ \epsilon - \frac{\sigma(\epsilon, \rho)}{\beta} \right\} \tag{9.3.9}$$

となる。$\min_\epsilon\{\cdots\}$ というのは, 変数 ϵ をいろいろに動かして, $\{\cdots\}$ の量を最小化せよという記号である。対数をとって V で割ったことで, $\sim$ が $\simeq$ に「昇格」したことに注意。さらに, ここで $V \nearrow \infty$ とする極限をとれば, 以上の評価はすべて正確になると期待される。無限体積極限での自由エネルギーを $f(\beta, \rho) := \lim_{V \nearrow \infty} f_V(\beta, \rho)$ と書けば,

$$f(\beta, \rho) = \min_\epsilon \left\{ \epsilon - \frac{\sigma(\epsilon, \rho)}{\beta} \right\} = \min_u \{ u - T s(u, \rho) \} \tag{9.3.10}$$

という関係が得られる。もちろん, $s(u, \rho) = k\sigma(u, \rho)$ は無限体積極限でのエントロピー密度である。

こうして, 熱力学の設定で議論したルジャンドル変換 (9.1.25) の一つ目の式が導かれた。ルジャンドル変換の性質から, 直ちに $f(\beta, \rho)$ が $T = (k\beta)^{-1}$ について上に凸, ρ について下に凸であることがわかる (B-2-4 節, 問題 9.3

---

[30] 21 ページの脚注 3) を見よ。
[31] この方法を, 鞍点法あるいは最急降下法と呼ぶこともあるが, 正確には, これらの名称はラプラスの方法を複素積分に拡張した方法を指す。

を参照)。(9.1.25) の一つ目の関係があれば,ルジャンドル変換の一般論から,二つ目の関係

$$s(u,\rho) = \min_T \frac{u - f(\beta,\rho)}{T} \tag{9.3.11}$$

も導かれる。

(9.3.10), (9.3.11) は,ミクロカノニカル分布とカノニカル分布が,熱力学のレベルで完全に等価であることを示す重要な関係である。エントロピー $s(u,\rho)$ はミクロカノニカル分布から自然に得られる完全な熱力学関数であり, $f(\beta,\rho)$ はカノニカル分布から自然に得られる完全な熱力学関数である。(9.3.10), (9.3.11) によれば,これらの一方がわかれば,もう一方は完全に決定される。つまり, $V \nearrow \infty$ の極限では,ミクロカノニカル分布とカノニカル分布という二つの確率モデルは,同じ一つの熱力学の別の表示を与えていることが示されたのだ。

最後に,以上の考察に対応する厳密な定理を述べておこう。この定理は,3-2-2 節で考えた粒子が互いに区別できる(仮想的な)多粒子系,ボゾンの系,フェルミオンの系のいずれにおいても成立する。定理の証明については,付録 C-3-2 を見よ。

定理 9.2 (カノニカル分布と自由エネルギー) 体積 V の容器に N 個の粒子が入っている系があり,75 ページの定理 3.1 と同じ条件を満たすとする。任意の $\beta > 0$, $\rho > 0$ について,密度 $\rho := N/V$ を一定に保った極限

$$f(\beta,\rho) := -\lim_{V \nearrow \infty} \frac{1}{\beta V} \log Z_{V,N}(\beta) \tag{9.3.12}$$

が存在する。$f(\beta,\rho)$ はヘルムホルツ自由エネルギー密度である。$f(\beta,\rho)$ とエントロピー密度 $s(u,\rho)$ は,ルジャンドル変換により

$$f(\beta,\rho) = \min_u \{u - T s(u,\rho)\}, \quad s(u,\rho) = \min_T \frac{u - f(\beta,\rho)}{T} \tag{9.3.13}$$

で結ばれている(もちろん,$\beta = (kT)^{-1}$)。$f(\beta,\rho)$ は T について上に凸,ρ について下に凸な関数である。

ミクロカノニカル分布とカノニカル分布の等価性の直観的な議論では,$\beta f(\beta,\rho)$ の β についての二階微分が負であるとか,$\sigma(\epsilon,\rho)$ の ϵ についての

二階微分が負であるといった条件[32]が顔を出した。しかし，すでに注意したように，上で述べた定理ではそういった条件は課されていない。実際，相転移が生じる際には問題の二階微分はゼロになり得るが，それでも二つの分布の等価性はしっかりと成り立つのだ。多くの物理系で相転移は必ず生じるから，上の定理が二階微分についての条件によらないことは，物理的にも重要である。

9-3-2 グランドカノニカル分布とカノニカル分布の等価性

三つ目の確率モデルであるグランドカノニカル分布が他の二つの確率モデルと等価であることを見よう。ミクロカノニカル分布とカノニカル分布の等価性はすでに示してあるから，ここでは，グランドカノニカル分布とカノニカル分布が等価であることを示す。

この場合も，もっとも本質的な議論は終わっている。8-1-2節の (8.1.32) で見たように，グランドポテンシャル密度 $j(\beta, \mu)$ の μ についての二階微分が負であれば，粒子数のゆらぎは $1/\sqrt{V}$ に比例する。これは，体積 V が十分に大きければ，グランドカノニカル分布に従う系の粒子数は実質的に一定値をとることを意味している。粒子数が一定値をとるなら，グランドカノニカル分布を使って計算しても，実質的にはカノニカル分布を使った場合と同じ結果が出ると考えられる（ここでも，二階微分についての条件は実際には不要）。

以下では，前節と同様に，熱力学的な構造という観点から，二つの確率モデルが等価であることを示す。基本的なアイディアは前節と同じである。最後に，対応する厳密な定理（証明は付録 C-3-2）を述べる。

等価性の導出

体積 V の容器の中に一種類の粒子の入った系を考える。V を固定して，粒子数が N のときの系のエネルギー固有状態に $i = 1, 2, \ldots$ と名前をつけ，対応するエネルギー固有値を $E_i^{(N)}$ と書く。

カノニカル分布の分配関数は，

$$Z_{V,N}(\beta) := \frac{1}{N!} \sum_{i=1}^{\infty} e^{-\beta E_i^{(N)}} \sim e^{-\beta V f(\beta, N/V)} \tag{9.3.14}$$

である。最後は，(9.3.9) を踏まえて，V が大きいときに正しくなる表式を

---

[32] 実は，これら二つの条件は等価である。

書いておいた。大分配関数の定義 (8.1.13) に (9.3.14) を代入し，N についての和を $\rho = N/V$ についての積分で近似すれば，

$$\Xi_V(\beta,\mu) := \sum_{N=0}^{\infty} e^{\beta\mu N} Z_{V,N}(\beta) \sim \sum_{N=0}^{\infty} e^{\beta\mu N - \beta V f(\beta, N/V)}$$
$$= \sum_{N=0}^{\infty} e^{\beta V\{\mu (N/V) - f(\beta, N/V)\}} \simeq V \int_0^{\infty} d\rho\, e^{\beta V\{\mu\rho - f(\beta,\rho)\}}$$
(9.3.15)

が得られる。V が大きいとき，この積分は (9.3.7) と同様にラプラスの方法で評価できる。β, μ を固定したとき，$\mu\rho - f(\beta,\rho)$ を最大にするような ρ を ρ^* と呼ぶ。$f(\beta,\rho)$ が ρ について二回微分可能として，

$$\mu\rho - f(\beta,\rho) \simeq \mu\rho^* - f(\beta,\rho^*) - \frac{\gamma}{2}(\rho - \rho^*)^2 \qquad (9.3.16)$$

のように，ρ^* のまわりで展開する。ここで $\gamma = \partial^2 f(\beta,\rho)/\partial\rho^2|_{\rho=\rho^*}$ である。ここでも γ が存在し正であることを仮定して話を進めるが，実際にはこの仮定は不要である。(9.3.16) を積分 (9.3.15) に戻せば，

$$\Xi_V(\beta,\mu) \sim \int_0^{\infty} d\rho\, e^{\beta V\{\mu\rho^* - f(\beta,\rho^*)\}} e^{-(V\beta\gamma/2)(\rho-\rho^*)^2} \sim e^{\beta V\{\mu\rho^* - f(\beta,\rho^*)\}}$$
(9.3.17)

となる。これより $\log \Xi_V(\beta,\mu) \simeq \beta V\{\mu\rho^* - f(\beta,\rho^*)\}$ であることがわかる。$V^{-1} \log \Xi_V(\beta,\mu) \simeq \beta\{\mu\rho^* - f(\beta,\rho^*)\}$ は，（示強的な）パラメター β, μ だけに依存する量である。これは，以前に (8.1.31) で，説明抜きに宣言したことだった。

(8.1.31) にならって，グランドポテンシャル密度 $j(\beta,\mu)$ を導入すれば，

$$j(\beta,\mu) := -\lim_{V \nearrow \infty} \frac{1}{\beta V} \log \Xi_V(\beta,\mu) = f(\beta,\rho^*) - \mu\rho^* = \min_{\rho}\{f(\beta,\rho) - \mu\rho\}$$
(9.3.18)

が成り立つことがわかった。(9.3.18) は，ルジャンドル変換 (9.1.35) の一つ目の式そのものである。逆変換は，(9.1.35) の二つ目にあるように，

$$f(\beta,\rho) = \max_{\mu}\{\mu\rho + j(\beta,\mu)\} \qquad (9.3.19)$$

である。

最後に，以上の考察に対応する厳密な定理を述べておこう。この定理も，3-2-2 節で考えた粒子が互いに区別できる（仮想的な）多粒子系，ボゾンの系，フェルミオンの系のいずれにおいても成立する。

定理を述べるために，$\beta > 0$ に対して，

$$\mu_0(\beta) := \lim_{\rho \nearrow \infty} \frac{\partial f(\beta, \rho)}{\partial \rho} \qquad (9.3.20)$$

という量を定義する。$\mu_0(\beta)$ は化学ポテンシャル μ が動く範囲の上限である。次の定理にも述べられているように，（ここで考えている）粒子が互いに区別できる系と，フェルミオンの同種粒子の系では，任意の $\beta > 0$ について $\mu_0(\beta) = \infty$ となる。つまり，化学ポテンシャル μ は正負の任意の実数値をとることができる。一方，理想ボース気体では，$\mu_0(\beta) = 0$ である。$\mu_0(\beta)$ が ∞ でないのは理想ボース気体の病的な性質だと考えられる。ボゾン系でも，物理的にまともな相互作用があれば，任意の $\beta > 0$ について $\mu_0(\beta) = \infty$ となると期待される（厳密な証明のある例は知らない）。

この場合の等価性の定理は以下のとおりである。定理の証明については，付録 C-3-2 を見よ。

定理 9.3（グランドカノニカル分布と自由エネルギー） 体積 V の容器内の粒子系が，75 ページの定理 3.1 と同じ条件を満たすとする。フェルミオン系と粒子が互いに区別できる量子系では，$\mu_0(\beta) = \infty$ である。任意の $\beta > 0$ と $\mu < \mu_0(\beta)$ について，極限

$$j(\beta, \mu) := -\lim_{V \nearrow \infty} \frac{1}{\beta V} \log \Xi_V(\beta, \mu) \qquad (9.3.21)$$

が存在する。$j(\beta, \mu)$ はグランドポテンシャル密度である。$j(\beta, \mu)$ とヘルムホルツ自由エネルギー密度 $f(\beta, \rho)$ は，ルジャンドル変換により

$$j(\beta, \mu) = \min_{\rho} \{ f(\beta, \rho) - \mu\rho \}, \qquad f(\beta, \rho) = \max_{\mu} \{ \mu\rho + j(\beta, \mu) \}$$
$$(9.3.22)$$

で結ばれている。$j(\beta, \mu)$ は T, μ について上に凸な関数である。

ここでも二回微分可能性の不可条件なしに等価性が示されることに注意しよう。相転移点や相共存のある状況でも二つの分布の等価性は（上の定理の意味で）成り立つのである。

こうして，完全な熱力学関数（つまり，自由エネルギー密度 $f(\beta, \rho)$ と $j(\beta, \mu)$）について考えるかぎり，カノニカル分布とグランドカノニカル分布は，完全に等価な情報をもっていることが示された。同様に，カノニカル分布とミクロカノニカル分布が等価だとわかっているから，結局，三つの確率モデルは全く同じ熱力学に対応することがわかった。

9-4 等価性のまとめと注意

込み入った章になったので，まとめの節をおこう．9-4-1 節では，三つの確率モデルとその対応関係を「早見表」のように，まとめておく．これは，統計力学の構造を再確認したい読者の役に立つと思う．9-4-2 節で，等価性について，注意すべきデリケートな点を簡単に議論する．

9-4-1 三つの確率モデルのまとめ

三つの確率モデルとそこから得られる熱力学関数について，統一した形でまとめておこう[33]．ここでは，体積 V の容器の中の一種類の粒子の系を考える．粒子数が N のときのエネルギー固有状態に $i = 1, 2, \ldots$ と名前をつけ，対応するエネルギー固有値を $E_i^{(N)}$ と書く．

ミクロカノニカル分布

熱力学の (U, V, N) 表示に対応する確率モデルである．体積 V が大きい極限で，(U, V, N) 表示の熱力学を再現する．

$E_i^{(N)} \leq U$ を満たすエネルギー固有状態 i の総数を $N!$ で割ったものが，状態数 $\Omega_{V,N}(U)$ である．定義を敢えて式で書けば，

$$\Omega_{V,N}(U) := \frac{1}{N!} \sum_{\substack{i \\ (E_i^{(N)} \leq U)}} 1 \tag{9.4.1}$$

となる．ミクロカノニカル分布とは，U, V, N を一定値に固定し，$E_i^{(N)} \leq U$ を満たす全てのエネルギー固有状態が，等しい確率 $\{N! \Omega_{V,N}(U)\}^{-1}$ で出現するという確率モデルである．

熱力学との対応をつけるもっとも基本的な関係は，エントロピーの表現

$$S[U, V, N] = k \log \Omega_{V,N}(U) \tag{9.4.2}$$

である．また，

$$s(u, \rho) = \lim_{V \nearrow \infty} \frac{k}{V} \log \Omega_{V,N}(U) \tag{9.4.3}$$

という極限の存在が証明されている（ただし，$u = U/V$, $\rho = N/V$ を一定に保って極限をとる）．これは熱力学のエントロピー密度 $s(U/V, N/V) :=$

---

[33] ここでも，粒子が区別できるとしてエネルギー固有状態を求めた場合を扱う．最初から粒子を区別しないときは，(9.4.1), (9.4.4), (9.4.7) から $N!$ を消した式を使う．それ以外の関係は，そのまま（厳密に）成立する．

$S[U,V,N]/V$ に対応する。

カノニカル分布

熱力学の $(T;V,N)$ 表示に対応する確率モデルである。体積 V が大きい極限で，$(T;V,N)$ 表示の熱力学を再現する。

逆温度 $\beta = (kT)^{-1}$ について，分配関数を

$$Z_{V,N}(\beta) := \frac{1}{N!} \sum_{i=1}^{\infty} e^{-\beta E_i^{(N)}} \qquad (9.4.4)$$

と定義する。カノニカル分布とは，β, V, N を一定値に固定し，エネルギー固有状態 $i = 1, 2, \ldots$ が，$\{N! Z_{V,N}(\beta)\}^{-1} e^{-\beta E_i^{(N)}}$ という確率で出現するという確率モデルである。

熱力学との対応をつけるもっとも基本的な関係は，ヘルムホルツの自由エネルギーの表現

$$F[T;V,N] = -\frac{1}{\beta} \log Z_{V,N}(\beta) \qquad (9.4.5)$$

である。また，

$$f(\beta, \rho) = -\lim_{V \nearrow \infty} \frac{1}{\beta V} \log Z_{V,N}(\beta) \qquad (9.4.6)$$

という極限の存在が証明されている（ただし，$\rho = N/V$ を一定に保って極限をとる）。これは熱力学の自由エネルギー密度 $f(\beta, N/V) := F[T;V,N]/V$ に対応する。

グランドカノニカル分布

熱力学の $(T, \mu; V)$ 表示に対応する確率モデルである。体積 V が大きい極限で，$(T, \mu; V)$ 表示の熱力学を再現する。

逆温度 $\beta = (kT)^{-1}$ と化学ポテンシャル μ について，大分配関数を

$$\Xi_V(\beta, \mu) := \sum_{N=0}^{\infty} \frac{1}{N!} \sum_{i=1}^{\infty} e^{-\beta E_i^{(N)} + \beta \mu N} \qquad (9.4.7)$$

と定義する。グランドカノニカル分布とは，β, μ, V を一定値に固定し，粒子数 $N = 0, 1, 2, \ldots$ とエネルギー固有状態 $i = 1, 2, \ldots$ が，$\{N! \Xi_V(\beta, \mu)\}^{-1} e^{-\beta E_i^{(N)} + \beta \mu N}$ という確率で出現するという確率モデルである。

熱力学との対応をつけるもっとも基本的な関係は，グランドポテンシャルの表現

$$J[T,\mu;V] = -\frac{1}{\beta}\log \Xi_V(\beta,\mu) \qquad (9.4.8)$$

である．また，

$$j(\beta,\mu) = -\lim_{V\nearrow\infty}\frac{1}{\beta V}\log \Xi_V(\beta,\mu) \qquad (9.4.9)$$

という極限の存在が証明されている．これは熱力学のグランドポテンシャル密度 $j(\beta,\mu) := J[T,\mu;V]/V$ に対応する．

ルジャンドル変換

エントロピー密度 $s(u,\rho)$，ヘルムホルツ自由エネルギー密度 $f(\beta,\rho)$，グランドポテンシャル密度 $j(\beta,\mu)$ は，いずれも，完全な熱力学関数を体積で規格化した量であり，系の熱力学的な性質についての完全な情報をもっている．これら三つの関数は，完全に対等な情報をもっており，互いにルジャンドル変換

$$f(\beta,\rho) = \min_{u}\{u - Ts(u,\rho)\}, \quad s(u,\rho) = \min_{T}\frac{u-f(\beta,\rho)}{T} \qquad (9.4.10)$$

$$j(T,\mu) = \min_{\rho}\{f(\beta,\rho) - \mu\rho\}, \quad f(\beta,\rho) = \max_{\mu}\{j(T,\mu) + \mu\rho\} \qquad (9.4.11)$$

で結ばれることが厳密に証明されている．つまり，上で見た三つの確率モデルは，$V\nearrow\infty$ では，完全に等価な熱力学に対応するのである．

9-4-2 確率分布の等価性についての注意

こうして，三つの確率モデルは，完全な熱力学関数の密度をとおして見るかぎり，$V\nearrow\infty$ で厳密に等価な理論を与えることがわかった．これによって，どの確率モデルを使っても，完全に同じように「物理」が議論できると言いたくなるのだが，実は，一つデリケートな点がある．9-1-2 節と 9-1-3 節それぞれの最後で，熱力学での等価性を論じた際，異なった表示での平衡状態そのものが対応すると考えてはいけない（特殊な）状況がありうることを注意した．同じ問題は，もちろん，統計力学になっても残っている．そして，素直な対応関係が成立しないような状況は，実際，10-4-1 節で詳しく見るボース・アインシュタイン凝縮の例をはじめとした二相共存の問題に登場するのである．

ここでは，具体的な問題には踏み込まず，グランドカノニカル分布とカノニカル分布の対応の場合に，どのような状況で，単純な一対一の対応が破綻するのかを見ておこう．

9-4 等価性のまとめと注意

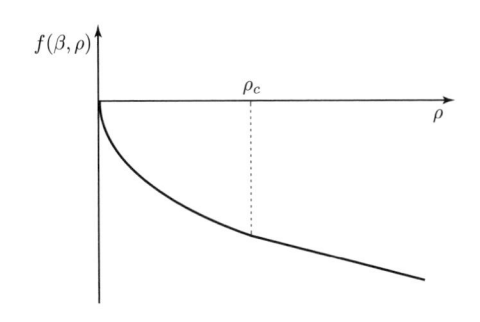

図 **9.1** カノニカル分布の平衡状態とグランドカノニカル分布の平衡状態が一対一に対応しないような例。逆温度 β を固定して，ヘルムホルツ自由エネルギー密度 $f(\beta,\rho)$ を ρ の関数として描いた。$\rho \geq \rho_c$ では，$f(\beta,\rho)$ は一定の傾きをもつ。

逆温度 β をある値に固定したとき，ヘルムホルツ自由エネルギー密度が，ρ の関数として，図 9.1 のような形をしていたとしよう。つまり，(β に依存する) 定数 ρ_c があり，$0 < \rho < \rho_c$ の範囲では，$\partial^2 f(\beta,\rho)/\partial\rho^2 > 0$ が成り立ち，$f(\beta,\rho)$ は ρ について文字どおり下に凸な関数になっている。また $\rho \to 0$ では傾きは $-\infty$ に向かう[34]。一方，$\rho > \rho_c$ では，(やはり β に依存する) 定数 μ_0, C があって，$f(\beta,\rho) = \mu_0\rho + C$ のように，自由エネルギー密度は ρ の一次関数になっている。相転移の熱力学を学んだ読者はご存知のように，このような自由エネルギーの直線的なふるまいは，二相共存が起きていることの現れである[35]。

この状況で，(9.4.11) の一つ目の式を用いてルジャンドル変換を行なう。ρ を動かして，$f(\beta,\rho) - \mu\rho$ という量を最小化すればよいのだから，この量を微分したものが 0 になることを要請し，

$$\frac{\partial f(\beta,\rho)}{\partial \rho} = \mu \qquad (9.4.12)$$

という条件が得られる。β, μ を与えたとき，(9.4.12) を満たす ρ を $\rho^*(\beta,\mu)$ と呼ぼう。グランドカノニカル分布で (β,μ) と指定される平衡状態に，カノニカル分布で $(\beta,\rho^*(\beta,\mu))$ と指定される平衡状態が対応することになる。

$f(\beta,\rho)$ の (ρ を横軸にした) グラフを念頭において，条件 (9.4.12) を見

---

[34] ρ がきわめて小さい領域での $f(\beta,\rho)$ のふるまいは，理想気体についての (5.2.9) と一致すべきだ。この図でも，定性的には，それを意識している。

[35] [5] の 10 章，[7] の 15 章を見よ。

ると，これは，グラフの傾きが μ になるところを探せと言っていることがわかる[36]．図 9.1 を見ながら，この問題を考えてみよう．

まず，μ を $-\infty < \mu < \mu_0$ の間の勝手な値に設定したときは，グラフ上の $0 < \rho < \rho_c$ の範囲に，必ず，一点だけ傾きがちょうど μ になる点が存在する．つまり，この範囲では，(β, μ) による平衡状態の指定と (β, ρ) による平衡状態の指定は一対一に対応する．これは，9-3-2 節の冒頭で触れた $j(\beta, \mu)$ の μ についての二階微分が負である状況に対応し[37]，$V \nearrow \infty$ の極限では，グランドカノニカル分布とカノニカル分布は，個々の平衡状態の記述という点についても，完全に等価だと言える．

ところが，$\mu = \mu_0$ とすると，$\rho > \rho_c$ を満たすすべての点で，グラフの傾きは $\mu = \mu_0$ という一定値をとる．(9.4.12) の解は一つに定まらず，$\rho > \rho_c$ を満たす ρ すべてが解になる．もちろん，それでも $j(\beta, \mu)$ はきちんと決まるのだが，(β, μ) による平衡状態の指定と (β, ρ) による平衡状態の指定は，対応しなくなる．

図 9.2 に，二つの表示の対応の模式図を描いた．図の左側の $0 < \rho < \rho_c$ の範囲では，ρ と μ が一対一に対応している．しかし，$\rho \geq \rho_c$ を満たす ρ は，すべて $\mu = \mu_0$ という一点に対応してしまう．グランドカノニカル分

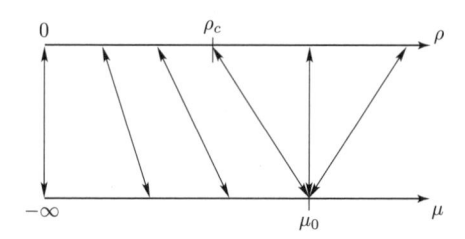

図 **9.2** 図 9.1 の状況で，逆温度 β を固定したときの，密度 ρ と化学ポテンシャル μ の対応の様子．$0 < \rho < \rho_c$ の範囲では，$-\infty < \mu < \mu_0$ を満たす μ が ρ と一対一に対応している．しかし，$\rho \geq \rho_c$ を満たす ρ は，すべて，$\mu = \mu_0$ という一つの値に対応する．つまり，グランドカノニカル分布での一つのパラメターの値に，カノニカル分布での無数の平衡状態が対応するのである．

---

[36] グラフが下に凸だから，傾きが μ のところを探すだけで最小値が求まる．
[37] 実際，$j(\beta, \mu) = f(\beta, \rho^*(\beta, \mu)) - \mu \rho^*(\beta, \mu)$ を μ で微分すると，$\partial j(\beta, \mu)/\partial \mu = -\rho^*(\beta, \mu)$ および $\partial^2 j(\beta, \mu)/\partial \mu^2 = -\partial \rho^*(\beta, \mu)/\partial \mu$ となる．よって二階微分 $\partial^2 j(\beta, \mu)/\partial \mu^2$ が 0 でないことは，$\partial \rho^*(\beta, \mu)/\partial \mu$ が 0 でないことと同値．後者は，μ と $\rho^*(\beta, \mu)$ が局所的に一対一に対応することを意味する．

布で (β, μ_0) と書かれるパラメータ上の一点が，カノニカル分布での無数の平衡状態と対応しているのだ．さらに，$\mu > \mu_0$ には，いかなる状態も対応しない．

このように，グランドカノニカル分布とカノニカル分布による平衡状態の指定が一対一に対応しないのは，決して珍しいことではない．グランドカノニカル分布のほうが，状態の指定の仕方が「粗い」と言ってよい．しかし，だからといって，グランドカノニカル分布を用いることで何らかの情報が欠落するのではないことに注意しよう．グランドポテンシャル密度 $j(\beta, \mu)$ は，完全な熱力学関数である．$j(\beta, \mu)$ を知っていれば，ルジャンドル変換 (9.4.11) によってヘルムホルツ自由エネルギー密度 $f(\beta, \rho)$ を求めることができるから，われわれは，カノニカル分布を使ったのと全く同じ情報を手に入れることができるのだ．

演習問題 9.

9.1 [ラプラスの方法]　ガンマ関数による階乗の表現 (A.1.10) とラプラスの方法 (9-3-1 節の (9.3.7)) を使って，スターリングの公式 (A.2.2) を導け（厳密な証明をしなくてよい）．

9.2 [T-P 分布]　T-P 分布と呼ばれる確率モデルでは，系の体積 V は一定でなく確率的に出現する[38]．T-P 分布の分配関数は逆温度 β，圧力 P，粒子数 N をパラメターとして，$Y_N(\beta, P) = \int_0^\infty dV\, e^{-\beta PV} Z_{V,N}(\beta)$ である．マクロな系では，これがギブスの自由エネルギーと $G[T, P; N] = -\beta^{-1} \log Y_N(\beta, P)$ の関係で結ばれることを示せ．また，T, P における体積 $V(\beta, P)$ は，上の $Y_N(\beta, P)$ の積分で被積分関数を最大にする V であることを確かめよ．

9.3 [S と F のルジャンドル変換]　S と F を結ぶルジャンドル変換 (9.1.19)，(9.1.20) は，付録 B-2 の一般論からすると「素直」ではない形なので，B-2-4 節でも間接的にしか証明されていない．以下の事実を直接に示せ（これは付録 B-2 を学んだ後で解いたほうがいい）．

(a) (9.1.19) の最小値が存在する．(b) (9.1.19) で定義した F は T について上に凸，(V, N) について下に凸である．(c) 逆変換の関係 (9.1.20) が成り立つ．

---

[38] 問題 5.6 では一次元の T-P 分布を扱っていたことになる．二次元や三次元でも，（ピストンが動けるなど）適切な設定にカノニカル分布やミクロカノニカル分布を適用することで T-P 分布が導けそうに見えるが，（ピストンの運動エネルギーの取り扱いなどが微妙で）うまくいかないようだ．それでも，T-P 分布は平衡状態を再現するための確率モデルとしてはきちんと機能する．

10. 量子理想気体の統計力学

　量子統計力学の重要な応用である量子理想気体の問題を扱おう。多体系の量子論についての知識を仮定せず，基礎から解説する。たとえ相互作用がなくても，量子力学に従う粒子が数多くあることによって，古典的には予想もできない現象が起きることを見たい。特に，粒子がボソンであるかフェルミオンであるかによって理想気体の低温でのふるまいが根本的に異なっていることは重要である。フェルミオン系は「フェルミ縮退」と呼ばれる古典論では想像できないふるまいを示す。これは固体電子論の根本的な出発点になる。一方，三次元以上のボゾン系は，相互作用がなくても「ボース・アインシュタイン凝縮」と呼ばれる相転移現象を示す。

　10-1 節では多体の量子系の状態についての基本的な事項をまとめる。われわれの世界の粒子はすべてボゾンかフェルミオンかに大別されるという驚くべき事実を解説する。10-2 節で量子理想気体の一般論をまとめたあと，10-3 節で理想フェルミ気体を，10-4 節で理想ボース気体を詳しく扱う。すぐにでも量子理想気体の統計力学を学びたい読者は，とりあえず 10-2 節から読み始めることもできる。

10-1　多粒子系の量子力学

　いったん統計力学を離れ，多くの粒子からなる量子力学的な系の取り扱いの基礎をまとめておこう。一粒子の量子力学しか学んでいない読者を想定して丁寧に解説する。10-1-1 節では異なった二つの粒子からなる系の扱いを簡単に見る。10-1-2 節で同種粒子からなる量子系を議論する。「同種粒子は区別できない」という重要な原理の意味と，その結果としてボゾンとフェルミオンという二種類の粒子が考えられることを，詳しく見ていこ

う。10-1-3 節では相互作用のない多体量子系のエネルギー固有状態について見る。

10-1-1　異なった二粒子の系の扱い

これから先に進む精神的な準備として，異なった二つの粒子からなる系を考えておこう。三次元空間に，陽子と電子のように，異なった種類の二つの粒子がある。いつものように粒子に名前（番号）をつけて，それぞれ 1, 2 と呼ぶ。

状態の記述

古典力学の世界では，ある瞬間での粒子の配置は，二つの粒子の位置 $r_1 = (x_1, y_1, z_1)$ と $r_2 = (x_2, y_2, z_2)$ で指定できる。対応する量子力学で，ある瞬間の系の状態を指定する波動関数が，$\varphi(r_1, r_2) = \varphi(x_1, y_1, z_1, x_2, y_2, z_2)$ のように，二つの粒子の位置を並べた六個の変数をもつ複素数値の関数になる。もちろん，この処方箋は全く当たり前ではない。これを納得するところから始めよう。

古典論から素直に類推すれば，ある瞬間での二粒子の状態を指定するには，それぞれの粒子の状態を決めてやればいいように思える。粒子 1 の状態を通常の波動関数 $\psi(r_1)$ で表し，粒子 2 の状態を別の波動関数 $\eta(r_2)$ で表す。二つの粒子をまとめて記述するには，$\psi(r_1)\eta(r_2)$ という積の関数を考えればよい。このような状態だけで，二粒子の系を記述することはできないのだろうか？

上の状態とは別に，粒子 1 の状態が $\xi(r_1)$ で，粒子 2 の状態が $\theta(r_2)$ という状況を考えよう。全体の波動関数は，$\xi(r_1)\theta(r_2)$ である。さて，量子力学には，重ね合わせの原理 (superposition principle) があり，任意の二つの物理的な状態の線形結合も物理的な状態になるとされる[1]。二粒子の系でもこの原理を尊重するなら，α, β を任意の複素数とするとき，上の二種類の状態の線形結合

$$\varphi(r_1, r_2) = \alpha\,\psi(r_1)\,\eta(r_2) + \beta\,\xi(r_1)\,\theta(r_2) \tag{10.1.1}$$

も，許される状態ということになる。ところが，(10.1.1) のような状態を一

---

[1] これには例外があり，たとえば「電子が一つの状態」と「電子が一つもない状態」の線形結合は物理的ではない（このような制約を超選択則という）。もちろん，本文で考えている状況ではそういう微妙な問題はない。

般には $(r_1$ の関数 $)\times(r_2$ の関数$)$ という形に書くことはできない[2]。波動関数 (10.1.1) では（特別な場合を除いて），二つの粒子の状態が「からみ合って」いて，それぞれの粒子の状態の積に「ほぐす」ことはできないのだ[3]。

そういうわけだから，二粒子の量子力学的な状態を考える際には，それぞれの粒子の状態の積を扱うだけでは不十分なのだ。任意の状態の線形結合を許せば，どんどん複雑な関数が増えていき，結局は $\varphi(r_1, r_2)$ と書くしかないような一般の六変数の関数を取り扱う必要があるのだ[4]。このように，単にある瞬間での一般的な状態の記述ということを考えただけでも，多粒子の量子論には独自の面白さ（あるいは，不思議さ）がある。

実際，$\varphi(r_1, r_2)$ という形の波動関数は，われわれ人間の素朴な「直観」にとっては，なかなかの難物だ。たとえば，電磁気学の電位 $\varphi(r)$ は「空間の各点にボルトの次元をもつ量が住んでいる」ものだと思えるし，電場は「空間の各点に『(ニュートン) ÷ (クーロン)』の次元をもつベクトルが住んでいる」ものとみてよい。こういった場の量は，「空間の各点に，『何か』が住んでいる」という描像で把握できる。一粒子の波動関数 $\varphi(r)$ の場合も，少し無理をすれば，「空間の各点に，粒子の複素振幅が住んでいる」と解釈することができる。ところが，二粒子の波動関数 $\varphi(r_1, r_2)$ については，そういった解釈は全く不可能なのである。波動関数 $\varphi(r_1, r_2)$ は，r_1, r_2 という二つの位置座標を指定してはじめて一つの複素数を返してくるような関数である。この（返ってきた）複素数値を，三次元空間のどこかに「住んでいる」とみなすことは決してできない。もちろん，(r_1, r_2) を座標にもつような六次元空間を考えて，「この空間の各点に複素振幅が住んでいる」と言うことはできるが，それで見通しがよくなるわけではない。そういう意味で，多粒子の系を考えることで，量子力学の波動関数を「空間に実在する波」とはみなせないことが明確になるのだ。

---

[2] 四つの関数 $\psi(r), \eta(r), \xi(r), \theta(r)$ に全く重なりがないとしよう。そして，$\varphi(r_1, r_2) = F(r_1)\, G(r_2)$ と書けると仮定しよう。(10.1.1) を見れば，明らかに，$F(r_1)$ の候補は，$F(r_1) = a\,\psi(r_1) + a'\,\xi(r_1)$ しかなく，$G(r_2)$ の候補は，$G(r_2) = b\,\eta(r_2) + b'\,\theta(r_2)$ しかない。しかし，係数 a, a', b, b' をどう選ぼうと，積 $F(r_1)\, G(r_2)$ には，$\psi(r_1)\, \theta(r_2)$ と $\xi(r_1)\, \eta(r_2)$ という余分な項が含まれてしまう。

[3] このように，二つの粒子の波動関数の積に書けないような「からみ合った」状態のことを，エンタングルした状態 (entangled state) と呼ぶ。

[4] この部分は，数学的には，いささか厳密さを欠く書き方になった。数学的に厳密な議論を知りたい読者は，関数解析の教科書でテンソル積の定義を学んでほしい。

シュレディンガー方程式

状態が記述できれば，エネルギー固有状態を求める手続きは，以前に 3-1-2 節で見たものと基本的には同じである．

二つの粒子の質量をそれぞれ m_1, m_2 とする．この系を記述するポテンシャルエネルギーを $V(\boldsymbol{r}_1, \boldsymbol{r}_2)$ と書く．$V(\boldsymbol{r}_1, \boldsymbol{r}_2)$ は，それぞれの粒子に働く外力と，二つの粒子が互いに及ぼし合う相互作用の力を表している．二つの粒子の運動量を $\boldsymbol{p}_1, \boldsymbol{p}_2$ と書けば，古典力学での系のエネルギーは，$E = (\boldsymbol{p}_1)^2/(2m_1) + (\boldsymbol{p}_2)^2/(2m_2) + V(\boldsymbol{r}_1, \boldsymbol{r}_2)$ である．

シュレディンガー表現の量子力学に移行するため，$\boldsymbol{p}_1$ を微分演算子のベクトル $(\hbar/i)(\partial/\partial x_1, \partial/\partial y_1, \partial/\partial z_1)$ に，$\boldsymbol{p}_2$ を $(\hbar/i)(\partial/\partial x_2, \partial/\partial y_2, \partial/\partial z_2)$ に，対応させる．すると，上のエネルギーは，ハミルトニアン

$$\hat{H} = -\frac{\hbar^2}{2m_1}\triangle_1 - \frac{\hbar^2}{2m_2}\triangle_2 + V(\boldsymbol{r}_1, \boldsymbol{r}_2) \tag{10.1.2}$$

に対応する．もちろん，$\triangle_1 = \partial^2/\partial x_1^2 + \partial^2/\partial y_1^2 + \partial^2/\partial z_1^2$，$\triangle_2 = \partial^2/\partial x_2^2 + \partial^2/\partial y_2^2 + \partial^2/\partial z_2^2$ は，それぞれの粒子（の位置座標）に対応するラプラシアンである．よって，エネルギー固有状態 $\varphi(\boldsymbol{r}_1, \boldsymbol{r}_2)$ とエネルギー固有値 E を決定するためのシュレディンガー方程式 (3.1.1) は，

$$\left\{-\frac{\hbar^2}{2m_1}\triangle_1 - \frac{\hbar^2}{2m_2}\triangle_2 + V(\boldsymbol{r}_1, \boldsymbol{r}_2)\right\}\varphi(\boldsymbol{r}_1, \boldsymbol{r}_2) = E\varphi(\boldsymbol{r}_1, \boldsymbol{r}_2) \tag{10.1.3}$$

となる．

シュレディンガー方程式 (10.1.3) を一般のポテンシャル $V(\boldsymbol{r}_1, \boldsymbol{r}_2)$ について正確に解くことはできない．しかし，典型的な例であるクーロン力のポテンシャル $V(\boldsymbol{r}_1, \boldsymbol{r}_2) = K/|\boldsymbol{r}_1 - \boldsymbol{r}_2|$ の場合には，二粒子の重心座標と相対座標に変数変換することで，固有状態と固有エネルギーを完全に決定できる．しかし，本書では，そこまで踏み込む余裕も必要もないので，後は適切な量子力学の教科書にまかせることにしよう．

10-1-2 同種粒子の系の状態

二つの粒子が——たとえば二つの電子のように——全く同じ種類のものである場合に話を移そう．古典論であれば，これは単に二つの粒子の質量が等しいとか，二つの粒子が同じ外力を受けるということにすぎない．しかし，量子論では，二つの粒子が同じものだということは，より本質的な

意味をもってくるのだ．

同種粒子は区別できないという原理

すでに 3-1-2 節（62 ページの例 3-1-2.c を見よ）で予告したように，複数の同種粒子からなる量子系には，古典力学とは根本的に異なった性質がある．詳しい説明は後から補うことにして，この重要な性質を宣言してしまおう．

> 量子論において，同種粒子は原理的に区別できない．

「原理的に (in principle)」というのは，「実際問題として (in practice)」に対応する表現である．この場合なら，現在の測定技術の限界であるとか，測定にかける時間の長さの限界といったこととは無関係に「区別できない」ということだ．人間の都合ではなく，自然の本性として「区別できない」のである．

「区別できない」というのは，もう少し正確に言えば，二つの粒子に首尾一貫した名前をつけて系の時間発展を追い続けることができないという意味である．わかりにくいので例を見よう．たとえば，図 10.1 のように，二つの粒子が左の方から飛んできて，お互いに散乱し合って，右の方へ飛び去って行ったとしよう．このとき，常識的に考えれば，図の右側に示したように，粒子が反発し合って左上からきた粒子が右上に抜ける場合と，粒子がすれ違って左上からきた粒子がまっすぐ右下に抜ける場合の二つがありうる．そして，（途中で何が起きたかを知っているにせよ，知らないにせよ）これらのうちの一方が起きて，もう一方は起きないはずである．しか

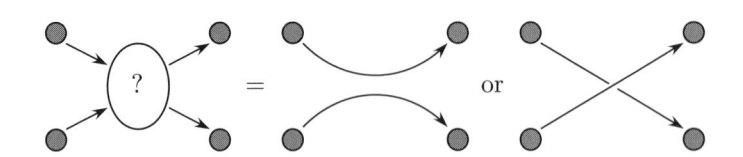

図 10.1 量子論において，二つの同種粒子は原理的に区別できない．左図のように，二つの粒子が左側から入ってきて，右側へ抜けていったとき，常識的（あるいは，古典的）に考えれば，右側の二つの場合のいずれかが生じたと思える．しかし，二つの粒子が同じ内部状態をもつときには，これら二つの場合の一方が生じたとは言えないのだ．

し，これら二つの粒子が（同じ内部状態をとる）同種粒子であれば，二つの場合のどちらが起きたかを決めることは（途中で起きることを詳しく観測して散乱過程を乱してしまわないかぎり），原理的に不可能なのだ．実際，二つの粒子の散乱の実験結果を正しく再現するためには，図の二つの場合の量子力学的な重ね合わせを考えて計算しなくてはならない．つまり，左上から入射する粒子を1と名づけ，左下から入射する粒子を2と名づけたとしても，右から出てきた二つの粒子のどちらが1でどちらが2かを決めることはできないのだ．

多くの読者は次のような素直な疑問を抱いていると思う．二つの粒子が遠く離れているなら——たとえば，一方が地球にあって他方がアンドロメダ星雲のどこかの惑星上にあるなら——たとえ二つが完璧に同じ粒子であっても両者に名前をつけて区別できる，単に「地球の粒子」，「アンドロメダの粒子」と呼べばいいではないかと．まず屁理屈を言えば，（少なくとも二百数十万年ほど先の話にはなるが）もしもあちらの銀河からの訪問者が問題の粒子を地球に運んできて，しかも二つの粒子が図 10.1 のように接近することになれば，二つの粒子を区別して扱うことはできなくなる．だから，これら二つの粒子は原理的には区別できないのだ．ただし，実際問題としては，二つの粒子がそれぞれの銀河を離れる可能性など無視してよいはずだ．そう考えるなら，もちろん，二つの粒子を「地球の粒子」，「アンドロメダの粒子」と首尾一貫して呼んで区別することができる[5]．

より現実的な問題として，粒子の内部自由度についても同様の事情がある．電子のスピン（5-3-1 節を参照）は上向き（↑）・下向き（↓）の二つの値をとる．スピンは（抽象的な意味で）位置座標と同様に扱うべきなので，一般には異なったスピン状態をとる二つの電子も互いに区別できないとして扱う必要がある．ただし，系の対称性や相互作用の種類などによっては，電子のスピン状態が実質的には変化しないとみなせる場合がある[6]．そういう場合には，一方の電子が上向きのスピンをもち，他方の電子が下向きのスピンをもつなら，二つの電子を（スピンによって）区別できる．実際，二つの電子が図 10.1 のように散乱するとき，二つの電子のスピンが同じ方向を向いている場合と，反対方向を向いている場合では，散乱断面積も異

---

[5] より正確に言えば，この場合には，二つの粒子を区別しても区別しなくても諸量の計算結果にはいっさい影響しない．

[6] z 軸方向の一様な磁場がかかっており，電子のスピンに直接かかわる相互作用がないようなとき．

なっている。それは，二粒子間の相互作用が変わるためではなく，「区別できるか，できないか」が散乱前後の系の量子力学的状態に大きな影響を与えるからである。

「同種粒子は区別できない」という原理は，数多くの実験結果に支えられた経験事実であり，理論的に「導出」できるものではない。ただし，量子力学が「区別できない」という原理と折り合いがいいのは事実である。これを，古典論との対比で考察してみると，以下のように，二つの重要なポイントがある。

i) 量子系の内部状態は，「とびとび」である

二つの粒子を区別するために，粒子の性質に影響しないような，ちょっとした「マーク」を粒子につけておけばいいのではないかという，（もっともな）考えがある。実際，古典的な例で考えれば，二つの完璧にそっくりなパチンコ玉があったとしても，よくよく顕微鏡で見ればわずかな傷がついていたりして，区別できるはずだ。本当にどちらにも傷がなければ，わざと小さな傷をつけてやれば，それで区別できる。

この考えはもちろん量子論でも正しい。量子論で「マーク」の役割を果たすのは粒子の内部自由度である。内部自由度が異なっており，また上で注意したように，考えている時間の範囲内で内部自由度が変化しないと仮定できるなら，二つの粒子は（まさに，その自由度を見ることで）区別できる。逆に，内部自由度が同じ状態にあるような二つの粒子は，どのように精密に観察しても，決して区別できないと考えるべきだ[7]。

量子論で本質的なのは，「マーク」の役割を果たす内部自由度が，「とびとび」の状態しかとり得ないということである。お馴染みの水素原子の基底状態では，電子は陽子のまわりの 1s 軌道にある。複数の水素原子がみな基底状態にあれば，これらはすべて完璧にそっくりであり，いかに詳細を調べても違いは見いだせない[8]。古典的な直観では，わずかに軌道を変形させたり，軌道半径をわずかに変えたりすることができそうだが，量子系ではそういうことはできない[9]。軌道を変えたければ，電子を別の軌道に移し，水素原子を励起状態にもっていくしかないが，これは「わずかな」変

---

7) これが内部自由度の意味だと言ってもいいだろう。

8) 進んだ注：原子核（陽子）と電子はともに大きさ 1/2 のスピンをもっているが，基底状態では，超微細相互作用のため，これらのスピンは全スピンが 0 になるように結合する。そのため，基底状態でスピンの向きを変える自由度はない。

9) たとえば，基底状態にわずかに第一励起状態を重ね合わせれば，わずかな変化になる。

形ではない。

　以上をまとめよう。まず，複数の同種粒子が同じ内部状態にあるなら，これらを観察で区別することはできない。さらに，量子系では内部状態は「とびとび」であるため，複数の粒子が同じ内部状態をとるということが生じやすい（あるいは，避けがたい）のだ。

　よって「同種粒子は区別できない」という原理は，素粒子だけでなく，複合粒子においても成り立つのである。

　複合粒子が十分に大きくなってくると，内部状態の「とびとび」の間隔もだんだん小さくなり，複合粒子は多くの内部状態をとることができるようになる。そうすると，複数の同じ粒子があっても，すべてが異なった内部状態をとることが可能に，あるいは，自然になってくる。そのような状況では，複数の粒子たちは区別できることになる[10]。

ii) 不確定性原理により，粒子の軌道が定まらない

　粒子たちに「マーク」をつけて区別することはあきらめたとして，粒子たちを「追いかける」ことで，複数の粒子を区別できそうに思える。つまり，ある瞬間に粒子たちに $1, 2, \ldots$ と勝手に番号をつけ，それから後は粒子たちの動きを見失わないようにトレースしてつねに i 番目の粒子が今どこにいるかを観察すればいい。すると，いかなる瞬間においても，粒子たちに $1, 2, \ldots$ という番号を対応させて区別することができる。図 10.1 のような状況でも，右側の選択肢のどちらが選ばれたかが曖昧さなく決まるはずだ。

　このアイディアがうまくいかない理由は説明するまでもないだろう。量子力学的なスケールでは粒子の軌道というものを考えることができない。粒子の位置を測定すれば，それによって必然的に粒子の状態を乱してしまうと言ってもいいだろう。特に，不確定性関係 $\Delta q \, \Delta p \gtrsim \hbar$ に表現されているように，位置を精度良く測定すればするほど，粒子の運動量を大きく乱すことになる。粒子たちをつねに観察し続けることは，量子論では原理的に許されないのである。

ただし，これでは基底状態とは直交しないので，粒子を（完全に）区別する役には立たない。

　10) この事情を理解すれば，「二つの C_{60} 分子（六十個の炭素原子がサッカーボール状に結合した分子）は互いに区別できるのか？」という（定番の）質問にも答えられるだろう。完全に同じ量子状態（たとえば，基底状態）にある二つの C_{60} 分子を用意できれば，両者は原理的に区別できない。しかし，実際問題として，C_{60} 分子のような大きな分子を完全に基底状態に保つことは不可能（あるいは，きわめて困難）である。二つの分子が異なった励起状態にあれば，両者は区別できる。

同種粒子の波動関数の性質

同種粒子は区別できないことを原理として認め，そのような状況を記述する波動関数がもつべき性質を調べよう．

同じ内部状態にある二つの同種粒子からなる系を考える．10-1-1 節と同じように，二つの粒子に 1, 2 と番号をつけ，それぞれの位置を r_1, r_2 とする——と書いてしまいたいところだが，本当は二つの粒子に名前をつけて区別することは不可能なのだから，こういうことはできない．あくまで仮に名前をつけたつもりになって，1, 2 と呼んでいるのだ．

そういう注意をしたうえで，この系のある瞬間における状態を記述する波動関数を $\varphi(r_1, r_2)$ と書こう．ただし，粒子の名前（番号）は，われわれが勝手につけたものだから，**粒子の名前を入れ替えた波動関数も，もとの波動関数と全く同じ物理的状態に対応するはずである**．名前を入れ替えるというのは，単に，今まで粒子 1 と呼んでいたものを粒子 2 と呼び，粒子 2 と呼んでいたものを粒子 1 と呼ぼうというだけのことだ[11]．もとの波動関数 $\varphi(r_1, r_2)$ に対して，名前を入れ替えた波動関数は $\varphi(r_2, r_1)$ となる．ここで，何らかの複素定数 α があって，任意の r_1, r_2 について，

$$\varphi(r_1, r_2) = \alpha\, \varphi(r_2, r_1) \tag{10.1.4}$$

が成り立つなら，二つの波動関数 $\varphi(r_1, r_2)$ と $\varphi(r_2, r_1)$ は同じ物理的状態を表している[12),13)]．

きわめて面白いことに，ごく簡単な議論からここに登場した定数 α の値を絞り込むことができる．今，波動関数 $\varphi(r_2, r_1)$ から出発して，二つの粒子の名前を入れ替えれば，同じ α がかかって，

---

11) 多くの量子力学の教科書では，この部分を「粒子を入れ替える」と表現している．そう書かれてしまうと，つい，実際に二つの粒子を動かして位置を入れ替えるのだろうという誤解をして，深い混乱に陥ってしまうことがある．二つの粒子を動かすのであれば，それに伴って，状態は大きく変わってしまう．ここで考えているのは，物理的状態にはいっさい手を触れず，単に（われわれが）粒子につけた名前を付け替えるという，物理的な実体を全く伴わない「操作」なのである．

12) 3-1-2 節のはじめに述べたように，複素数 α によって $\psi = \alpha \varphi$ と結ばれる二つの状態 ψ, φ は，全く同じ物理的状態に対応する．

13) 進んだ注：二つの粒子が遠く離れているときも (10.1.4) を仮定すべきかという当然の疑問がある（これは，少し前に議論した「地球とアンドロメダの粒子」の疑問の言い換えである）．もし二つの粒子が互いに相互作用せず，また，二つの粒子がともに関わる量を測定しないなら，(10.1.4) を要請してもしなくても量子力学の計算の結果は全く変わらない．もし，（先のことになるのだろうが）二つの粒子が近づくことまで想定するなら，(10.1.4) を課さなくてはならない．結局，どんなに粒子が離れていようと (10.1.4) が成り立つとするのが便利な書き方ということになる．

10-1　多粒子系の量子力学

$$\varphi(\boldsymbol{r}_2, \boldsymbol{r}_1) = \alpha\,\varphi(\boldsymbol{r}_1, \boldsymbol{r}_2) \qquad (10.1.5)$$

とならなくてはいけない[14]。ここで，(10.1.4) の右辺に (10.1.5) を代入すれば，

$$\varphi(\boldsymbol{r}_1, \boldsymbol{r}_2) = \alpha^2\,\varphi(\boldsymbol{r}_1, \boldsymbol{r}_2) \qquad (10.1.6)$$

となる。これが任意の $\boldsymbol{r}_1, \boldsymbol{r}_2$ について正しいのだから，

$$\alpha^2 = 1 \qquad (10.1.7)$$

ということになる。要は，「名前を二回入れ替えるということは，何もしないのと同じ」という当たり前の（しかし，本質的な）性質の現れだ。(10.1.7) は，われわれが知っているもっとも簡単な代数方程式の一つで，解は

$$\alpha = \pm 1 \qquad (10.1.8)$$

の二つである。

　こうして，名前の入れ替えに伴う波動関数の変化 (10.1.4) を表す複素定数 α の値が ± 1 の二つに絞られた。許される α の値が一つでなく二つあるというのは面白い。この事実は，自然界の粒子は，α の二つの値に対応し，根本的に性質の異なった二つのグループに分けられるという，何か壮大なルールがあることを示唆している[15]。

ボゾンとフェルミオン

　自然界の粒子が二つのグループに大別されるというのは，あくまで，方程式を解いたうえでの理論的な推測だった。現実の世界では $\alpha = \pm 1$ という二つの解のうちの一方だけ（たとえば，$\alpha = 1$ だけ）が実現されていたという「オチ」もあり得たかもしれない。

　しかし，数多くの実験と観察の結果をもとに考察した結果，まさに，自然界に存在するすべての（量子力学的な[16]）粒子は，$\alpha = 1$ のグループ

---

[14]　より形式的に，次のようにしてもよい。(10.1.4) で $\boldsymbol{r}_1, \boldsymbol{r}_2$ は任意だったから，$\boldsymbol{r}_1 = \boldsymbol{s}$, $\boldsymbol{r}_2 = \boldsymbol{q}$ とおいて，$\varphi(\boldsymbol{s}, \boldsymbol{q}) = \alpha\,\varphi(\boldsymbol{q}, \boldsymbol{s})$ となる。$\boldsymbol{s}, \boldsymbol{q}$ は任意だから，$\boldsymbol{s} = \boldsymbol{r}_2, \boldsymbol{q} = \boldsymbol{r}_1$ と置けば，(10.1.5) を得る。

[15]　同じ系の波動関数は互いに連続的な変形で移り合えるので，粒子の種類を決めれば α は一定値をとることに注意。

　$\alpha^2 = 1$ などという初等的な方程式を解くことでこのような深遠な結論が導かれるというのは感動的だ。数学的にこれほど簡単な方程式から，物理的にこれほど根元的な結果が得られる例を，これ以外に私は知らない。

[16]　もちろん，どんな粒子にもこの分類は適用されるが，大きな複合粒子については，そもそも「同じ内部状態をとる同種粒子」に出合うことがないから，名前の入れ替えについての対称性を考える意味はない。

か，$\alpha = -1$ のグループかのいずれかに分類されることがわかっている。$\alpha = 1$ に対応する粒子を総称してボゾン (boson) あるいはボース粒子と呼び，$\alpha = -1$ に対応する粒子を総称してフェルミオン (fermion) あるいはフェルミ粒子と呼ぶ。それぞれ，これらの粒子の性質を最初に明確に特徴づけた物理学者，ボース[17]とフェルミ[18]の名前をとったものである。

今日では，どのような粒子がボゾンであり，フェルミオンであるかは，明確にわかっている。まず，電子やクォークのような代表的な素粒子は，すべてフェルミオンである。親しみのある素粒子では，光子のみがボゾンに分類される。複合粒子についてのルールも簡単である。偶数個のフェルミオンと任意の個数のボゾンからできている複合粒子は，ボゾンになる。奇数個のフェルミオンと任意の個数のボゾンからできている複合粒子は，フェルミオンになる。考えてみれば，偶数個のフェルミオンを含む二つの複合粒子の名前を入れ替えるということは，これら偶数個のフェルミオンのペアの名前を入れ替えることに相当する。一回名前を入れ替えるたびに波動関数に (-1) がかかると考えれば，偶数回の名前の入れ替えで，符号の変化はないといえる。奇数個のフェルミオンからなる複合粒子の場合は，奇数回の名前の入れ替えがあるので，全体として (-1) の符号が現れるというわけだ[19]。

陽子と中性子はフェルミオンである（これらは三個のクォークの複合粒子とみなされている）。原子核については，核子（中性子か陽子）の個数が偶数ならボゾン，奇数ならフェルミオンである。同様に，原子を一つの複合粒子とみるときは，核子の個数と電子の個数の和が偶数か奇数かで，ボゾンかフェルミオンかが決まる。

また，素粒子でも，複合粒子でも，粒子全体のスピンが整数ならボゾン，半奇数ならフェルミオンであることも知られている。

---

[17] Satyendra Nath Bose (1894–1974) ベンガル（後に，インドに併合）の理論物理学者。7 章のテーマだった黒体輻射のプランクの公式について，すばらしい理論的洞察を行ない，アインシュタインに高く評価された。ボースの洞察については，後に 10-4-2 節で議論する。

[18] Enrico Fermi (1901-1954) イタリアの物理学者。後にアメリカに移る。近年の物理学者としては例外的に，理論と実験の双方で超一流の業績をあげた万能の天才。原子力の研究のリーダーであり，アメリカが原爆を製造したマンハッタン計画でも重要な役割を担った。1938 年にノーベル賞。

[19] 厳密に言えば，この部分の議論は，すぐ後に述べる多粒子系の状態の対称性を先取りしている。

波動関数の対称性

同種の（そして，もちろん同じ内部状態をとる）ボゾン二つからなる量子系の波動関数を $\varphi(\boldsymbol{r}_1, \boldsymbol{r}_2)$ とする。この波動関数は，(10.1.4) で $\alpha = 1$ とおいた

$$\varphi(\boldsymbol{r}_1, \boldsymbol{r}_2) = \varphi(\boldsymbol{r}_2, \boldsymbol{r}_1) \tag{10.1.9}$$

という関係を満たす。この場合，波動関数は粒子の名前の入れ替えについて**対称** (symmetric) であるという。

同種の（そして，もちろん同じ内部状態をとる）フェルミオン二つからなる量子系の波動関数を $\varphi(\boldsymbol{r}_1, \boldsymbol{r}_2)$ とする。この波動関数は，(10.1.4) で $\alpha = -1$ とおいた

$$\varphi(\boldsymbol{r}_1, \boldsymbol{r}_2) = -\varphi(\boldsymbol{r}_2, \boldsymbol{r}_1) \tag{10.1.10}$$

という関係を満たす。この場合，波動関数は粒子の名前の入れ替えについて**反対称** (antisymmetric) であるという。

波動関数が，名前の入れ替えに対して，どうふるまうかという (10.1.9), (10.1.10) のような性質を，一般に**波動関数の対称性** (symmetry of a wave function) という。ボゾンとフェルミオンの違いは，波動関数の対称性という，きわめて基本的なところにあるのだ。

ところで，ボゾンとフェルミオンの相違を，波動関数の対称性の違いと言わずに，「粒子の統計の違い」と表現することがある。ここでいう「統計」とは，「状態の数え方のルール」程度の意味である。歴史的には，ボゾンとフェルミオンは，ボースの 1924 年の黒体輻射の研究，フェルミの 1926 年の単原子分子気体の研究の中でそれぞれ発見された。これらはどちらも統計力学の仕事であり，波動関数の対称性にまで踏み込まず，「状態の数え方」を扱うことで新しい結果が得られたのだ。ボゾンの場合の「数え方」のルールをボース・アインシュタイン統計 (Bose-Einstein statistics), フェルミオンの場合のルールをフェルミ・ディラック[20]統計 (Fermi-Dirac statistics) と呼ぶ。

これらの「数え方」のルールの背景に，波動関数の対称性というより本

---

20) Paul Adrien Maurice Dirac (1902–1984) イギリスの理論物理学者。量子力学の完成の時期に，若くして彗星のように登場した天才。相対論と量子論を両立させたディラック方程式の提唱，陽電子の予言，など数々の業績がある。数理的直観と物理的直観の融合という点では，彼に匹敵する能力をもった人はほとんどいないだろう。1933 年にノーベル物理学賞。

質的な性質があることは，1926年にディラックが明らかにした。そういう意味で，「粒子の統計」というのは，歴史を引きずった表現であり，今日からすると，あまり適切とはいえない。

N 粒子系への拡張

一般の多粒子の系での波動関数の対称性を見ておこう。基本的なアイディアは二粒子の場合で尽きているので，数学の言葉を整備しさえすればよい。

N 個の同種粒子からなる系を考えよう。粒子はすべて同じ内部状態にあるとする。これらの粒子は原理的に区別できないわけだが，仮に区別して，$i = 1, 2, \ldots, N$ と名前をつける。そして，ある瞬間での任意の状態を表す波動関数を $\varphi(\boldsymbol{r}_1, \ldots, \boldsymbol{r}_N)$ とする。波動関数 $\varphi(\boldsymbol{r}_1, \ldots, \boldsymbol{r}_N)$ の対称性はどうなるだろう。

まず $N = 3$ の場合を考える。三つの粒子のうち，たとえば粒子 3 のことは忘れて，1 と 2 の名前を入れ替えると，二粒子のときの (10.1.9), (10.1.10) と同じになるはずだ。よって，波動関数 $\varphi(\boldsymbol{r}_1, \boldsymbol{r}_2, \boldsymbol{r}_3)$ は，

$$\varphi(\boldsymbol{r}_1, \boldsymbol{r}_2, \boldsymbol{r}_3) = \pm \varphi(\boldsymbol{r}_2, \boldsymbol{r}_1, \boldsymbol{r}_3) \tag{10.1.11}$$

を満たす。もちろん，複号の + がボゾン，− がフェルミオンだ。

さて，このような入れ替えを行なったあと，今度は，粒子 2 のことを忘れて，1 と 3 の名前を入れ替えると，もちろん，

$$\varphi(\boldsymbol{r}_2, \boldsymbol{r}_1, \boldsymbol{r}_3) = \pm \varphi(\boldsymbol{r}_2, \boldsymbol{r}_3, \boldsymbol{r}_1) \tag{10.1.12}$$

となる。これを (10.1.11) と合わせると，

$$\varphi(\boldsymbol{r}_1, \boldsymbol{r}_2, \boldsymbol{r}_3) = \varphi(\boldsymbol{r}_2, \boldsymbol{r}_3, \boldsymbol{r}_1) \tag{10.1.13}$$

が得られる。

ボゾンについてはどのように名前を入れ替えようと波動関数は不変だということで，これは実にもっとも。フェルミオンについては，名前の入れ替えが二回なら，マイナス 1 の二乗になって，波動関数は不変ということだ。つまり，名前を付け替える際に何回の入れ替えが行なわれたかが，波動関数の前にマイナスがつくかつかないかを決めるのだ。これをまとめると，一般の名前の付け替えについて，

$\varphi(\bm{r}_1, \bm{r}_2, \bm{r}_3)$
$$= \begin{cases} \varphi(\bm{r}_i, \bm{r}_j, \bm{r}_k), & (i,j,k) = (1,2,3), (2,3,1), (3,1,2) \text{ のとき} \\ \pm\varphi(\bm{r}_i, \bm{r}_j, \bm{r}_k), & (i,j,k) = (3,2,1), (2,1,3), (1,3,2) \text{ のとき} \end{cases}$$
(10.1.14)

となることがわかるだろう。

これを一般の N 粒子の系に拡張するためには，数学の**置換** (permutation) という概念を用いると便利だ[21]。N を正整数とするとき，集合 $\{1, 2, \ldots, N\}$ からそれ自身への一対一の写像 P を，$\{1, 2, \ldots, N\}$ の置換と呼ぶ。一対一の写像ということは，$\{1, 2, \ldots, N\}$ の並べ替えといっていい。置換は全部で $N!$ 通りある。

置換の中でも，単に二つの要素を入れ替えるものを**互換** (transposition) と呼ぶ。任意の置換は，有限個の互換の組み合わせで表される。二つずつの入れ替えをくり返していけば，どんな並べ替えも実現できるという，当たり前の話である。

ある置換 P が n 個の互換の組み合わせで書けるとき，置換 P のパリティー (parity) $(-1)^P$ を，
$$(-1)^P := (-1)^n \tag{10.1.15}$$
によって定義する。置換 P を決めても，互換の個数 n は一通りに決まらないのだが，それでも $(-1)^n$ は一通りに決まることがわかっている。$(-1)^P = 1$ となるような置換 P を偶置換，$(-1)^P = -1$ となるような置換 P を奇置換という。P, Q を置換とし，これらの合成を $Q \circ P$ と書くと[22]，
$$(-1)^{Q \circ P} = (-1)^Q (-1)^P \tag{10.1.16}$$
が成り立つ。これは，パリティーの定義から，ほぼ明らかだろう。

波動関数の対称性の問題に戻れば，二つの粒子の名前の入れ替えが互換に相当する。名前を一回入れ替えるたびに (-1) をかけるというのがフェルミオンの対称性だから，パリティー $(-1)^P$ は，まさにフェルミオンの波動関数につく符号そのものである。よって，(10.1.14) を N 粒子の系に拡張すると，任意の置換 P について，

---

[21] 詳しくは，たとえば，[8] 6.3.3 節を見よ。
[22] P が要素 i を $P(i)$ に写し，Q が要素 j を $Q(j)$ に写すとき，合成置換 $Q \circ P$ は，要素 i を $Q(P(i))$ に写す。

$$\varphi(\boldsymbol{r}_1,\boldsymbol{r}_2,\ldots,\boldsymbol{r}_N) = \begin{cases} \varphi(\boldsymbol{r}_{P(1)},\boldsymbol{r}_{P(2)},\ldots,\boldsymbol{r}_{P(N)}), & \text{ボゾンの場合} \\ (-1)^P \varphi(\boldsymbol{r}_{P(1)},\boldsymbol{r}_{P(2)},\ldots,\boldsymbol{r}_{P(N)}), & \text{フェルミオンの場合} \end{cases} \quad (10.1.17)$$

が成り立つことになる．ただし，列 $(1,2,\ldots,N)$ に P を作用させて，並べ替えた列を，$(P(1),P(2),\ldots,P(N))$ と書いた．

10-1-3 相互作用のない同種粒子の系のエネルギー固有状態

波動関数の対称性についての制約をふまえて，多粒子の量子力学的な系のエネルギー固有状態を求める問題に進もう．ただし，相互作用のある量子多体系の扱いは，未だに一般的な解析方法の知られていない難問である．この章のここから先では，もっとも基本的な，相互作用のない同種粒子系だけを扱う．マクロな立場からいえば，量子理想気体を扱うと言ってもいい．

準備：一粒子の系のエネルギー固有状態

記号を整えるため，一粒子の問題を見る．質量 m の粒子が一つ，ポテンシャル $V(\boldsymbol{r})$ で決まる力を受けて三次元空間を運動している．この系を量子力学的に扱い，エネルギー固有状態とエネルギー固有値が完全に決定できたとしよう．自由粒子，調和振動子など，特殊な例では初等的な計算だけでエネルギー固有状態が求められる．そうでない一般の場合には，近似計算や計算機による数値計算が必要になるかもしれない．ともかく，そういった計算ができたとして話を進めよう．

エネルギー固有状態に $j=1,2,\ldots$ と名前をつけ，j 番目のエネルギー固有状態の波動関数を $\psi_j(\boldsymbol{r})$，エネルギー固有値を ϵ_j と書くことにする．これらは，シュレディンガー方程式

$$\hat{H}_{一粒子}\,\psi_j(\boldsymbol{r}) = \epsilon_j\,\psi_j(\boldsymbol{r}), \qquad \hat{H}_{一粒子} = -\frac{\hbar^2}{2m}\triangle + V(\boldsymbol{r}) \quad (10.1.18)$$

の解である．波動関数 $\psi_j(\boldsymbol{r})$ は，任意の $j,j'=1,2,\ldots$ について

$$\int d^3\boldsymbol{r}\,\{\psi_j(\boldsymbol{r})\}^*\,\psi_{j'}(\boldsymbol{r}) = \delta_{j,j'} \quad (10.1.19)$$

を満たすように（つまり，正規直交完全系をなすように）選ぶ[23]．

---

[23] 積分範囲は，問題の設定に応じて定まった空間の範囲（たとえば，全空間，箱の内部）にとる．また波動関数は，問題に応じた境界条件を満たすとする．

10-1 多粒子系の量子力学

さて，これから先は，多粒子の系を扱ってエネルギー固有状態やエネルギー固有値について議論する．その際，上で整理したエネルギー固有状態 $\psi_j(\boldsymbol{r})$，エネルギー固有値 ϵ_j が重要な役割を果たすのだが，単に「エネルギー固有状態」のように言うと何を指すのかわかりにくい．そこで，これから先では，ここで議論した一粒子についての対象を指すときには必ず「一粒子」と宣言して使うことにしよう．つまり，j は一粒子固有状態を指定する名前，$\psi_j(\boldsymbol{r})$ は一粒子エネルギー固有状態（の波動関数），ϵ_j は一粒子エネルギー固有値という具合．まだるっこく感じるだろうが，混乱を避ける最良の方法は手を抜かないことなのである．

二粒子の系のエネルギー固有状態

上と同じ質量 m の粒子が二つある．これらは，同種粒子で同じ内部状態をとるとしよう．つまり，二つの粒子は原理的に区別できない．二つの粒子は，それぞれ，ポテンシャル $V(\boldsymbol{r})$ で決まる力を受けて三次元空間を運動している．ただし，二つの粒子は相互作用をしない，つまり，力を及ぼし合わないとする．相互作用がないなら二つの粒子の状態は独立に決まると考えたくなる．ところが，二つの粒子が区別できないことによって，この素朴な予想どおりにはならないのだ．

系のハミルトニアンを，

$$\hat{H} = -\frac{\hbar^2}{2m}\triangle_1 - \frac{\hbar^2}{2m}\triangle_2 + V(\boldsymbol{r}_1) + V(\boldsymbol{r}_2) = \hat{H}_1 + \hat{H}_2 \qquad (10.1.20)$$

としよう．$\triangle_1$, $\triangle_2$ は 10-1-1 節で定義した各々の粒子についてのラプラシアンである．一般のポテンシャルは，$V(\boldsymbol{r}_1) + V(\boldsymbol{r}_2) + V_{相互作用}(\boldsymbol{r}_1, \boldsymbol{r}_2)$ と書けるが，ここでは相互作用の部分はゼロとしてある．もちろん，最右辺に現れた各々の粒子のハミルトニアンは，

$$\hat{H}_1 := -\frac{\hbar^2}{2m}\triangle_1 + V(\boldsymbol{r}_1), \qquad \hat{H}_2 := -\frac{\hbar^2}{2m}\triangle_2 + V(\boldsymbol{r}_2) \qquad (10.1.21)$$

である．これから，この同種二粒子系のエネルギー固有状態とエネルギー固有値を求めたい．つまり，シュレディンガー方程式

$$\hat{H}\varphi(\boldsymbol{r}_1, \boldsymbol{r}_2) = E\varphi(\boldsymbol{r}_1, \boldsymbol{r}_2) \qquad (10.1.22)$$

を満たし，また，同種二粒子の波動関数の対称性 (10.1.9), (10.1.10) を満たす波動関数 $\varphi(\boldsymbol{r}_1, \boldsymbol{r}_2)$ を求めたいのだ．

まず，対称性のことは忘れて，シュレディンガー方程式 (10.1.22) を満たす状態を探してみよう．相互作用がないのだから，一粒子エネルギー固有状態を組み合わせればよさそうだ．一粒子エネルギー固有状態 j, j' を任意に選び，

$$\varphi(\boldsymbol{r}_1, \boldsymbol{r}_2) = \psi_j(\boldsymbol{r}_1)\,\psi_{j'}(\boldsymbol{r}_2) \qquad (10.1.23)$$

という二粒子の状態を考えよう．つまり，粒子 1 は一粒子エネルギー固有状態 j にいて，粒子 2 は一粒子エネルギー固有状態 j' にいる．ここにハミルトニアンを作用させ，一粒子エネルギー固有状態が一粒子シュレディンガー方程式 (10.1.18) を満たすことを使えば，

$$\begin{aligned}\hat{H}\,\varphi(\boldsymbol{r}_1, \boldsymbol{r}_2) &= (\hat{H}_1 + \hat{H}_2)\,\psi_j(\boldsymbol{r}_1)\,\psi_{j'}(\boldsymbol{r}_2) \\ &= \{\hat{H}_1\,\psi_j(\boldsymbol{r}_1)\}\,\psi_{j'}(\boldsymbol{r}_2) + \psi_j(\boldsymbol{r}_1)\,\{\hat{H}_2\,\psi_{j'}(\boldsymbol{r}_2)\} \\ &= \epsilon_j\,\psi_j(\boldsymbol{r}_1)\,\psi_{j'}(\boldsymbol{r}_2) + \epsilon_{j'}\,\psi_j(\boldsymbol{r}_1)\,\psi_{j'}(\boldsymbol{r}_2) \\ &= (\epsilon_j + \epsilon_{j'})\,\varphi(\boldsymbol{r}_1, \boldsymbol{r}_2) \qquad (10.1.24)\end{aligned}$$

となる．期待どおり，ハミルトニアン $\hat{H}$ の固有状態が得られた．エネルギー固有値が $\epsilon_j + \epsilon_{j'}$ になっているのも，状態の素性(すじょう)を考えれば当然のことだ．

対称性について吟味してみよう．まず，粒子はボゾンとする．波動関数は，(10.1.9) のように，粒子の名前の入れ替えについて対称でなくてはならない．もし $j = j'$ なら，明らかに，$\varphi(\boldsymbol{r}_1, \boldsymbol{r}_2) = \psi_j(\boldsymbol{r}_1)\,\psi_j(\boldsymbol{r}_2)$ は，$\varphi(\boldsymbol{r}_1, \boldsymbol{r}_2) = \varphi(\boldsymbol{r}_2, \boldsymbol{r}_1)$ を満たす[24]．これはボゾンの波動関数として合格だ．

しかし，$j \ne j'$ のときは，状態 (10.1.23) は同種二粒子の波動関数としては失格である．詳しく見るため，$\varphi(\boldsymbol{r}_1, \boldsymbol{r}_2)$ で二つの粒子の名前を入れ替えた状態を

$$\tilde{\varphi}(\boldsymbol{r}_1, \boldsymbol{r}_2) := \varphi(\boldsymbol{r}_2, \boldsymbol{r}_1) = \psi_j(\boldsymbol{r}_2)\,\psi_{j'}(\boldsymbol{r}_1) = \psi_{j'}(\boldsymbol{r}_1)\,\psi_j(\boldsymbol{r}_2)$$

$$(10.1.25)$$

と書く．粒子 2 が一粒子エネルギー固有状態 j にいて，粒子 1 が一粒子エネルギー固有状態 j' にいる状態だ．これは，見るからに $\varphi(\boldsymbol{r}_1, \boldsymbol{r}_2)$ とは異なっている．実際，$\psi_j(\boldsymbol{r})$ の正規直交性 (10.1.19) を思い出して，内積を計算してみると，

---

[24] 波動関数はただの関数だから，順番を自由に交換できる．

10-1 多粒子系の量子力学

$$\int d^3\boldsymbol{r}_1 d^3\boldsymbol{r}_2 \{\varphi(\boldsymbol{r}_1,\boldsymbol{r}_2)\}^* \tilde{\varphi}(\boldsymbol{r}_1,\boldsymbol{r}_2)$$
$$= \int d^3\boldsymbol{r}_1 d^3\boldsymbol{r}_2 \{\psi_j(\boldsymbol{r}_1)\}^* \{\psi_{j'}(\boldsymbol{r}_2)\}^* \psi_{j'}(\boldsymbol{r}_1) \psi_j(\boldsymbol{r}_2)$$
$$= \left(\int d^3\boldsymbol{r}_1 \{\psi_j(\boldsymbol{r}_1)\}^* \psi_{j'}(\boldsymbol{r}_1)\right) \left(\int d^3\boldsymbol{r}_2 \{\psi_{j'}(\boldsymbol{r}_2)\}^* \psi_j(\boldsymbol{r}_2)\right) = 0 \quad (10.1.26)$$

となり，両者が直交していることがわかる。

ここで注意したいのは，この新しい状態も，$\hat{H}\tilde{\varphi}(\boldsymbol{r}_1,\boldsymbol{r}_2) = (\epsilon_j+\epsilon_{j'})\tilde{\varphi}(\boldsymbol{r}_1,\boldsymbol{r}_2)$ を満たすエネルギー固有状態だということである（これは，(10.1.24) と同じ計算から，すぐにわかる）。しかも，エネルギー固有値 $\epsilon_j + \epsilon_{j'}$ は，（考えてみれば，当たり前なのだが）もとの $\varphi(\boldsymbol{r}_1,\boldsymbol{r}_2)$ のエネルギー固有値と等しい。つまり，$\varphi(\boldsymbol{r}_1,\boldsymbol{r}_2)$ と $\tilde{\varphi}(\boldsymbol{r}_1,\boldsymbol{r}_2)$ はエネルギー固有状態として縮退しているのだ。よって，任意の複素数 β, γ について，二つの状態の線形結合 $\beta\varphi(\boldsymbol{r}_1,\boldsymbol{r}_2) + \gamma\tilde{\varphi}(\boldsymbol{r}_1,\boldsymbol{r}_2)$ もエネルギー固有値 $\epsilon_j + \epsilon_{j'}$ をもつエネルギー固有状態になる。

この自由度を利用すれば，ほしい対称性をもったエネルギー固有状態をつくることができる。$\varphi(\boldsymbol{r}_1,\boldsymbol{r}_2)$ と $\tilde{\varphi}(\boldsymbol{r}_1,\boldsymbol{r}_2)$ を同符号で等しい重みで足し上げれば，対称な波動関数が得られる。つまり，

$$\varphi^{(B)}_{j,j'}(\boldsymbol{r}_1,\boldsymbol{r}_2)$$
$$:= \begin{cases} \dfrac{1}{\sqrt{2}}\{\psi_j(\boldsymbol{r}_1)\psi_{j'}(\boldsymbol{r}_2) + \psi_j(\boldsymbol{r}_2)\psi_{j'}(\boldsymbol{r}_1)\}, & j < j' \text{ のとき} \\ \psi_j(\boldsymbol{r}_1)\psi_j(\boldsymbol{r}_2), & j = j' \text{ のとき} \end{cases}$$
$$(10.1.27)$$

が，シュレディンガー方程式

$$\hat{H}\varphi^{(B)}_{j,j'}(\boldsymbol{r}_1,\boldsymbol{r}_2) = (\epsilon_j + \epsilon_{j'})\varphi^{(B)}_{j,j'}(\boldsymbol{r}_1,\boldsymbol{r}_2) \quad (10.1.28)$$

を満たすボゾン系のエネルギー固有状態である。添え字の B はボゾンであることを表し，j, j' がこの状態を指定する「名前」である。この「名前」は，二つの粒子が，一粒子エネルギー固有状態 j と j' をとることを表している（もちろん，どちらの粒子がどちらの状態という区別はない！）。

(10.1.27) に，$j > j'$ の場合が入っていないが，その理由は簡単である。

一粒子エネルギー固有状態の名前 j と j' を入れ替えても，$\varphi_{j,j'}^{(\mathrm{B})}(\boldsymbol{r}_1,\boldsymbol{r}_2) = \varphi_{j',j}^{(\mathrm{B})}(\boldsymbol{r}_1,\boldsymbol{r}_2)$ のように状態は変わらない．つまり，$\varphi_{j,j'}^{(\mathrm{B})}(\boldsymbol{r}_1,\boldsymbol{r}_2)$ と $\varphi_{j',j}^{(\mathrm{B})}(\boldsymbol{r}_1,\boldsymbol{r}_2)$ を別個に扱うことに意味はないのだ．どちらか一方のみを考えるため，$j<j'$ という制限を設けた．

つづいて，粒子がフェルミオンだとしよう．波動関数は，(10.1.10) のように，粒子の名前の入れ替えについて反対称でなくてはならない．ボゾンの場合と同様の思想で，$\varphi(\boldsymbol{r}_1,\boldsymbol{r}_2)$ と $\tilde{\varphi}(\boldsymbol{r}_1,\boldsymbol{r}_2)$ の線形結合をとって反対称な波動関数をつくればよい．今度は，二つの状態を同じ重みで逆の符号で足せばよい．つまり，$j<j'$ について，

$$\varphi_{j,j'}^{(\mathrm{F})}(\boldsymbol{r}_1,\boldsymbol{r}_2) := \frac{1}{\sqrt{2}}\{\psi_j(\boldsymbol{r}_1)\psi_{j'}(\boldsymbol{r}_2) - \psi_j(\boldsymbol{r}_2)\psi_{j'}(\boldsymbol{r}_1)\} \quad (10.1.29)$$

が，シュレディンガー方程式

$$\hat{H}\varphi_{j,j'}^{(\mathrm{F})}(\boldsymbol{r}_1,\boldsymbol{r}_2) = (\epsilon_j + \epsilon_{j'})\varphi_{j,j'}^{(\mathrm{F})}(\boldsymbol{r}_1,\boldsymbol{r}_2) \quad (10.1.30)$$

を満たすフェルミオン系のエネルギー固有状態である．ここでも，F はフェルミオンを表し，j, j' が状態の「名前」である．

この場合も，一粒子エネルギー固有状態の名前を入れ替えても $\varphi_{j,j'}^{(\mathrm{F})}(\boldsymbol{r}_1,\boldsymbol{r}_2) = -\varphi_{j',j}^{(\mathrm{F})}(\boldsymbol{r}_1,\boldsymbol{r}_2)$ となり，新しい状態は得られない．よって，(10.1.29) は $j<j'$ のみについて定義した．面白いことに，フェルミオンの場合，$j=j'$ となるようなエネルギー固有状態を定義することはできない．(10.1.29) で，無理に $j=j'$ としても，引き算で状態はゼロになってしまう．そもそも，もともとの積の状態 (10.1.23) で $j=j'$ としたものは，自動的に対称なボゾンの波動関数になるのだ．つまり，フェルミオン系のエネルギー固有状態では，二つ (以上) の粒子が同じ一粒子エネルギー固有状態を占めることは許されない．この重要な性質を，パウリ[25]の排他律 (Pauli's exclusion principle) と呼ぶ．

くり返しになるが，$\varphi_{j,j'}^{(\mathrm{B})}(\boldsymbol{r}_1,\boldsymbol{r}_2)$ も $\varphi_{j,j'}^{(\mathrm{F})}(\boldsymbol{r}_1,\boldsymbol{r}_2)$ も，二つの粒子がそれぞれ一粒子エネルギー固有状態 j と j' をとるような二粒子状態である．いささか稚拙な比喩かもしれないが，ここで，一粒子エネルギー固有状態

---

[25] Wolfgang Pauli (1900–1958) スイスの理論物理学者．量子論の完成と発展に寄与した天才たちの中でも，飛び抜けた頭のよさと強烈な個性で際だっている．スピンの発見，ニュートリノの予言，など数々の傑出した業績がある．若い理論物理学者がパウリの前でセミナーをするのは地獄のような体験だったらしい．1945 年にノーベル物理学賞．

10-1 多粒子系の量子力学

$j = 1, 2, \ldots$ を，粒子が占めることのできる「場所」，あるいは「座席」の番号と考えると見通しがよい．粒子が一つのときは，粒子が占めている一つの座席の番号 j を指定すれば，状態が定まる．粒子が二つあれば，それぞれが占めている座席の番号 j と j' を指定する必要がある．ただし，人間なら，二人のうちどちらがどちらの席に座っているかが問題になるけれど，これは同種粒子系だから「二人」に区別はないのである．フェルミオン系の場合，一つの座席を二つ以上の粒子が占めることはできないが，ボゾン系なら，複数の粒子が一つの座席を占めてもかまわない．このような，「『座席』と（そこに『すわる』）粒子」のイメージは，理想気体を考えているかぎり，粒子が多い一般の場合でも役に立つ．

エネルギー固有状態の数え方

ここで，具体的な波動関数から離れて，相互作用のない同種二粒子系のエネルギー固有状態の「数え方」について整理しておこう．これから見る「数え方」のルールは，一般に，ボゾンやフェルミオンの統計 (statistics) と呼ばれる．前に注意したように，ボゾンとフェルミオンの本質は状態（波動関数）の対称性であり，「統計（数え方）」はその現れにすぎない．

議論を簡単にするため，一粒子エネルギー固有状態は，$j = 1, 2, 3$ の三つだけとしよう．そのような粒子が二つある．

まず，二つの粒子が区別できるなら，任意の j, j' について，一粒子エネルギー固有状態の単純な積 (10.1.23) がエネルギー固有状態となる．j と j' は独立に 1, 2, 3 の値をとりうるから，この場合のエネルギー固有状態は全部で 9 個ある．

二つの粒子が同種のボゾンなら，エネルギー固有状態は (10.1.27) である．j と j' は $j \leq j'$ を満たすから，エネルギー固有状態は全部で 6 個になる．

二つの粒子が同種のフェルミオンなら，エネルギー固有状態は (10.1.29) である．j と j' は $j < j'$ を満たさなくてはならないから，エネルギー固有状態は全部で 3 個しかない．

以上の結果を表にまとめておこう．行（横の方向）に $j = 1, 2, 3$ を，列（縦の方向）に $j' = 1, 2, 3$ をとる．左から順に，粒子が区別できる場合，同種ボゾンの場合，同種フェルミオンの場合に，許される j, j' の組み合わせのところに丸印をつけた．

区別できる				ボゾン				フェルミオン			
	1	2	3		1	2	3		1	2	3
1	○	○	○	1	○			1			
2	○	○	○	2	○	○		2	○		
3	○	○	○	3	○	○	○	3	○	○	

これを見ると，二粒子を区別できる場合の9個の状態が，ボゾンの6個の状態とフェルミオンの3個の状態に「分かれてしまった」かのようである。

ここで，ごく簡単な統計力学の問題を考えてみよう。これら三つの二粒子系において，「可能なエネルギー固有状態がすべて等確率で出現する」という確率モデルを考えるのだ。カノニカル分布において，$\beta = 0$（つまり，温度が無限大）としたと思えばいいだろう。

この確率モデルにおいて，$j = j'$ が成り立つ確率，つまり，二つの粒子が同じ一粒子エネルギー固有状態をとる確率 $\text{Prob}[\hat{j} = \hat{j}']$ を調べよう。

まず，粒子が区別できるなら，9個の状態が確率 1/9 で出現し，そのうち 3個で $j = j'$ が成り立つから，

$$\text{Prob}[\hat{j} = \hat{j}'] = 3 \times \frac{1}{9} = \frac{1}{3} \tag{10.1.31}$$

となる。もし，二つの粒子がボゾンなら，6個の状態が確率 1/6 で出現し，そのうち 3個で $j = j'$ が成り立つから，

$$\text{Prob}[\hat{j} = \hat{j}'] = 3 \times \frac{1}{6} = \frac{1}{2} \tag{10.1.32}$$

フェルミオンなら，そもそも $j = j'$ はあり得ないから，$\text{Prob}[\hat{j} = \hat{j}'] = 0$ である。

二つの粒子が勝手に三つの状態 1, 2, 3 をとると考えれば，この確率はもちろん 1/3 になるはずだ。上の結果は，たとえ粒子のあいだに相互作用がなくても，ボゾン系では二つの粒子が同じ（一粒子エネルギー固有）状態をとりやすいような「力」が働き，フェルミオン系では二つの粒子が同じ（一粒子エネルギー固有）状態をとらないようにする「力」が働くと解釈できる。もちろん，本当の力が働くのではない。波動関数の対称性が，力に類似した効果を生み出しているということである。

N 粒子の系のエネルギー固有状態

以上の二粒子系についての結果を，一般の N 粒子系に拡張しよう。基本的なアイディアは同じなので，簡潔に結果だけを述べていくことにする。

10-1 多粒子系の量子力学

重要なのは，二粒子の場合を正確に，そして，できるかぎり直観的に理解しておくことである．

ここでも，相互作用のない N 粒子の系を考え，二粒子系のハミルトニアン (10.1.20) をそのまま一般化した

$$\hat{H} = \sum_{i=1}^{N} \left\{ -\frac{\hbar^2}{2m} \triangle_i + V(\boldsymbol{r}_i) \right\} \tag{10.1.33}$$

をハミルトニアンとする．i 番目の粒子の座標を $\boldsymbol{r}_i = (x_i, y_i, z_i)$ と書き，対応するラプラシアンを $\triangle_i = \partial^2/\partial x_i^2 + \partial^2/\partial y_i^2 + \partial^2/\partial z_i^2$ とした．

N 個の粒子は，同じ内部状態をもつ同種粒子だとする．ハミルトニアン $\hat{H}$ の固有状態（つまり，エネルギー固有状態）で，対称性についての要請 (10.1.17) を満たすものを求めたい．

粒子がボゾンの場合，二粒子についての (10.1.27) にならって，任意の $j_1 \leq j_2 \leq \cdots \leq j_N$ について，

$$\begin{aligned} &\varphi^{(\mathrm{B})}_{j_1, j_2, \ldots, j_N}(\boldsymbol{r}_1, \boldsymbol{r}_2, \ldots, \boldsymbol{r}_N) \\ &:= \mathcal{N} \sum_P \psi_{j_1}(\boldsymbol{r}_{P(1)}) \psi_{j_2}(\boldsymbol{r}_{P(2)}) \cdots \psi_{j_N}(\boldsymbol{r}_{P(N)}) \end{aligned} \tag{10.1.34}$$

とする[26]．右辺の和は，$N!$ 通りの置換 P すべてについてとる．ここでも，$j_1, j_2, \ldots, j_N$ という N 個の数の組がこの状態の「名前」である．N 個の粒子が $j_1, j_2, \ldots, j_N$ で指定される一粒子エネルギー固有状態をとることを示している（もちろん，粒子たちは互いに区別できないのだが）．

粒子がフェルミオンの場合，二粒子についての (10.1.29) にならって，任意の $j_1 < j_2 < \cdots < j_N$ について，

$$\begin{aligned} &\varphi^{(\mathrm{F})}_{j_1, j_2, \ldots, j_N}(\boldsymbol{r}_1, \boldsymbol{r}_2, \ldots, \boldsymbol{r}_N) \\ &:= \frac{1}{\sqrt{N!}} \sum_P (-1)^P \psi_{j_1}(\boldsymbol{r}_{P(1)}) \psi_{j_2}(\boldsymbol{r}_{P(2)}) \cdots \psi_{j_N}(\boldsymbol{r}_{P(N)}) \end{aligned} \tag{10.1.35}$$

とする．ここでも，右辺では $N!$ 通りの置換 P すべてについて足し上げる．ただし，単に一粒子エネルギー固有状態の波動関数の積を足しているのではなく，符号因子 $(-1)^P$ をかけてから足していることに注意しよう．これが，(10.1.29) で二つの状態の差をとったことの一般化になっている．

---

[26] (10.1.34) の $\mathcal{N}$ は規格化定数なので，気にする必要はない．

もちろん，$j_1, j_2, \ldots, j_N$ という組が，状態 (10.1.35) の「名前」で，粒子が $j_1, j_2, \ldots, j_N$ で指定される一粒子エネルギー固有状態をとることを示している。ここでは，粒子たちがとる一粒子エネルギー固有状態 $j_1, j_2, \ldots, j_N$ が全て異なっていることに注意しよう。N 粒子系においてもパウリの排他律はそのまま成り立ち，一つの一粒子エネルギー固有状態に二つ以上の粒子が入る事はできないのだ（一つの座席に座れる粒子は一つまで！）。そのおかげで，(10.1.35) の規格化因子は単に $1/\sqrt{N!}$ という簡単な形になる。

$N \times N$ 行列のディターミナント（行列式）の表式

$$\det[(a_{i,k})_{i,k=1,\ldots,N}] = \sum_P (-1)^P a_{1,P(1)} a_{2,P(2)} \cdots a_{N,P(N)} \quad (10.1.36)$$

を思い出すと，(10.1.35) の右辺は，i, k-成分が $\psi_{j_i}(\boldsymbol{r}_k)$ であるような $N \times N$ 行列のディターミナント（を $\sqrt{N!}$ で割ったもの）であることがわかる。これは一種の「数学的偶然」だが，その背後には，「ひっくり返すとマイナスがつく」という数学的な構造とディターミナントとの間の深い対応関係がある[27]。状態 (10.1.35) を，1929 年にこの表現を発見したスレーター[28] の名をとって，スレーターディターミナント (Slater determinant)，あるいは，スレーター行列式と呼ぶ。

(10.1.34), (10.1.35) 右辺の和の中の各項は，それぞれがハミルトニアン $\hat{H}$ の固有状態（つまり，エネルギー固有状態）になっている。これは，二粒子の場合の (10.1.24) の計算を地道に一般化すれば，簡単に確かめられる。よって，それらの線形結合である $\varphi^{(\mathrm{B})}_{j_1,j_2,\ldots,j_N}$ と $\varphi^{(\mathrm{F})}_{j_1,j_2,\ldots,j_N}$ も，エネルギー固有状態である。ボゾンとフェルミオンをまとめて式に書けば，

$$\hat{H}\, \varphi^{(\mathrm{B,F})}_{j_1,j_2,\ldots,j_N} = E\, \varphi^{(\mathrm{B,F})}_{j_1,j_2,\ldots,j_N} \quad (10.1.37)$$

となる。ただし，ここで，エネルギー固有値は

$$E = \sum_{i=1}^N \epsilon_{j_i} = \epsilon_{j_1} + \epsilon_{j_2} + \cdots + \epsilon_{j_N} \quad (10.1.38)$$

のように，すべての一粒子エネルギー固有値の和になる。

---

[27] 進んだ注：このあたりの「数学的なしかけ」を知りたい読者は外積代数という分野を学ぶのがよい。定番の教科書は，H. Flanders：*Differential Forms With Applications to the Physical Sciences* (Dover, 1990)。邦訳もあるが，このレベルのものを学ぼうと思う人は英語で読むべきだ。

[28] John Clark Slater (1900–1976) アメリカの理論物理学者，理論化学者。初期量子論のボーア・クラマース・スレーター理論の他，原子のまわりの電子軌道についての重要な業績がある。

10-1 多粒子系の量子力学

最後に，上で定義した (10.1.34), (10.1.35) が，対称性の要請 (10.1.17) を満たすことを確認しておこう[29]。フェルミオンの場合を示せば，ボゾンの場合はより簡単にできる。P を任意の置換とすると，(10.1.35) から，

$$\varphi^{(F)}_{j_1,j_2,\ldots,j_N}(\boldsymbol{r}_{P(1)}, \boldsymbol{r}_{P(2)}, \ldots, \boldsymbol{r}_{P(N)})$$
$$= \frac{1}{\sqrt{N!}} \sum_Q (-1)^Q \psi_{j_1}(\boldsymbol{r}_{Q(P(1))}) \psi_{j_2}(\boldsymbol{r}_{Q(P(2))}) \cdots \psi_{j_N}(\boldsymbol{r}_{Q(P(N))})$$

が得られる。ここでは，P を定まった置換としたので，和をとる置換を Q と書いた。それ以外は，定義 (10.1.35) に忠実に従って $\boldsymbol{r}$ の添え字を置き換えただけである。ここで，$Q(P(i)) = Q \circ P(i)$ と書き，パリティーの性質 (10.1.16) と $(-1)^P = \pm 1$ から $(-1)^Q = (-1)^P (-1)^{Q \circ P}$ となることに注意すると，

$$= (-1)^P \frac{1}{\sqrt{N!}} \sum_Q (-1)^{Q \circ P} \psi_{j_1}(\boldsymbol{r}_{Q \circ P(1)}) \psi_{j_2}(\boldsymbol{r}_{Q \circ P(2)}) \cdots \psi_{j_N}(\boldsymbol{r}_{Q \circ P(N)})$$

となる。ここで，$\tilde{P} = Q \circ P$ とする。P が固定されているから，全ての Q について足し上げることは，全ての $\tilde{P}$ について足し上げることと同じである。よって，

$$= (-1)^P \frac{1}{\sqrt{N!}} \sum_{\tilde{P}} (-1)^{\tilde{P}} \psi_{j_1}(\boldsymbol{r}_{\tilde{P}(1)}) \psi_{j_2}(\boldsymbol{r}_{\tilde{P}(2)}) \cdots \psi_{j_N}(\boldsymbol{r}_{\tilde{P}(N)})$$
$$= (-1)^P \varphi^{(F)}_{j_1,j_2,\ldots,j_N}(\boldsymbol{r}_1, \boldsymbol{r}_2, \ldots, \boldsymbol{r}_N) \tag{10.1.39}$$

となることがわかる。これは目標だったフェルミオンの対称性 (10.1.17) に他ならない。

占有数による表現

以上で，相互作用のない N 粒子系のエネルギー固有状態の波動関数を完全に決定できた。統計力学に進む前に，占有数を用いたエネルギー固有状態の指定の方法を導入しておこう。これから先の応用ではこの新しい方法をもっぱら用いることになる。

たとえば，(10.1.34) の状態の一例である $\varphi^{(B)}_{3,7,7}(\boldsymbol{r}_1, \boldsymbol{r}_2, \boldsymbol{r}_3)$ を考える。もちろん，一粒子エネルギー固有状態 3 番，7 番，7 番に粒子がいるような，

---

[29] 細かいところを気にする余裕のない読者は，ここはとばして次の占有数の説明に移ってもいいだろう。

三粒子状態である。ここでの「3, 7, 7」という状態の指定の方法は，やはり「粒子1が（一粒子エネルギー固有）状態3にいて，粒子2が状態7にいて，粒子3が状態7にいる」という，粒子が区別できる場合の書き方を引きずっている。最初から粒子が区別できないことを取り入れるなら，粒子を中心に考えるのでなく，一粒子エネルギー固有状態を中心に考えて「一粒子エネルギー固有状態3に粒子が1個，一粒子エネルギー固有状態7に粒子が2個」というふうに指定するほうが自然だ。「座席」のたとえを使えば，各々の座席に座っている人数（各々の一粒子エネルギー固有状態に入っている粒子の個数）だけを調べようという立場である。

もう少し複雑な例を見て，考え方を確認しておこう。たとえば，

$$\varphi^{(\mathrm{B})}_{2,5,5,6,6,6,6,8,9,9}(\bm{r}_1,\ldots,\bm{r}_{10}) \tag{10.1.40}$$

というボゾン系の十粒子状態をとる。これを，上の例と同じように，一粒子エネルギー固有状態を中心に考えるためには，各々の一粒子エネルギー固有状態に何個の粒子が入っているかを，

一粒子エネルギー固有状態	1	2	3	4	5	6	7	8	9	10	11	⋯
粒子の個数	0	1	0	0	2	4	0	1	2	0	0	⋯

$$\tag{10.1.41}$$

というように，表にすればよい（もちろん，下の段はこの先もずっと0が並ぶ）。どうやって表を作ったかについては，言葉で説明するよりも，読者に(10.1.40) と (10.1.41) を見比べて吟味してもらう方がいいだろう。

ここで重要なのは，これまでの状態の表記 (10.1.40)（特に，2, 5, 5, 6, 6, 6, 6, 8, 9, 9 という数列）と，一粒子エネルギー固有状態ごとの粒子数の表 (10.1.41) は，完全に同じ情報をもっているということだ。今は数列から表を作ったが，表から数列を再現して，(10.1.40) の形に書くこともできる。

もちろん，いちいち表を作っていたのでは物理の理論を進めるのには不便だ。表と同じ情報をもったものとして，次のような**占有数** (occupation number) の組というものを考える。$j = 1, 2, \ldots$ を一粒子エネルギー固有状態の名前とし，**占有数** n_j をその状態に入っている粒子の個数とする。つまり，表 (10.1.41) の上の段が j で下の段が n_j である。表全体と同じ情報を伝えるためには，すべての占有数をずらりと並べた占有数の組 $(n_1, n_2, n_3, \ldots)$ を指定すればよい。明らかに，すべての占有数の和をとれば，

$$N = \sum_{j=1}^{\infty} n_j \qquad (10.1.42)$$

のように，全粒子数が得られる．

ボゾンの場合には，占有数 n_j は任意の 0 以上の整数の値をとる．フェルミオンの場合は，各々の一粒子固有状態に二つ以上の粒子が入ることはないので，占有数 n_j は 0 か 1 のみをとる．いずれの場合も，占有数の組 $(n_1, n_2, \ldots)$ は全粒子数についての制約 (10.1.42) を満たす必要がある．全エネルギー (10.1.38) は，占有されている全ての一粒子エネルギー固有状態のエネルギーの和だから，占有数を使えば，

$$E = \sum_{j=1}^{\infty} \epsilon_j n_j \qquad (10.1.43)$$

と書ける．

これから先の統計力学の計算では，もっぱら占有数の組 $(n_1, n_2, \ldots)$ を使って（相互作用のない）同種多粒子の量子系のエネルギー固有状態を指定する．すでに強調したように，これによって状態についての完全な情報が記述できるし，必要なら，(10.1.34), (10.1.35) のような波動関数による表現に戻ることもできる．

10-2　量子理想気体の統計力学の一般的な枠組み

これから，統計力学の立場から量子理想気体を調べていくことにしよう．

量子力学の議論は天下りでもいいから，ともかく量子理想気体の統計力学を学びたいという読者は，10-1 節を読まずに，この節から読み始めることもできるよう配慮してある．そのため，10-2-1 節で多体量子系のエネルギー固有状態の表現を復習する．10-2-2 節では基底状態と第一励起状態の性質を見る．10-2-3 節で平衡状態の表現を一般的に調べたあと，10-2-4 節でもっとも基本的な高温・低密度の極限を扱う．

10-2-1　エネルギー固有状態の表現

10-1 節で解説した相互作用のない同種多粒子の量子系のエネルギー固有状態の指定の仕方（占有数表示）を再びまとめておこう．また，新たに，一粒子状態密度という重要な概念を導入する．

一粒子系のエネルギー固有状態と状態密度

まず,記号の整理も兼ねて,一粒子の問題を扱う。ポテンシャル $V(r)$ で決まる力を受けて三次元空間を運動する一つの質量 m の粒子の問題を量子力学的に扱う。一粒子エネルギー固有状態[30]はシュレディンガー方程式 (10.1.18) で決まる。一粒子エネルギー固有状態に $j = 1, 2, \ldots$ と名前をつけ,一粒子エネルギー固有状態 j に対応する一粒子エネルギー固有値を ϵ_j と書く。今後の便利のため,一粒子エネルギー固有値は, $\epsilon_j \leq \epsilon_{j+1}$ が成り立つよう順番に並べておく。また,いくつかの式を簡単にするため,全ての $j = 1, 2, \ldots$ について $\epsilon_j > 0$ が成り立つと仮定する[31]。

$h(\epsilon)$ を一粒子エネルギー ϵ の任意の関数とする。これから先,$\sum_{j=1}^{\infty} h(\epsilon_j)$ という,全ての一粒子エネルギー固有状態についての和が頻繁に登場する。十分に体積の大きい量子系では,以下のように,この形の和を**一粒子状態密度** (single-particle density of states) $D(\epsilon)$ を使った積分で書き直すことができる。これは便利な書き方なので,量子理想気体の扱いでは標準的に用いられる。

$\Delta\epsilon > 0$ を小さな量とする。一粒子エネルギーの全範囲を幅が $\Delta\epsilon$ の小さな区間に分割し,上の和を区間ごとにまとめて足し上げることを考える。つまり,

$$\sum_{j=1}^{\infty} h(\epsilon_j) = \sum_{n=1}^{\infty} \sum_{\substack{j \\ ((n-1)\Delta\epsilon < \epsilon_j \leq n\Delta\epsilon)}} h(\epsilon_j) \simeq \sum_{n=1}^{\infty} \sum_{\substack{j \\ ((n-1)\Delta\epsilon < \epsilon_j \leq n\Delta\epsilon)}} h(n\,\Delta\epsilon)$$

$$= \sum_{n=1}^{\infty} \{\Omega(n\,\Delta\epsilon) - \Omega((n-1)\,\Delta\epsilon)\} h(n\,\Delta\epsilon) \qquad (10.2.1)$$

のように,一粒子エネルギー固有値 ϵ_j が $(n-1)\,\Delta\epsilon$ と $n\,\Delta\epsilon$ の間にあるような一粒子エネルギー固有状態について,まず和をとってしまうのだ。その際,この小さな範囲での $h(\epsilon)$ の変動は小さいと仮定して,$h(\epsilon_j) \simeq h(n\,\Delta\epsilon)$ と近似した。(10.2.1) の最後の表式は,(一粒子) 状態数が

$$\Omega(\epsilon) = \sum_{\substack{j \\ (\epsilon_j \leq \epsilon)}} 1 \qquad (10.2.2)$$

---

[30] 前に注意したように,多粒子についての概念と混乱しないよう,一粒子に関わる概念は全て (しつこく)「一粒子」をつけて呼ぶ。

[31] この仮定は本質的ではない。適当な ϵ_0 があって,すべての $j = 1, 2, \ldots$ について $\epsilon_j > \epsilon_0$ が成り立つとしても,同様に議論を進められる。

と書けることから，すぐに導かれる．状態数の定義については，3-2-1 節を見て思い出してほしい．

3-2-1 節で詳しく見たように，一般に，量子系の体積が大きくなれば，エネルギー固有値の間隔はどんどん小さくなる．よって，体積が十分に大きければ，幅 $\Delta\epsilon$ の範囲にもきわめて多くのエネルギー固有値が入るようになる．すると，差 $\Omega(n\,\Delta\epsilon) - \Omega((n-1)\,\Delta\epsilon)$ も大きな数になる．また $\Omega(\epsilon)$ が ϵ のなめらかな関数とみなせることから，$\Delta\epsilon$ について一次まで展開して，

$$\Omega(n\,\Delta\epsilon) - \Omega((n-1)\,\Delta\epsilon) \simeq D(n\,\Delta\epsilon)\,\Delta\epsilon \tag{10.2.3}$$

と書ける．ここに登場した一粒子状態数の導関数

$$D(\epsilon) = \frac{d}{d\epsilon}\Omega(\epsilon) \tag{10.2.4}$$

が一粒子状態密度である．

(10.2.3) を和の表式 (10.2.1) に代入し，さらに $\Delta\epsilon$ が小さいことを使って和を積分に直せば，

$$\sum_{j=1}^{\infty} h(\epsilon_j) \simeq \sum_{n=1}^{\infty} \Delta\epsilon\, D(n\,\Delta\epsilon)\, h(n\,\Delta\epsilon) \simeq \int_0^{\infty} d\epsilon\, D(\epsilon)\, h(\epsilon) \tag{10.2.5}$$

となる．この積分での表式は，体積が限りなく大きく，一粒子エネルギー固有値の間隔が限りなく狭くなる極限では，正確な表現になる．われわれは体積の大きな系だけを考えるので，これから先ではこれは等式とみなすことにして，

$$\sum_{j=1}^{\infty} h(\epsilon_j) = \int_0^{\infty} d\epsilon\, D(\epsilon)\, h(\epsilon) \tag{10.2.6}$$

を使う[32]．

もっとも簡単な具体例を見ておこう．一辺が L の立方体中の自由粒子の場合，一粒子状態数は，(3.2.8) で見たように，

$$\Omega(\epsilon) \simeq \frac{(2m)^{3/2}}{6\pi^2\hbar^3}\, V\, \epsilon^{3/2} \tag{10.2.7}$$

である．微分すれば，一粒子状態密度が，

$$D(\epsilon) \simeq \frac{(2m)^{3/2}}{4\pi^2\hbar^3}\, V\sqrt{\epsilon} \tag{10.2.8}$$

---

32) 脚注 31) で触れた一般の場合を扱うには，この積分の下限を ϵ_0 に置き換えればよい．なお，積分近似 (10.2.6) はボース・アインシュタイン凝縮が生じるときには，そのままの形では正確ではない．10-4-1 節を見よ．

と求まる．$D(\epsilon)$ が体積 $V = L^3$ に比例し，また $\sqrt{\epsilon}$ にも比例することが重要である．

固体中の電子は，もっとも粗い近似では，結晶格子がつくる周期的なポテンシャル中を運動する量子力学的な粒子とみなすことができる．周期的なポテンシャル中の一粒子状態密度 $D(\epsilon)$ は，やはり $D(\epsilon) = V\nu(\epsilon)$ のように体積 V に比例する．体積に依存しない関数 $\nu(\epsilon)$ は，一般には複雑で，バンド構造など，結晶の特性を反映したふるまいを示す．結晶が等方的であれば，ϵ が小さいときには $\nu(\epsilon) \propto \sqrt{\epsilon}$ となる．

これから先の量子理想気体の解析では，個々の系の具体的な性質は，一粒子状態密度 $D(\epsilon)$（あるいは，単位体積あたりの一粒子状態密度 $\nu(\epsilon)$）のみを通じて理論に現れる．われわれは，一般の $D(\epsilon)$ についての理論を整備しておき，特定の問題を調べるときに具体的な $D(\epsilon)$ の形を代入すればよい．与えられたポテンシャル $V(\boldsymbol{r})$ から $D(\epsilon)$ を求めるのは一般に容易ではないが，あくまで一粒子の問題なので（必要に応じて計算機を用いるなどして）何らかの方法で（近似的に）計算できる．

N 粒子系のエネルギー固有状態

上で考えたのと同じ粒子が N 個ある．これらは，全く同じ種類の粒子であり，（電子のスピンのような）内部自由度も完全に等しい状態にあるとする．さらに，N 個の粒子のあいだには，いっさい相互作用がないとしよう．

このような量子系のエネルギー固有状態を指定するには，占有数の組 $(n_1, n_2, \ldots)$ を使えばよい．ここで，n_j は，一粒子エネルギー固有状態 j に入っている（あるいは，固有状態 j を占めている）粒子の個数であり，

$$n_j = \begin{cases} 0, 1, 2, \ldots, & \text{粒子がボゾンのとき} \\ 0, 1, & \text{粒子がフェルミオンのとき} \end{cases} \tag{10.2.9}$$

という値をとる[33]．10-1-2 節で詳しく説明したように，自然界のすべての粒子は（素粒子も複合粒子も），ボゾンかフェルミオンかの，いずれかに大別される．

占有数の組 $(n_1, n_2, \ldots)$ は，全粒子数についての拘束条件

---

[33] 10-1-2 節で述べたように，$j = 1, 2, \ldots$ を「座席」の番号，n_j を座席 j に「座っている」粒子の個数とイメージするとよい．

10-2 量子理想気体の統計力学の一般的な枠組み

$$N = \sum_{j=1}^{\infty} n_j \tag{10.2.10}$$

を満たす．また，$(n_1, n_2, \ldots)$ で指定される（N 粒子）エネルギー固有状態のエネルギー固有値は，

$$E = \sum_{j=1}^{\infty} \epsilon_j n_j \tag{10.2.11}$$

で与えられる．

10-2-2 基底状態と第一励起状態

統計力学の問題を考える前に，量子力学の設定で，系の基底状態と第一励起状態を求めておこう．基底状態は絶対零度の平衡状態とみることもできる．また，第一励起状態は，系が絶対零度からごくごくわずかに「揺さぶられた」ときの様子を表しているとみなせる．これから見るように，このような絶対零度近辺の性質を調べるだけでボゾン系とフェルミオン系の本質的な違いがはっきりとわかるのだ．なお，以下では，話を複雑にしないように，一粒子エネルギー固有値に縮退がないこと，つまり，任意の $j = 1, 2, \ldots$ について $\epsilon_j < \epsilon_{j+1}$ が成り立つことを仮定する．

ボゾン系

まず，ボゾン系について考えよう．基底状態とは，もっともエネルギーが低いエネルギー固有状態である．よって，定義 (10.2.9) と全粒子数についての拘束条件 (10.2.10) を満たす $(n_1, n_2, \ldots)$ の中で，エネルギー (10.2.11) を最小にするものを求めればよい．これは簡単で，全ての粒子が最低エネルギーの一粒子エネルギー固有状態を占めるよう，

$$n_j = \begin{cases} N, & j = 1 \text{ について} \\ 0, & j > 1 \text{ について} \end{cases} \tag{10.2.12}$$

と選べばよい．基底状態のエネルギーは，(10.2.11) から直ちに $E_{\text{GS}} = N \epsilon_1$ となる．

基底状態の次に低いエネルギー固有値をもつ第一励起状態は，図 10.2 の右図のように，粒子が一つだけ，次にエネルギーの低い一粒子エネルギー固有状態に移った状態である．つまり，占有数は，

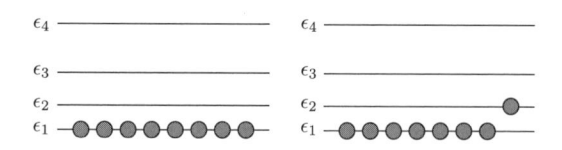

ε₄ ――――――――   ε₄ ――――――――
ε₃ ――――――――   ε₃ ――――――――
ε₂ ――――――――   ε₂ ―――――――●
ε₁ ―●●●●●●●―   ε₁ ―●●●●●●――

図 **10.2** ボゾン系の基底状態（左）と第一励起状態（右）の模式図。習慣に従って，一粒子エネルギー固有状態をエネルギーが低いものが下にくるように並べた。横軸に意味はないが，絵が描けるように線分に長さをもたせてある。一粒子エネルギー固有状態に粒子が「入っている」ことを，線の上に丸を描いて示した。左の基底状態では，全ての粒子が最低エネルギーの一粒子状態に入っている。右の第一励起状態では，一つの粒子が一つだけ上の一粒子状態に移る。

$$n_j = \begin{cases} N-1, & j=1 \text{ について} \\ 1, & j=2 \text{ について} \\ 0, & j>2 \text{ について} \end{cases} \quad (10.2.13)$$

であり，対応するエネルギー固有値は $E_{第一励起} = (N-1)\epsilon_1 + \epsilon_2 = E_{\text{GS}} + (\epsilon_2 - \epsilon_1)$ である。

図 10.2 を見ても明らかだが，基底状態 (10.2.12) や第一励起状態 (10.2.13)（そして，同様な低エネルギーの励起状態）では，$j=1$ というたった一つの一粒子エネルギー固有状態にほとんど全ての粒子が入っている。考えるだにアンバランスな状態である。もっとも，0 でない温度の平衡状態には多くの励起状態が寄与するから，このようなアンバランスな状態が何らかの役割を果たすとは考えにくい。ところが，ボゾン系の独自の性質のために，平衡状態においてもきわめて多くの数の粒子が $j=1$ という単一の一粒子エネルギー固有状態に入ってしまうことがあるのだ。このようなボース・アインシュタイン凝縮の現象は 10-4-1 節で詳しく議論する。

フェルミオン系

フェルミオン系について考える。今度は各々の一粒子エネルギー固有状態に一つまでしか粒子が入れられないから，エネルギー (10.2.11) を最小にするには，図 10.3 の左図のように，エネルギーの低いエネルギー固有状態から順番に使っていくしかない。結局，基底状態の占有数は，

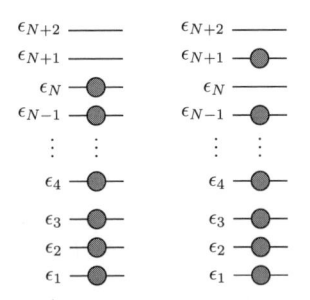

10-2 量子理想気体の統計力学の一般的な枠組み

図 10.3 フェルミオン系の基底状態（左）と第一励起状態（右）の模式図。線や丸の意味は図 10.2 と同じ。ただし，今度は各々の一粒子エネルギー固有状態に一つまでしか粒子が入れないから，線は短く描いた。左の基底状態は，一粒子エネルギー固有状態を，エネルギーが低い方から「順番に詰めて」いって得られる。右の第一励起状態は，基底状態で一番「上にいた」粒子を一つだけ上のエネルギー固有状態に移した状態である。

$$n_j = \begin{cases} 1, & j = 1, 2, \ldots, N \text{ について} \\ 0, & j > N \text{ について} \end{cases} \tag{10.2.14}$$

となる。ここで，粒子が入っている中で，もっとも高い一粒子エネルギー固有値を，

$$\epsilon_\mathrm{f} := \epsilon_N \tag{10.2.15}$$

と書き，フェルミエネルギー (Fermi energy) と呼ぶ[34]。すると，(10.2.14) の占有数は，

$$n_j = \begin{cases} 1, & \epsilon_j \leq \epsilon_\mathrm{f} \text{ について} \\ 0, & \epsilon_j > \epsilon_\mathrm{f} \text{ について} \end{cases} \tag{10.2.16}$$

とも書き換えられる。つまり，フェルミエネルギー ϵ_f 以下のエネルギーをもつ一粒子エネルギー固有状態には，すべて粒子が入っていて，そこから上は完全に空ということである。基底状態のエネルギーは，

---

[34] フェルミエネルギーを，粒子が入っていない最低のエネルギー固有値に等しいとして，$\epsilon_\mathrm{f} := \epsilon_{N+1}$ と定義することもある。多くの場合，二つの定義は系の体積が大きいときには等しくなる。（以下は，細かい注：ただし，絶縁体や半導体では，二つの定義が等しくならないことがあり，そのような場合には (10.2.15) をフェルミエネルギーの定義とするのは適切ではない。そのような状況では，(10.3.3) のように化学ポテンシャルの絶対零度での値をフェルミエネルギーと定義するのがよい。382 ページの脚注 39) を参照。）

$$E_{\text{GS}} = \sum_{j=1}^{N} \epsilon_j = \sum_{\substack{j \\ (\epsilon_j \leq \epsilon_{\text{f}})}} \epsilon_j \tag{10.2.17}$$

である．もちろん，二つ目の和は $\epsilon_j \leq \epsilon_{\text{f}}$ という条件を満たす全ての j についてとる．

第一励起状態をつくるには，なるべく全体のエネルギーが上がらないよう，粒子を一つだけ別の一粒子エネルギー固有状態に移してやればよい．そのためには，図 10.3 の右図のように，基底状態で，もっとも高い一粒子エネルギー固有値をもっている粒子を，一つ上のエネルギーの状態に持ち上げる．それ以外の粒子については，すぐ上の一粒子エネルギー固有状態が「ふさがっている」から，一つ上に持ち上げることはできないのだ．よって第一励起状態での占有数は，

$$n_j = \begin{cases} 1, & j = 1, 2, \ldots, N-1 \text{ について} \\ 0, & j = N \text{ について} \\ 1, & j = N+1 \text{ について} \\ 0, & j > N+1 \text{ について} \end{cases} \tag{10.2.18}$$

となる．対応するエネルギー固有値は

$$E_{\text{第一励起}} = \sum_{j=1}^{N-1} \epsilon_j + \epsilon_{N+1} = E_{\text{GS}} + (\epsilon_{N+1} - \epsilon_N) \tag{10.2.19}$$

である．

最後にフェルミエネルギー ϵ_{f} の性質を見ておこう．フェルミエネルギーの定義 (10.2.15) を使って粒子数 N を（わざとらしく）一粒子エネルギー固有状態についての和として表現し，そこに積分表示 (10.2.6) を使うと，

$$N = \sum_{j=1}^{\infty} \chi[\epsilon_j \leq \epsilon_{\text{f}}] = \int_0^{\infty} d\epsilon\, D(\epsilon)\, \chi[\epsilon \leq \epsilon_{\text{f}}] = \int_0^{\epsilon_{\text{f}}} d\epsilon\, D(\epsilon) \tag{10.2.20}$$

と書くことができる．ただし，$\chi[\text{真}] = 1$，$\chi[\text{偽}] = 0$ である．

ここで，系の体積を V とし，一粒子状態密度を $D(\epsilon) = V\nu(\epsilon)$ と書く．多くの系で，単位体積あたりの一粒子状態密度 $\nu(\epsilon)$ は体積 V によらない．(10.2.20) の両辺を V で割り，密度を $\rho = N/V$ とすると，

$$\rho = \int_0^{\epsilon_{\text{f}}} d\epsilon\, \nu(\epsilon) \tag{10.2.21}$$

が得られる。つまり，（関数 $\nu(\epsilon)$ が V によらないなら）フェルミエネルギー ϵ_f は密度 ρ のみの関数であり，体積に依存しない。フェルミエネルギー ϵ_f は物質の性質を特徴づけるのに便利な量だということがわかる。

金属中の伝導電子の系は，もっとも粗い取り扱いでは，相互作用のないフェルミオンの集まりとして記述できる[35]。このような系のフェルミエネルギーは意外に高く，たとえば鉄の場合には $\epsilon_f \sim 11$ eV 程度である。これを温度に換算すれば，$\epsilon_f/k \sim 10^5$ K という高温に相当する。もちろん，ここで考えているのは系全体が絶対零度の状態であり，電子が 10^5 K などという温度になっているというわけではない。図 10.3 のように，一粒子エネルギー固有状態をエネルギーが低い順に詰めていくと，結局，ϵ_f ほどの一粒子エネルギーをもった一粒子エネルギー固有状態までもが登場する。そして，仮に，この ϵ_f という一粒子エネルギーを古典的な理想気体で実現しようと思えば，10^5 K という高温が必要だということなのである。もちろん，古典力学では全く想像もつかない状況である。このようなフェルミオン系の性質は，たとえば，金属の様々な性質に本質的に関係している。

10-2-3 平衡状態の表現

いよいよ量子理想気体の平衡状態について考える。ここでは，具体的な計算には踏み込まず，カノニカル分布とグランドカノニカル分布の一般的な性質を見ておこう。カノニカル分布は形式的な計算が困難だが，グランドカノニカル分布ははるかに扱いやすいことがわかる。

カノニカル分布が不便であること

量子理想気体のカノニカル分布について考察する。もちろん，全粒子数 N が一定の系が逆温度 β の熱平衡状態にあることを想定している。多粒子の量子系だからといって特別なことはなく，今までと同じカノニカル分布の形式をそのまま適用すればよい。

分配関数は，(5.1.1) の表式 $Z(\beta) = \sum_i \exp[-\beta E_i]$ を使って求めればよい。量子理想気体の設定では，（多粒子の）エネルギー固有状態 i と対応するエネルギー固有値 E_i を，

---

[35] ただし，電子にはスピンの自由度があるので，互いに相互作用しない二種類のフェルミオン（上向きスピンの電子と下向きスピンの電子）の系になる。電子のスピンの扱いについては，10-3-2 節を参照。

$$i \to (n_1, n_2, \ldots), \qquad E_i \to \sum_{j=1}^{\infty} \epsilon_j n_j \qquad (10.2.22)$$

のようにとる．ただし，(10.2.10) のように，$(n_1, n_2, \ldots)$ は全粒子数についての拘束条件 $\sum_{j=1}^{\infty} n_j = N$ を満たす必要がある．また，全エネルギーの表式 (10.2.11) を用いた．よって，分配関数は，

$$Z(\beta) = \sum_{\substack{(n_1, n_2, \ldots) \\ \text{ただし } \sum_{j=1}^{\infty} n_j = N}} \exp\left[-\beta \sum_{j=1}^{\infty} \epsilon_j n_j\right] = \sum_{\substack{(n_1, n_2, \ldots) \\ \text{ただし } \sum_{j=1}^{\infty} n_j = N}} \prod_{j=1}^{\infty} e^{-\beta \epsilon_j n_j} \qquad (10.2.23)$$

と書ける．

(10.2.23) の表式を見ると，占有数 $n_1, n_2, \ldots$ についての和を端から順に実行できるのではないかと期待される．n_1 に関わる量だけを前に出し，n_1 についての和を別に書くと，

$$Z(\beta) = \sum_{\substack{(n_1, n_2, \ldots) \\ \text{ただし } \sum_{j=1}^{\infty} n_j = N}} e^{-\beta \epsilon_1 n_1} \prod_{j=2}^{\infty} e^{-\beta \epsilon_j n_j}$$

$$= \sum_{n_1} e^{-\beta \epsilon_1 n_1} \sum_{\substack{(n_2, \ldots) \\ \text{ただし } \sum_{j=2}^{\infty} n_j = N - n_1}} \prod_{j=2}^{\infty} e^{-\beta \epsilon_j n_j} \qquad (10.2.24)$$

と変形できる．一見，最初の n_1 についての和が分離したように思える．しかし，よく見ると，二つ目の和の中の，$\sum_{j=2}^{\infty} n_j$ の拘束条件があらわに n_1 に依存している．このままでは，一つ目の n_1 についての和だけを先にとることはできない．かといって，二つ目の大きな和はもちろん評価できるわけもない．つまり，和を各々の n_j について別個に実行して分配関数 $Z(\beta)$ をあらわに評価することはできないのだ．他に賢い計算法もなさそうなので[36]，分配関数 $Z(\beta)$ の素直な計算はあきらめるしかない．

グランドカノニカル分布

グランドカノニカル分布を用いることを考えよう．8-2 節で強調したように，グランドカノニカル分布を使えば，系の粒子数が変化する場合も，粒

---

[36] 進んだ注：$\rho = N/V$ を固定して V と N が大きいときの漸近評価をすることはできるが，それは（以下でするように）グランドカノニカル分布を用いるのと同じことである．

10-2 量子理想気体の統計力学の一般的な枠組み

子数が一定の場合も，どちらも扱うことができる。

量子理想気体での大分配関数を一般的に評価してみよう。ここでは，大分配関数の二つ目の書き方 (8.1.19)，つまり $\Xi(\beta,\mu) = \sum_i \exp[-\beta E_i + \beta\mu N_i]$ を使うのが便利だ（ここでは，粒子が区別できないことを最初から取り入れているので，$N!$ のない表式を使う）。つまり，粒子数を一定に保つことなく，あらゆるエネルギー固有状態 i について足し上げるのだ。量子理想気体の設定では，（多粒子の）エネルギー固有状態 i, 対応するエネルギー固有値 E_i, 対応する粒子数 N_i を，

$$i \to (n_1, n_2, \ldots), \quad E_i \to \sum_{j=1}^{\infty} \epsilon_j n_j, \quad N_i \to \sum_{j=1}^{\infty} n_j \quad (10.2.25)$$

のようにとればよい。もちろん，粒子数の表式 (10.2.10) とエネルギーの表式 (10.2.11) を用いた。これを使って，大分配関数を書くと，

$$\begin{aligned}\Xi(\beta,\mu) &= \sum_{(n_1,n_2,\ldots)} \exp\left[-\beta\sum_{j=1}^{\infty}\epsilon_j n_j + \beta\mu\sum_{j=1}^{\infty} n_j\right] \\ &= \sum_{(n_1,n_2,\ldots)} \prod_{j=1}^{\infty} e^{-\beta(\epsilon_j-\mu)n_j}\end{aligned} \quad (10.2.26)$$

となる。

分配関数についての (10.2.23), (10.2.24) と違って，今度は $(n_1, n_2, \ldots)$ の和に制限がないことに注意しよう。そこで，n_1 の和を先に取り出して，

$$\Xi(\beta,\mu) = \sum_{n_1} e^{-\beta(\epsilon_1-\mu)n_1} \sum_{(n_2,n_3,\ldots)} \prod_{j=2}^{\infty} e^{-\beta(\epsilon_j-\mu)n_j} \quad (10.2.27)$$

のように書くと，一つ目の和の中身は n_1 にしか依存しないし，二つ目の和は n_1 によらない。つまり，これらの和は別個に評価してよい。しかも，二つ目の和は出発点の (10.2.26) の最右辺の形とそっくりで，異なっているのは j が 1 から始まるかわりに 2 から始まるという点だけである。ということは，(10.2.27) と同じ変形を次々とくり返すことができて，

$$\begin{aligned}\Xi(\beta,\mu) &= \left(\sum_{n_1} e^{-\beta(\epsilon_1-\mu)n_1}\right)\left(\sum_{n_2} e^{-\beta(\epsilon_2-\mu)n_2}\right) \sum_{(n_3,n_4,\ldots)} \prod_{j=3}^{\infty} e^{-\beta(\epsilon_j-\mu)n_j} \\ &= \left(\sum_{n_1} e^{-\beta(\epsilon_1-\mu)n_1}\right)\left(\sum_{n_2} e^{-\beta(\epsilon_2-\mu)n_2}\right)\left(\sum_{n_3} e^{-\beta(\epsilon_3-\mu)n_3}\right)\cdots \\ &= \prod_{j=1}^{\infty}\left(\sum_n e^{-\beta(\epsilon_j-\mu)n}\right)\end{aligned} \quad (10.2.28)$$

とできる．最後に，和におけるダミー変数 n_j を n と呼びかえた．積の中の各々の量を $\Xi^{(j)}(\beta,\mu)$ と呼ぶことにして，これを，

$$\Xi(\beta,\mu) = \prod_{j=1}^{\infty} \Xi^{(j)}(\beta,\mu) \tag{10.2.29}$$

と書く．あとは，n についての和を評価して $\Xi^{(j)}(\beta,\mu)$ を求めるだけだ．ボゾンの場合，n は 0 以上の整数すべてについて足すから，等比級数の和の公式を使って，

$$\Xi^{(j)}(\beta,\mu) := \sum_{n=0}^{\infty} e^{-\beta(\epsilon_j-\mu)n} = \frac{1}{1-e^{-\beta(\epsilon_j-\mu)}} \tag{10.2.30}$$

となる．ここで μ はすべての j について無限和が収束する値にとる．フェルミオンの場合，n は 0 と 1 のみをとるから，計算はもっと楽で，

$$\Xi^{(j)}(\beta,\mu) := \sum_{n=0}^{1} e^{-\beta(\epsilon_j-\mu)n} = 1 + e^{-\beta(\epsilon_j-\mu)} \tag{10.2.31}$$

が得られる．こうして，大分配関数を一般的に評価することができた．

ボース分布関数とフェルミ分布関数

一粒子エネルギー固有状態の占有数 n_j に対応する物理量を $\hat{n}_j$ としよう．占有数はマクロな観測量ではないが[37]，期待値 $\langle \hat{n}_j \rangle_{\beta,\mu}^{\mathrm{GC}}$ を求めておくと量子理想気体の解析に便利である．期待値の定義 (8.1.14) に従うと，

$$\langle \hat{n}_j \rangle_{\beta,\mu}^{\mathrm{GC}} = \frac{1}{\Xi(\beta,\mu)} \sum_{(n_1,n_2,\ldots)} n_j \exp\left[-\beta \sum_{k=1}^{\infty} \epsilon_k n_k + \beta\mu \sum_{k=1}^{\infty} n_k\right]$$

$$= \frac{1}{\Xi(\beta,\mu)} \sum_{(n_1,n_2,\ldots)} n_j \prod_{k=1}^{\infty} e^{-\beta(\epsilon_k-\mu)n_k} \tag{10.2.32}$$

である（j が左辺に登場しているので和の変数を k にした）．この形は大分配関数の (10.2.26) とほとんど同じであり，(10.2.27), (10.2.28) の変形をそのままくり返し，各々の n_k についての和を独立にとることができる．明らかに，ほとんどの和は大分配関数の計算に登場した $\Xi^{(k)}(\beta,\mu)$ と全く同じで，これは分母の $\Xi(\beta,\mu)$ の中の同じ量とキャンセルする．キャンセルせずに残るのは $j=k$ の部分だけで，結局，

$$\langle \hat{n}_j \rangle_{\beta,\mu}^{\mathrm{GC}} = \frac{1}{\Xi^{(j)}(\beta,\mu)} \sum_{n_j} n_j\, e^{-\beta(\epsilon_j-\mu)n_j} = \frac{1}{\beta}\frac{\partial}{\partial\mu}\log\Xi^{(j)}(\beta,\mu) \tag{10.2.33}$$

---

[37] ただしボース・アインシュタイン凝縮（10-4-1 節）が起きると $\hat{n}_1$ だけはマクロな観測可能な量になる．

10-2 量子理想気体の統計力学の一般的な枠組み

となる。最後は，(10.2.30), (10.2.31) を使って，統計力学らしい式に書き直した。

期待値を具体的に求めておこう。ボゾンについては，(10.2.30) より，

$$\langle \hat{n}_j \rangle_{\beta,\mu}^{\mathrm{GC}} = -\frac{1}{\beta}\frac{\partial}{\partial \mu}\log(1-e^{-\beta(\epsilon_j-\mu)}) = \frac{e^{-\beta(\epsilon_j-\mu)}}{1-e^{-\beta(\epsilon_j-\mu)}} = \frac{1}{e^{\beta(\epsilon_j-\mu)}-1} \tag{10.2.34}$$

フェルミオンについては，(10.2.31) より，

$$\langle \hat{n}_j \rangle_{\beta,\mu}^{\mathrm{GC}} = \frac{1}{\beta}\frac{\partial}{\partial \mu}\log(1+e^{-\beta(\epsilon_j-\mu)}) = \frac{e^{-\beta(\epsilon_j-\mu)}}{1+e^{-\beta(\epsilon_j-\mu)}} = \frac{1}{e^{\beta(\epsilon_j-\mu)}+1} \tag{10.2.35}$$

という結果が得られる。これらの右辺が ϵ_j のみの関数であることに注意して，これらをまとめて，

$$\langle \hat{n}_j \rangle_{\beta,\mu}^{\mathrm{GC}} = f_{\beta,\mu}(\epsilon_j) \tag{10.2.36}$$

という形に書く。ただし，

$$f_{\beta,\mu}(\epsilon) := \begin{cases} \dfrac{1}{e^{\beta(\epsilon-\mu)}-1}, & \text{ボゾンの場合} \\ \dfrac{1}{e^{\beta(\epsilon-\mu)}+1}, & \text{フェルミオンの場合} \end{cases} \tag{10.2.37}$$

という ϵ の関数を定義した。ボゾンについての $f_{\beta,\mu}(\epsilon)$ をボース分布関数 (Bose distribution function)，フェルミオンについての $f_{\beta,\mu}(\epsilon)$ をフェルミ分布関数 (Fermi distribution function) と呼ぶ。

グランドカノニカル分布では，全系の粒子数を（状態に応じて値を変える）物理量 $\hat{N}$ として扱わなくてはならない。(10.2.10) の関係から，もちろん，$\hat{N} = \sum_{j=1}^{\infty} \hat{n}_j$ である。この関係の期待値をとり，(10.2.36) を使えば，

$$\langle \hat{N} \rangle_{\beta,\mu}^{\mathrm{GC}} = \sum_{j=1}^{\infty} \langle \hat{n}_j \rangle_{\beta,\mu}^{\mathrm{GC}} = \sum_{j=1}^{\infty} f_{\beta,\mu}(\epsilon_j) = \int_0^{\infty} d\epsilon\, D(\epsilon)\, f_{\beta,\mu}(\epsilon) \tag{10.2.38}$$

が得られる。一粒子エネルギー固有状態 j についての和を積分に変える (10.2.6) の関係を使った。

また，(10.2.11) より，系のエネルギー（ハミルトニアン）は $\hat{H} = \sum_{j=1}^{\infty} \epsilon_j \hat{n}_j$ であり，(10.2.38) と同様，その期待値を

$$\langle \hat{H} \rangle_{\beta,\mu}^{\text{GC}} = \sum_{j=1}^{\infty} \epsilon_j \langle \hat{n}_j \rangle_{\beta,\mu}^{\text{GC}} = \sum_{j=1}^{\infty} \epsilon_j f_{\beta,\mu}(\epsilon_j) = \int_0^{\infty} d\epsilon\, \epsilon\, D(\epsilon)\, f_{\beta,\mu}(\epsilon) \tag{10.2.39}$$

と書くことができる。

(10.2.38), (10.2.39) を体積 V で割れば，密度 $\rho(\beta,\mu) := \langle \hat{N} \rangle_{\beta,\mu}^{\text{GC}}/V$ とエネルギー密度 $u(\beta,\mu) := \langle \hat{H} \rangle_{\beta,\mu}^{\text{GC}}/V$ を，単位体積あたりの一粒子状態密度 $\nu(\epsilon) := D(\epsilon)/V$ で表す表式

$$\rho(\beta,\mu) = \int_0^{\infty} d\epsilon\, \nu(\epsilon)\, f_{\beta,\mu}(\epsilon),$$
$$u(\beta,\mu) = \int_0^{\infty} d\epsilon\, \epsilon\, \nu(\epsilon)\, f_{\beta,\mu}(\epsilon) \tag{10.2.40}$$

が得られる。(10.2.40) が量子理想気体の解析の基本となる関係である[38]。すでに強調したように，系の個性（つまり，ポテンシャル $V(\boldsymbol{r})$ の性質）を反映しているのは，（単位体積あたりの）一粒子状態密度 $\nu(\epsilon)$ のみである。ボースあるいはフェルミ分布関数 $f_{\beta,\mu}(\epsilon)$ は，粒子がボゾンであるかフェルミオンであるかだけで決まる普遍的な関数だった。

10-2-4　低密度・高温での量子理想気体

練習問題として，粒子の密度が十分に低く，温度が十分に高い状況での平衡状態の性質を調べよう。このような状況では，量子力学の効果はほとんど効かなくなり，古典論の結果が再現される。そういう意味で，新しい結果の得られる考察ではないが，次節以降の本格的な問題の取り扱いの「お手本」にもなるので，きちんと見ておこう。

化学ポテンシャルとエネルギー密度

ここで，低密度・高温といっているのは，より正確には，全ての一粒子エネルギー固有状態 j について，$\langle \hat{n}_j \rangle_{\beta,\mu}^{\text{GC}} \ll 1$ が成り立つということである。どの一粒子エネルギー固有状態を見ても，そこに粒子がいる確率がきわめて小さいということだ。(10.2.36) から，この条件は，すべての $\epsilon > 0$ について $f_{\beta,\mu}(\epsilon) \ll 1$ が成り立つことと言いかえられる。$f_{\beta,\mu}(\epsilon)$ の定義 (10.2.37) より，条件 $f_{\beta,\mu}(\epsilon) \ll 1$ は $e^{\beta(\epsilon-\mu)} \mp 1 \gg 1$ を意味する。よって，

---

[38] これらもボース・アインシュタイン凝縮が生じるときにはそのままでは使えない (10-4-1 節)。

10-2 量子理想気体の統計力学の一般的な枠組み

$e^{\beta(\epsilon-\mu)} \mp 1 \simeq e^{\beta(\epsilon-\mu)}$ が成り立ち，結局，ボース分布関数もフェルミ分布関数も，

$$f_{\beta,\mu}(\epsilon) \simeq e^{-\beta(\epsilon-\mu)} \tag{10.2.41}$$

と近似できる．これを，基本的な関係である (10.2.40) に代入すれば，

$$\rho(\beta,\mu) \simeq e^{\beta\mu} \int_0^\infty d\epsilon\, \nu(\epsilon)\, e^{-\beta\epsilon}, \qquad u(\beta,\mu) \simeq e^{\beta\mu} \int_0^\infty d\epsilon\, \epsilon\, \nu(\epsilon)\, e^{-\beta\epsilon} \tag{10.2.42}$$

のように，密度とエネルギー密度を β, μ の関数として表すことができる．

これを，粒子数が一定の状況，つまり，逆温度 β と密度 ρ を与える設定に焼き直そう．8-2-1 節の（古典的な）理想気体の取り扱いで説明したグランドカノニカル分布の使い方に相当する．そのためには，(10.2.42) の密度 $\rho(\beta,\mu)$ が，与えられたパラメターである ρ と等しいとおいて，

$$e^{\beta\mu} \int_0^\infty d\epsilon\, \nu(\epsilon)\, e^{-\beta\epsilon} = \rho \tag{10.2.43}$$

とすればよい．これを，β, ρ の関数としての μ を決める関係と読むのである．具体的に解けば，

$$\mu(\beta,\rho) \simeq \frac{1}{\beta} \log \frac{\rho}{\int_0^\infty d\epsilon\, \nu(\epsilon)\, e^{-\beta\epsilon}} \tag{10.2.44}$$

となる．化学ポテンシャルをこのように選べば，任意の β において，望んだ密度 ρ をもつ平衡状態が得られる．

この化学ポテンシャル $\mu(\beta,\rho)$ を (10.2.42) の第二式に代入すれば，β と ρ を制御した場合のエネルギー密度が得られる．ただし，実際の計算は，(10.2.43) と (10.2.42) の第二式を見比べて μ を消去する方が楽で，直ちに，

$$u(\beta,\rho) \simeq \rho \frac{\int_0^\infty d\epsilon\, \epsilon\, \nu(\epsilon)\, e^{-\beta\epsilon}}{\int_0^\infty d\epsilon\, \nu(\epsilon)\, e^{-\beta\epsilon}} \tag{10.2.45}$$

が得られる．逆温度 β と密度 ρ を一定に保った量子理想気体の平衡状態でのエネルギー密度を，低密度・高温の状況で求めることができた．これは任意の系についての結果であり，系の個性は（単位体積あたりの）一粒子状態密度 $\nu(\epsilon)$ を通じて現れていることに注意しよう．

具体的に，もっとも基本的な三次元の自由粒子の場合を見ておこう．(10.2.8) で見たように，状態密度は定数 c を使って，$\nu(\epsilon) = c\sqrt{\epsilon}$ と書ける．これを代入し，(10.2.45) の分子を部分積分で変形すると，

$$c\int_0^\infty d\epsilon\, \epsilon^{3/2}\, e^{-\beta\epsilon} = c\int_0^\infty d\epsilon\, \epsilon^{3/2}\left(-\frac{1}{\beta}e^{-\beta\epsilon}\right)' = \frac{3}{2}\frac{1}{\beta}c\int_0^\infty d\epsilon\, \epsilon^{1/2}\, e^{-\beta\epsilon} \tag{10.2.46}$$

となり，分母と同じ形が出てくる．よって

$$u(\beta,\rho) = \frac{3}{2}\frac{\rho}{\beta} = \frac{3}{2}\frac{N}{V}kT \tag{10.2.47}$$

が得られる．われわれが (4.2.25) で温度の定義に用いた $U = (3/2)NkT$ の関係が再導出された．

大分配関数と圧力

次に，同じ低密度・高温の近似の範囲で，大分配関数を評価しよう．すべての j について $e^{-\beta(\epsilon_j - \mu)} \ll 1$ であることに注意して，大分配関数 (10.2.30), (10.2.31) の対数を評価すると，

$$\begin{aligned}\log \Xi(\beta,\mu) &= \sum_{j=1}^\infty \mp \log(1 \mp e^{-\beta(\epsilon_j-\mu)}) \\ &\simeq \sum_{j=1}^\infty e^{-\beta(\epsilon_j-\mu)} = \int_0^\infty d\epsilon\, D(\epsilon)\, e^{-\beta(\epsilon-\mu)}\end{aligned} \tag{10.2.48}$$

となり，やはり，ボゾンについてもフェルミオンについても，同じ結果が得られる．

ここでも，β と ρ を制御する設定を考えることにして，(10.2.48) の右辺に (10.2.44) の $\mu(\beta,\rho)$ を代入する．その結果は，わざわざ代入して計算しなくても，(10.2.43) と (10.2.48) を見比べれば直ちにわかり，

$$\log \Xi(\beta,\mu(\beta,\rho)) \simeq V\rho \tag{10.2.49}$$

となる．低密度・高温での大分配関数の対数は，あっけないほど簡単な形をとる．しかも，これは一粒子状態密度 $\nu(\epsilon)$ によらないから，系の個性をほとんど反映しない．

圧力を大分配関数で表す (8.1.34) を使えば，

$$P(\beta,\rho) = \frac{\log \Xi(\beta,\mu(\beta,\rho))}{\beta V} \simeq \frac{\rho}{\beta} = \frac{N}{V}kT \tag{10.2.50}$$

が得られる．言うまでもなく，理想気体の状態方程式 $PV = NkT$ が導かれた．

10-3 理想フェルミ気体

相互作用のないフェルミオンの多粒子系のことを，理想フェルミ気体 (ideal Fermi gas) と呼ぶ．理想フェルミ気体は，固体中の電子のもっとも単純化したモデルであり，固体物理学の出発点としても重要である．ここでは，理想フェルミ気体の統計力学の基本的なことがらを見よう．

10-3-1 節では低温での理想フェルミ気体の比熱のふるまいを調べる．10-3-2 節では自由電子気体を扱い，特に磁気的な性質を議論する．

10-3-1 理想フェルミ気体の低温展開

ここでは，逆温度 β と密度 ρ をパラメターとする設定で，低温での理想フェルミ気体の性質，特に比熱のふるまいを調べる．低温になるとフェルミオン系ならではのふるまいが見られるようになる．

計算が長くなるのでまず基本方針をまとめておこう．出発点となるのは，β と μ の関数として密度とエネルギーを表す (10.2.40) の表式である．すぐ前の 10-2-4 節で行なったように，まず化学ポテンシャル μ を β と ρ の関数として表し，それを利用して，β と ρ の関数としてのエネルギー密度を求める．フェルミ分布関数が，

$$f_{\beta,\mu}(\epsilon) = \frac{1}{e^{\beta(\epsilon-\mu)}+1} \tag{10.3.1}$$

であることを思い出しておこう．

絶対零度での化学ポテンシャル

低温での系のふるまいを調べる準備として，絶対零度の状況について考えておこう．化学ポテンシャル μ を一定にして，β を大きくしていくと，フェルミ分布関数 (10.3.1) は，階段型の関数に近づいていく（図 10.4）．特に，$\beta \to \infty$ の極限では，

$$f_{\infty,\mu}(\epsilon) = \begin{cases} 1, & \epsilon < \mu \\ 1/2, & \epsilon = \mu \\ 0, & \epsilon > \mu \end{cases} \tag{10.3.2}$$

のように完全な階段型になる．つまり，占有数については，$\epsilon_j < \mu$ なら $\langle \hat{n}_j \rangle^{\mathrm{GC}}_{\infty,\mu} = 1$ が成り立ち，$\epsilon_j > \mu$ なら $\langle \hat{n}_j \rangle^{\mathrm{GC}}_{\infty,\mu} = 0$ が成り立つ．つまり，化

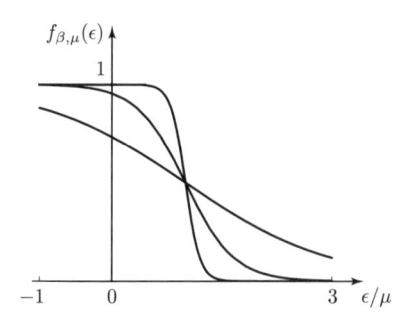

図 10.4 いくつかの逆温度におけるフェルミ分布関数の概形。$\mu > 0$ を固定し，β を変えることを想定し，$\beta\mu = 1, 3, 10$ の三つの値について，$f_{\beta,\mu}(\epsilon)$ をプロットした。横軸は ϵ/μ にとった。$\beta\mu$ が大きくなるほど，グラフは階段関数に近づいていく。

学ポテンシャル μ が，粒子が入っているか入っていないかの境目の一粒子エネルギーになっている。これをフェルミエネルギーの性質 (10.2.16) と見比べれば，**絶対零度での化学ポテンシャルは，まさにフェルミエネルギー ϵ_f そのもの**であることがわかる。逆温度 β と密度 ρ の関数としての化学ポテンシャルを $\mu(\beta, \rho)$ と書けば，

$$\mu(\infty, \rho) = \epsilon_f \tag{10.3.3}$$

ということになる[39]。

一般の物理量についての低温展開

次に，十分に低温での理想フェルミ気体の性質を調べる準備に入ろう。物理量を温度 T のべきに展開する**低温展開** (low-temperature expansion) を作ることを考える。低温というのは，熱的なエネルギー $\beta^{-1} = kT$ が小さいということだが，もちろん，何に比べて小さいかということをきちんと考えなくてはならない。理想フェルミ気体の場合この答えは明確である。10-2-2 節で見たように，理想フェルミ気体は絶対零度においてもフェルミエネルギー ϵ_f という特徴的なエネルギーをもっている。つまり，系が低温というのは，$kT \ll \epsilon_f$ が成り立つことと考えてよい。

---

[39] 371 ページの脚注 34) で述べたように，より正確には，(10.2.15) よりも，(10.3.3) をフェルミエネルギーの定義とすべきである。二つの定義が異なる簡単な例が，問題 10.4 にある。

10-3 理想フェルミ気体

10-2-2 節でも触れたように,金属中の自由電子を理想フェルミ気体と近似すると,そのフェルミエネルギーはきわめて高い。たとえば,鉄の場合なら,$T \ll 10^5$ K が成り立っていれば,「十分に低温」ということになるのだ。室温などは十分すぎるほどの低温なのである。

図 10.4 にいくつかの温度でのフェルミ分布関数 (10.3.1) の概形を示した。温度が高いとき,フェルミ分布関数は ϵ についてなだらかに減少していくが,温度が下がるにつれ $\epsilon \sim \mu$ 以外ではほぼ一定値をとるようになってくる。そして,$kT \ll \epsilon_{\mathrm{f}}$ が成り立つ低温では,階段関数 (10.3.2) に近いふるまいをするようになる。一粒子エネルギー固有状態 j を占める粒子の個数の期待値が $\langle \hat{n}_j \rangle^{\mathrm{GC}}_{\beta,\mu} = f_{\beta,\mu}(\epsilon_j)$ だったことを思い出そう。フェルミ分布関数 $f_{\beta,\mu}(\epsilon)$ が階段関数に近いということは,エネルギーの低い一粒子エネルギー固有状態にはほぼ完全に粒子が入り,エネルギーの高い一粒子状態はほぼ空であることを意味する。

このように,フェルミ分布関数が階段関数に近いとき,このフェルミ気体が「縮退している (degenerate)」ということがある。「縮退」という言葉はもっぱら,行列(あるいは演算子)の一つの固有値に対して複数の固有ベクトルが存在することを指して使ってきたが,ここでは文字の意味どおり「ぎゅっと詰まった」というような意味合いで用いている。

フェルミ分布関数 $f_{\beta,\mu}(\epsilon)$ を,階段関数 $f_{\infty,\mu}(\epsilon)$ を基準にして,

$$f_{\beta,\mu}(\epsilon) = f_{\infty,\mu}(\epsilon) + g_\beta(\epsilon - \mu) \qquad (10.3.4)$$

のように書こう。(10.3.4) に (10.3.1), (10.3.2) を代入して少し計算すれば,階段関数からのずれを表す関数 $g_\beta(x)$ の具体形が

$$g_\beta(x) = \begin{cases} \dfrac{1}{e^{\beta x}+1} - 1 = -\dfrac{1}{e^{-\beta x}+1}, & x < 0 \\ 0, & x = 0 \\ \dfrac{1}{e^{\beta x}+1}, & x > 0 \end{cases} \qquad (10.3.5)$$

のように求められる。明らかに $g_\beta(-x) = -g_\beta(x)$ が成り立ち,これは奇関数である。また,指数関数の減衰を見れば,$g_\beta(x)$ は,$|x| \lesssim 4/\beta = 4kT$ の範囲のみで無視できない値をもち,$|x| \gg kT$ では実質的に無視できることがわかる(図 10.5)。

$\epsilon < 0$ で $h(\epsilon) = 0$ となる任意のなめらかな関数 $h(\epsilon)$ について,

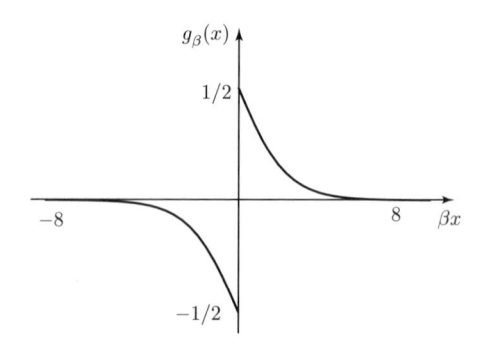

図 **10.5** (10.3.5) の関数 $g_\beta(x)$ のグラフ。横軸は βx にとった。$g_\beta(x)$ は $|\beta x| \lesssim 4$ 程度のみで無視できない値をとる奇関数である。

$$\psi(\beta, \mu) := \int_0^\infty d\epsilon\, h(\epsilon)\, f_{\beta,\mu}(\epsilon) \tag{10.3.6}$$

と定義する。ψ の低温でのふるまいを調べたい。(10.3.6) は，密度とエネルギー密度の積分による表現 (10.2.40) と同じ形をしている。一般的な公式を作った後で，$h(\epsilon)$ に $\nu(\epsilon)$ や $\epsilon\nu(\epsilon)$ を代入して (10.2.40) の積分を評価しようというわけだ。

フェルミ分布関数の分解 (10.3.4) を (10.3.6) に代入すると，

$$\psi(\beta, \mu) = \int_0^\mu d\epsilon\, h(\epsilon) + \int_0^\infty d\epsilon\, h(\epsilon)\, g_\beta(\epsilon - \mu) \tag{10.3.7}$$

が得られる。もちろん，右辺第一項は階段関数からの寄与である。右辺第二項の積分を，$x = \epsilon - \mu$ と変数変換し，

$$\int_0^\infty d\epsilon\, h(\epsilon)\, g_\beta(\epsilon - \mu) = \int_{-\infty}^\infty dx\, h(\mu + x)\, g_\beta(x) \tag{10.3.8}$$

のように書き換える。ここで，右辺の積分の下限は元来は $-\mu$ だが，$\epsilon < 0$ で $h(\epsilon) = 0$ だったので，下限を $-\infty$ まで広げた。

(10.3.8) 右辺の積分を評価しよう。関数 $g_\beta(x)$ は $|x| \lesssim 4/\beta$ のみで無視できない値をとるから，β が大きい低温では，$g_\beta(x)$ は $|x|$ が小さいところだけで値をもつとしてよい。そのため積分に効くのは $|x|$ の小さいところだけなので，関数 $h(\mu + x)$ を，

$$h(\mu + x) = h(\mu) + h'(\mu)\, x + \frac{h''(\mu)}{2} x^2 + \cdots \tag{10.3.9}$$

10-3 理想フェルミ気体

のように x についてテイラー展開する。これを (10.3.8) 右辺に代入すると，

$$\int_{-\infty}^{\infty} dx\, h(\mu + x)\, g_\beta(x)$$
$$= \int_{-\infty}^{\infty} dx \left\{ h(\mu) + h'(\mu)\, x + \frac{h''(\mu)}{2} x^2 + \cdots \right\} g_\beta(x)$$

となる。展開の各項を別個に積分すれば，

$$= h(\mu) \int_{-\infty}^{\infty} dx\, g_\beta(x) + h'(\mu) \int_{-\infty}^{\infty} dx\, x\, g_\beta(x) + \frac{h''(\mu)}{2} \int_{-\infty}^{\infty} dx\, x^2\, g_\beta(x)$$
$$+ \cdots + \frac{h^{(n)}(\mu)}{n!} \int_{-\infty}^{\infty} dx\, x^n\, g_\beta(x) + \cdots \quad (10.3.10)$$

が得られる。$h^{(n)}(\cdot)$ は $h(\cdot)$ の n 階の導関数である。

(10.3.10) を評価するには，$x^n g_\beta(x)$ という関数の積分を計算すればよい。$g_\beta(x)$ が奇関数なので，x の偶数次の積分はすべてゼロになる。ゼロにならない最低次である一次の項の積分は，具体的に

$$\int_{-\infty}^{\infty} dx\, x\, g_\beta(x) = 2 \int_0^{\infty} dx\, \frac{x}{e^{\beta x} + 1} = \frac{2}{\beta^2} \int_0^{\infty} dy\, \frac{y}{e^y + 1} = \frac{\pi^2}{6}(kT)^2$$
$$(10.3.11)$$

と評価できる。定積分についての結果

$$\int_0^{\infty} dy\, \frac{y}{e^y + 1} = \frac{\pi^2}{12} \quad (10.3.12)$$

を用いた。一般の奇数の n について，n 次の項の積分は，

$$\int_{-\infty}^{\infty} dx\, x^n\, g_\beta(x) = 2 \int_0^{\infty} dx\, \frac{x^n}{e^{\beta x} + 1} = 2\,(kT)^{n+1} \int_0^{\infty} dy\, \frac{y^n}{e^y + 1}$$
$$(10.3.13)$$

となる。

(10.3.11) の結果を，(10.3.6) に戻せば，

$$\psi(\beta, \mu) = \int_0^{\mu} d\epsilon\, h(\epsilon) + \frac{\pi^2}{6} h'(\mu)\,(kT)^2 + O((kT)^4) \quad (10.3.14)$$

となる。ここで，(10.3.10) の展開で x の三次の項から，(10.3.13) のように $(kT)^4$ に比例する寄与が出ることを用いた。

さて，絶対零度で $\mu(\infty, \rho) = \epsilon_{\mathrm{f}}$ という関係があるから，低温では $(\beta, \rho$ の関数としての) 化学ポテンシャル μ はフェルミエネルギー ϵ_{f} に近いはずだ。そこで，(10.3.14) の右辺を小さな量 $\mu - \epsilon_{\mathrm{f}}$ について展開しておこう。第一項については，

$$\int_0^\mu d\epsilon\, h(\epsilon) = \int_0^{\epsilon_f} d\epsilon\, h(\epsilon) + \int_{\epsilon_f}^\mu d\epsilon\, h(\epsilon)$$
$$= \int_0^{\epsilon_f} d\epsilon\, h(\epsilon) + (\mu - \epsilon_f)\, h(\epsilon_f) + O((\mu - \epsilon_f)^2) \quad (10.3.15)$$

と一次まで展開し，第二項については，単に $h'(\mu) = h'(\epsilon_f) + O(\mu - \epsilon_f)$ とゼロ次まででとめておく．第二項を粗く扱うのは，ここには既に小さい量 $(kT)^2$ がかかっているからだ．これを (10.3.14) に戻せば，

$$\psi(\beta, \mu) = \int_0^{\epsilon_f} d\epsilon\, h(\epsilon) + (\mu - \epsilon_f)\, h(\epsilon_f) + \frac{\pi^2}{6} h'(\epsilon_f)\, (kT)^2$$
$$+ O((\mu - \epsilon_f)^2) + O((\mu - \epsilon_f)(kT)^2) + O((kT)^4) \quad (10.3.16)$$

が得られる．これが，低温展開の基本的な公式である．

低温での化学ポテンシャル

低温展開の公式を利用して，十分低温での化学ポテンシャル $\mu(\beta, \rho)$ を求めよう．

まず，準備として，β, μ の関数としての密度 $\rho(\beta, \mu)$ を低温展開で評価しよう．密度を積分で表す (10.2.40) の第一式を，$\psi(\beta, \mu)$ の定義 (10.3.6) と比較すれば，$h(\epsilon) = \nu(\epsilon)$ と選べば $\psi(\beta, \mu) = \rho(\beta, \mu)$ となることがわかる．よって (10.3.16) をそのまま使って，

$$\rho(\beta, \mu) = \int_0^{\epsilon_f} d\epsilon\, \nu(\epsilon) + (\mu - \epsilon_f)\, \nu(\epsilon_f) + \frac{\pi^2}{6} \nu'(\epsilon_f)\, (kT)^2$$
$$+ O((\mu - \epsilon_f)^2) + O((\mu - \epsilon_f)(kT)^2) + O((kT)^4) \quad (10.3.17)$$

が得られる．

ここから，逆温度 β と密度 ρ を一定にする設定に移行しよう．化学ポテンシャル $\mu(\beta, \rho)$ は，$\rho(\beta, \mu) = \rho$ という関係を μ について解いた解である．

絶対零度についての (10.2.21) より $\int_0^{\epsilon_f} d\epsilon\, \nu(\epsilon) = \rho$ である．この積分はまさに (10.3.17) の右辺第一項だ．よって，$\rho(\beta, \mu) = \rho$ を要請すれば，

$$(\mu - \epsilon_f)\, \nu(\epsilon_f) + \frac{\pi^2}{6} \nu'(\epsilon_f)\, (kT)^2 + O((\mu - \epsilon_f)^2)$$
$$+ O((\mu - \epsilon_f)(kT)^2) + O((kT)^4) = 0 \quad (10.3.18)$$

という関係が得られる．これを μ についての方程式とみなし，解を $\mu - \epsilon_f$ について最低次まで求めればよい．その結果，化学ポテンシャルは，

10-3 理想フェルミ気体

$$\mu(\beta,\rho) = \epsilon_{\rm f} - \frac{\pi^2}{6}\frac{\nu'(\epsilon_{\rm f})}{\nu(\epsilon_{\rm f})}(kT)^2 + O((kT)^4) \tag{10.3.19}$$

となる。低温での化学ポテンシャル $\mu(\beta,\rho)$ はフェルミエネルギー $\epsilon_{\rm f}$ にきわめて近く，そこからのずれは $(kT)^2$ のオーダーなのである。

低温でのエネルギー密度と比熱

化学ポテンシャルについての (10.3.19) は，β, ρ を制御した平衡状態をグランドカノニカル分布を使って解析するために必要な「道具」にすぎない。これから，具体的な物理量であるエネルギー密度を求めよう。

出発点になるのは，β, μ の関数としてのエネルギー密度 $u(\beta,\mu)$ を積分で表した (10.2.40) の第二式である。ここでも，$\psi(\beta,\mu)$ の定義 (10.3.6) と比較すれば，$h(\epsilon) = \epsilon\nu(\epsilon)$ と選べば $\psi(\beta,\mu) = u(\beta,\mu)$ となることがわかる。低温展開の基本公式 (10.3.16) を使えば，

$$\begin{aligned}
u(\beta,\mu) &= \int_0^{\epsilon_{\rm f}} d\epsilon\,\epsilon\,\nu(\epsilon) + (\mu-\epsilon_{\rm f})\,\epsilon_{\rm f}\,\nu(\epsilon_{\rm f}) + \frac{\pi^2}{6}\left(\epsilon\,\nu(\epsilon)\right)'|_{\epsilon=\epsilon_{\rm f}}(kT)^2 \\
&\quad + O((\mu-\epsilon_{\rm f})^2) + O((\mu-\epsilon_{\rm f})(kT)^2) + O((kT)^4) \\
&= \int_0^{\epsilon_{\rm f}} d\epsilon\,\epsilon\,\nu(\epsilon) + (\mu-\epsilon_{\rm f})\,\epsilon_{\rm f}\,\nu(\epsilon_{\rm f}) + \frac{\pi^2}{6}\nu(\epsilon_{\rm f})(kT)^2 \\
&\quad + \frac{\pi^2}{6}\epsilon_{\rm f}\,\nu'(\epsilon_{\rm f})(kT)^2 + O((\mu-\epsilon_{\rm f})^2) \\
&\quad + O((\mu-\epsilon_{\rm f})(kT)^2) + O((kT)^4)
\end{aligned} \tag{10.3.20}$$

が得られる。ここに化学ポテンシャルの低温展開 (10.3.19) を代入し整理すると，最右辺第二項と第四項がちょうど打ち消し合う。こうして，低温でのエネルギー密度の一般的な表式

$$u(\beta,\rho) := u(\beta,\mu(\beta,\rho)) = u_0 + \frac{\pi^2}{6}\nu(\epsilon_{\rm f})(kT)^2 + O((kT)^4) \tag{10.3.21}$$

が得られる。これが，この節でのもっとも重要な物理的な結果だ。ただし，$u_0 = \int_0^{\epsilon_{\rm f}} d\epsilon\,\epsilon\,\nu(\epsilon)$ は絶対零度でのエネルギー密度である。

エネルギー密度 (10.3.21) を温度 T で微分して単位体積あたりの比熱を求めると，

$$c(T,\rho) = \frac{\partial}{\partial T}u(\beta,\rho) = \frac{\pi^2}{3}\nu(\epsilon_{\rm f})\,k^2\,T + O(T^3) \tag{10.3.22}$$

となる。つまり，理想フェルミ気体の低温での比熱は温度 T に比例し，そ

の比例係数はフェルミエネルギーにおける一粒子状態密度 $\nu(\epsilon_\mathrm{f})$ で定まる。一般の理想フェルミ気体について成り立つ完全に普遍的な関係であり，個々の系についての情報は $\nu(\epsilon_\mathrm{f})$ という単一の量を通じて現れる。このような一般的な関係が得られれば，具体的な周期ポテンシャル $V(\boldsymbol{r})$ と密度 ρ が与えられたとき，ともかく $\nu(\epsilon_\mathrm{f})$ という量を（数値計算にせよ近似計算にせよ）評価しさえすれば比熱のふるまいが定量的にわかることになる。相互作用がないという大きな制約はついているが，強力で実用的な結果である。

自由粒子の比熱

もっとも簡単な具体例として，三次元の自由粒子をとろう。(10.2.8) で見たように，単位体積あたりの一粒子状態密度は $\nu(\epsilon) = c\sqrt{\epsilon}$ となる。フェルミエネルギーと密度を結びつける関係 (10.2.21) より，

$$\rho = \int_0^{\epsilon_\mathrm{f}} d\epsilon \, c\sqrt{\epsilon} = \frac{2}{3} c \, \epsilon_\mathrm{f}^{3/2} \tag{10.3.23}$$

だから，フェルミエネルギーでの状態密度を，

$$\nu(\epsilon_\mathrm{f}) = c\sqrt{\epsilon_\mathrm{f}} = \frac{3}{2} \frac{\rho}{\epsilon_\mathrm{f}} \tag{10.3.24}$$

と書き表すことができる。これを (10.3.22) に代入すると，低温での比熱は

$$c(T, \rho) \simeq \frac{\pi^2 k^2 \rho}{2\epsilon_\mathrm{f}} T \tag{10.3.25}$$

という形に整理できる[40]。

古典的な理想気体の（単位体積あたりの）比熱は，温度によらず $c_\mathrm{classical}(T, \rho) = (3/2)\rho k$ だった。これと，理想フェルミ気体の比熱 (10.3.25) はあまりに異なっている。この大きな相違は，フェルミオン系の本質的な性質からくると考えられる。

図 10.4 のように，十分低温でのフェルミ分布関数は，階段関数にきわめて近くなる。そのため，エネルギーが低い一粒子エネルギー固有状態 j については $f_{\beta,\mu}(\epsilon_j) \simeq 1$ となり，ほぼ確実に粒子が一つ入っている。エネルギーが高い一粒子エネルギー固有状態 j は $f_{\beta,\mu}(\epsilon_j) \ll 1$ で，ほぼ確実に粒子は入っていない。$f_{\beta,\mu}(\epsilon_j)$ が中途半端な値をとり，粒子がいたりいなかったりする可能性があるのは，フェルミエネルギー ϵ_f の近辺の kT 程度

---

[40] これは，まだ ϵ_f が残った中途半端な形である。ϵ_f を ρ を使って完全に表せば，$c(T, \rho) \simeq (2c/3)^{2/3} (\pi k^2/2) \rho^{1/3} T$ となる。

10-3 理想フェルミ気体

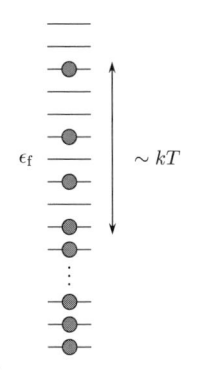

図 10.6 低温の（あるいは，縮退した）理想フェルミ気体では，フェルミエネルギー ϵ_f のまわりのエネルギー kT 程度の幅の範囲にある一粒子エネルギー固有状態だけが「生きていて」励起などの物理現象に寄与することができる。そのため比熱は T に比例するのである。

のエネルギーの幅の中の一粒子エネルギー固有状態 j だけである。図 10.6 を見よ。

さて，このような低温の平衡状態にある理想フェルミ気体に，外からわずかなエネルギーが加えられたとしよう。どの一粒子エネルギー固有状態にある粒子がこのエネルギーを受け取るだろうか？ 安直に考えると，もっとも低いエネルギーの粒子がエネルギーを受け取りそうな気がする。しかし，エネルギーをもらった粒子は，エネルギーが少しだけ高い一粒子エネルギー固有状態に移るはずだが，そのような状態はすでに他の粒子に占められている。パウリの排他律のため，そこに新たな粒子が移ってくることはできない。つまり，エネルギーの低い粒子はエネルギーを受け取ることができないのである。上で見たフェルミエネルギー ϵ_f 近辺の kT 程度の幅の中にいる粒子の場合，かなりの確率で少し上の一粒子エネルギー固有状態が「空いて」いるので，粒子はそこに移動できる。つまり，これらの粒子はわずかなエネルギーを受け取ることができる。

つまり，低温での系の比熱に寄与するのは，フェルミエネルギー ϵ_f 近辺の kT 程度の狭いエネルギー幅の中にいる粒子だけなのである。これは，全ての粒子の中の圧倒的な少数である。これが，比熱 (10.3.25) が極端に小さく，また低温になるほど小さくなる理由である。同じことは，より一般に成り立ち，低温の理想フェルミ気体では，多くの物理量のふるまいが，

フェルミエネルギー近辺の粒子の寄与のみで決まることが知られている。10-3-2 節で見る低温での磁化率 (10.3.35) についても同じことがいえる。

上の考察を，もう少し定量的にしておこう。全体の粒子 N 個のうち，フェルミエネルギー ϵ_f 近辺の kT 程度の幅に入っていて「生きている」粒子の個数は，$N_{\text{alive}} \sim (kT/\epsilon_f) N$ 程度だろう。単にエネルギー幅 ϵ_f のうちの kT 程度の幅ということで比をとっただけの，ごく大ざっぱな見積もりだ。そして，これら「生きて」いる粒子は古典的粒子と同様に，熱容量に $(3/2)k$ ずつ寄与すると考えよう。すると，系の体積あたりの比熱は，

$$c \sim \frac{1}{V} N_{\text{alive}} \frac{3}{2} k \sim \frac{3k^2 \rho}{2\epsilon_f} T \qquad (10.3.26)$$

と見積もれる。比熱の正確な表式 (10.3.25) を係数以外は完全に再現している。つまり，N_{alive} 程度の粒子だけが「生きている」という描像は，それなりに信頼できるということだ。

10-3-2 理想電子気体の磁性

すでに何度か触れたように，固体中の電子系の第ゼロ近似的な取り扱いとして，互いに相互作用しない多数の電子がポテンシャル中を運動するようなモデルを考えることができる。ゾンマーフェルト[41]が，固体中の電子を理想フェルミ気体としてモデル化し，多くの問題を解決したのは 1920 年代の終盤である。

特に固体が結晶の場合，ポテンシャルは結晶の周期と等しい周期の並進対称性をもっている。周期的なポテンシャル中の一つの粒子の量子力学については，様々なことがわかっている。特に，一粒子状態密度 $D(\epsilon)$ がポテンシャルの性質を反映したバンド構造 (band structure) をもつことが特徴的である。本書では，バンド構造について本格的な議論をする余裕はないので，固体物理学の教科書などを参照していただきたい。

現実の電子はマイナスの電荷をもち，長距離力であるクーロン力を及ぼし合っているので，相互作用を無視するというのはおそろしく大胆な近似である。このような近似がそれなりに電子系の物理を的確に記述している背景には何らかの深い理由があるようだが，それについて，数学的に満足

---

[41] Arnold Johannes Wilhelm Sommerfeld (1868–1951) 量子論の初期から円熟期まで，数々の重要な業績を残した。

のいく説明は今のところない[42]。本書では，電子間の相互作用を無視するのは決して当たり前の近似でないことだけを注意して，話を先に進めようと思う[43]。

以下では，ポテンシャル $V(r)$ で定まる力を受けて運動する電子の理想気体の問題を考える。特にスピン磁気モーメントの効果から生じる磁性について詳しく見る。

この節では，前節までに得られた一般論をできる限り「再利用」することを心がける。そこで，いくつかの記号はこれまでの節と正確に同じ意味で用いる。ポテンシャル $V(r)$ で決まる力を受けて運動する質量 m の一つの粒子の（スピンの効果を考慮しない）エネルギー固有状態を $j = 1, 2, \ldots$ と呼び，対応するエネルギー固有値を ϵ_j と書く。また，これに対応する一粒子状態密度を $D(\epsilon) = V\nu(\epsilon)$ とする。さらに，この系で逆温度 β と密度 ρ の関数として求められる化学ポテンシャルを $\mu(\beta, \rho)$ と書く。

電子スピンの取り扱い

電子はフェルミオンだから，理想電子気体といっても，これまで扱ってきた理想フェルミ気体と特に変わることはない。ただし，電子にはスピンがあるから，その効果を取り入れる必要がある[44]。

5-3-1 節で述べたように，電子にはスピンと呼ばれる内部自由度があり，上向きと下向きの二つの状態をとる。これを，スピン変数 $\sigma = \pm 1$ で表し，$\sigma = 1$ が上向き，$\sigma = -1$ が下向きと対応づける。

単独の電子がポテンシャル $V(r)$ で決まる外力を受けて磁場のない空間を運動している場合には，電子のスピンは変化しないし[45]，電子の運動はスピン σ に全く依存しない。一粒子エネルギー固有状態は (j, σ) という組で指定でき，対応するエネルギー固有値は（スピンのことを考えないで求

[42) 物理的には，ランダウ（392 ページの脚注 47）を見よ）のフェルミ流体理論が一応の説明を与えるとされる。

[43) たとえば，電子が受ける外力のポテンシャルといっても，結晶格子（整列した原子核，あるいは，イオン）からの力だけを考えると（ほぼ一様なプラスの電荷分布のつくる力なのだから）並進対称性のない，きわめて大きな力になってしまう。上で述べた並進対称なポテンシャルは，結晶格子のプラスの電荷と残りの電子のマイナスの電荷の総和がつくる，一種の有効ポテンシャルなのである。他の電子とのクーロン相互作用は，平均した意味で，取り入れられていることになる。

[44) 実は，すべてのフェルミオンは（半奇数の）スピンをもっているので，応用にあたっては，どんな場合でもスピンのことを考えなくてはならない。

[45) **進んだ注**：正確に言えば，スピン軌道相互作用のためにスピンは変化しうる。しかし，この効果は一般には小さい。

めた) ϵ_j に等しい。

結局，スピンが上向きの電子と下向きの電子を別種の粒子とみなせば，単に，そっくり同じ二種類の理想フェルミ気体を考えるのと同じことになる。もちろん，これらは同じ電子だから，化学ポテンシャルは共通にとらなくてはならない[46]。上向きと下向きを合わせた電子の密度を ρ_e とする。二つの向きが対等だから，上向き，下向きの電子の密度はどちらも $\rho_e/2$ である。よって，フェルミエネルギーは，(10.2.21) をそのまま書き換えて，

$$\frac{\rho_e}{2} = \int_0^{\epsilon_f} d\epsilon\, \nu(\epsilon) \tag{10.3.27}$$

によって決まるし，逆温度 β の平衡状態での化学ポテンシャルは，前節までのスピンを考えない取り扱いでの量をそのまま使えば，$\mu(\beta, \rho_e/2)$ と書ける。このように考えれば，何一つ新たに計算することなく，10-3-1 節の結果を理想電子気体に焼き直すことができる。低温での比熱は，

$$c(T, \rho) \simeq \frac{2\pi^2}{3} \nu(\epsilon_f)\, k^2\, T \tag{10.3.28}$$

のように，(10.3.22) を単に二倍すればよい。

スピン磁気モーメントによる磁化率

上向きと下向きのスピンが対等ではなくなる場合を見よう。

上と同じ理想電子気体に，z 軸方向の一様な磁場 H がかかっているとしよう。電子の磁気モーメントを μ_0 とすれば，磁場と磁気モーメントの相互作用エネルギーは（5-3-1 節で述べたように）$-\mu_0 H \sigma$ である。磁場中の荷電粒子の運動を古典力学で扱うと，ローレンツ力による螺旋運動が現れるが，それに対応して，量子力学でも磁場の影響による独自のエネルギー固有状態（ランダウ[47]準位）が現れる。ただ，量子力学での磁場の影響を正確に扱うことになると，かなり込み入った議論が必要になる。残念かつ不本意だが，本書ではそこまで踏み込まず，スピン磁気モーメントから生じる磁気的な性質だけに焦点をあてることにする。そこで，一粒子エネ

---

[46] 熱浴などの相互作用によって，電子のスピンの向きが反転するので，上向き電子と下向き電子の化学ポテンシャルは必ず等しい。

[47] Lev Davidovich Landau (1908–1968) ソ連の理論物理学者。物性理論から素粒子理論まで幅広い分野で業績を残した。特に，液体ヘリウムの超流動の理論，二次相転移の現象論，フェルミ流体論などが評価されている。1962 年にノーベル物理学賞。多くの弟子を育て，物理学の流れに大きな影響を与えた。彼が弟子とともに仕上げた理論物理学教程のシリーズは時代をこえて読み継がれている。

ギー固有状態 (j,σ) のエネルギー固有値は,単に磁場のない場合の値をシフトした $\epsilon_j - \mu_0 H\sigma$ になると(実際は,正しくないのだが)仮定しよう。

z 軸方向に一様な磁場がかかっているときには,電子のスピン状態は変化しないので,スピンが上向きの電子とスピンが下向きの電子を別種のフェルミオンとみなすことが許される。よって,ここでも理想電子気体を(スピンが上向きの電子とスピンが下向きの電子という)二種類のフェルミオン理想気体が混ざったものとして取り扱う。スピン $\sigma = \pm 1$ の系の(単位体積あたりの)一粒子状態密度 $\nu_\sigma(\epsilon)$ は,スピンがない場合の $\nu(\epsilon)$ を使って,$\nu_\sigma(\epsilon) = \nu(\epsilon + \mu_0 H\sigma)$ と書ける[48]。

逆温度 β,全電子密度 ρ_e で特徴づけられる平衡状態を調べたい。化学ポテンシャル μ は,上向きスピンの電子と下向きスピンの電子とで共通である。μ の値は,β, ρ_e だけでなく H にも依存するはずだから,まず,これを調べよう。化学ポテンシャル μ を変数とした,スピン σ の電子の密度は,基本となる関係式 (10.2.40) をそのまま使って,

$$\rho_\sigma(\beta,\mu) = \int_{-\mu_0 H\sigma}^{\infty} d\epsilon\, \nu_\sigma(\epsilon)\, f_{\beta,\mu}(\epsilon) = \int_{-\mu_0 H\sigma}^{\infty} d\epsilon\, \nu(\epsilon + \mu_0 H\sigma)\, f_{\beta,\mu}(\epsilon) \tag{10.3.29}$$

である。よって,μ を決めるための関係は,

$$\rho_e = \rho_+(\beta,\mu) + \rho_-(\beta,\mu) = \int_{-\mu_0 H\sigma}^{\infty} d\epsilon\, \{\nu(\epsilon + \mu_0 H) + \nu(\epsilon - \mu_0 H)\}\, f_{\beta,\mu}(\epsilon)$$
$$= 2\int_{0}^{\infty} d\epsilon\, \nu(\epsilon)\, f_{\beta,\mu}(\epsilon) + O(H^2) \tag{10.3.30}$$

となる。最後の形を得る際,$\nu(\epsilon)$ がなめらかだと仮定してテイラー展開した。最右辺で,磁場による補正が H^2 のオーダーということは,結局,求める化学ポテンシャルは $\mu(\beta, \rho_e/2) + O(H^2)$ だということを意味する。磁場が小さければ,磁場による化学ポテンシャルの変化は取り入れなくてよいことになる。

さらに,この系の磁化(単位体積あたりの磁気モーメント)$m(\beta, \rho_e, H)$ を求めると,

$$m(\beta, \rho_e, H) = \mu_0\, \rho_+ - \mu_0\, \rho_-$$

---

[48] 状態数 $\Omega_\sigma(\epsilon)$ は,$\epsilon_j - \mu_0 H\sigma \le \epsilon$ を満たす状態 j の個数,つまり,$\epsilon_j \le \epsilon + \mu_0 H\sigma$ を満たす j の個数だから,スピンがない場合の状態数 $\Omega(\cdot)$ を使って $\Omega_\sigma(\epsilon) = \Omega(\epsilon + \mu_0 H\sigma)$ と書ける。これを微分すれば状態密度が得られる。

$$= \mu_0 \int_{-\mu_0 H\sigma}^{\infty} d\epsilon \, \{\nu(\epsilon + \mu_0 H) - \nu(\epsilon - \mu_0 H)\} f_{\beta,\mu}(\epsilon)$$
$$= 2(\mu_0)^2 H \int_0^{\infty} d\epsilon \, \nu'(\epsilon) f_{\beta,\mu}(\epsilon) + O(H^3) \quad (10.3.31)$$

となる。よって磁化率は,

$$\chi(\beta, \rho_{\rm e}) := \left.\frac{\partial m(\beta, \rho_{\rm e}, H)}{\partial H}\right|_{H=0} = 2(\mu_0)^2 \int_0^{\infty} d\epsilon \, \nu'(\epsilon) f_{\beta,\mu}(\epsilon) \quad (10.3.32)$$

と求められる。(10.3.32) での化学ポテンシャルは, $\mu = \mu(\beta, \rho_{\rm e}/2)$ であり, 前節で求めた (スピンを考えない, 磁場のない系での) 化学ポテンシャルそのものである。

このような具体的な形が得られれば, あとは, 前節までの結果を用いて, 磁化率を評価することができる。もし温度が十分に高く, 高温・低密度とみなせる状況になっていれば[49], 10-2-4 節の結果がそのまま使える。フェルミ分布関数は, (10.2.41) のとおり $f_{\beta,\mu}(\epsilon) = e^{\beta\mu} e^{-\beta\epsilon}$ と近似できる。また, (10.2.43) で $\rho = \rho_{\rm e}/2$ とすることで, 化学ポテンシャルを決める関係

$$e^{\beta\mu} = \frac{\rho_{\rm e}}{2} \left\{ \int_0^{\infty} d\epsilon \, \nu(\epsilon) \, e^{-\beta\epsilon} \right\}^{-1} \quad (10.3.33)$$

が得られる。以上を (10.3.32) に代入すれば,

$$\chi(\beta, \rho_{\rm e}) \simeq (\mu_0)^2 \rho_{\rm e} \frac{\int_0^{\infty} d\epsilon \, \nu'(\epsilon) \, e^{-\beta\epsilon}}{\int_0^{\infty} d\epsilon \, \nu(\epsilon) \, e^{-\beta\epsilon}} = \frac{(\mu_0)^2}{kT} \rho_{\rm e} \quad (10.3.34)$$

となる。分子の $\int_0^{\infty} d\epsilon \, \nu'(\epsilon) \, e^{-\beta\epsilon}$ で部分積分をすると, 最後の形が得られる。$\rho_{\rm e}$ は電子の総数を体積で割ったものだから, この結果は, 電子一つあたりの磁化率がちょうど $(\mu_0)^2/(kT)$ に等しいことを表している。電子が結晶格子に局在したモデルでの磁化率 (5.3.18) と同じ結果が得られた。

次に, より現実的な, 低温での磁化率のふるまいを調べよう。磁化率の表式 (10.3.32) に現れた積分は, (10.3.6) で $h(\epsilon) = \nu'(\epsilon)$ とおいた形になっている。そこで, 低温展開の一般公式 (10.3.16) がそのまま使えて,

$$\chi(\beta, \rho_{\rm e}) \simeq 2(\mu_0)^2 \left\{ \int_0^{\epsilon_{\rm f}} d\epsilon \, \nu'(\epsilon) + (\mu - \epsilon_{\rm f}) \, \nu'(\epsilon_{\rm f}) + \frac{\pi^2}{6} \nu''(\epsilon_{\rm f}) \, (kT)^2 \right\}$$

---

[49] 前述のように, 金属のフェルミエネルギーはきわめて高いので, この仮定はあまり現実的ではない。

10-3 理想フェルミ気体

$$\simeq 2(\mu_0)^2 \nu(\epsilon_\mathrm{f}) + \frac{\pi^2 (\mu_0)^2}{3} \left(\nu''(\epsilon_\mathrm{f}) - \frac{\{\nu'(\epsilon_\mathrm{f})\}^2}{\nu(\epsilon_\mathrm{f})} \right) (kT)^2 \tag{10.3.35}$$

が得られる．二行目に移る際に，$\nu(0) = 0$ を使い，化学ポテンシャルについての (10.3.19) を用いた．低温での磁化率は，基本的に $\chi(\beta, \rho_\mathrm{e}) \simeq 2(\mu_0)^2 \nu(\epsilon_\mathrm{f})$ という値をとり，温度依存性はきわめて小さいことがわかる[50]．

絶対零度でも磁化率が有限で，$\chi(\infty, \rho_\mathrm{e}) = 2(\mu_0)^2 \nu(\epsilon_\mathrm{f})$ となる理由は簡単である．図 10.7 に，上向きスピンの電子と下向きスピンの電子の一粒子エネルギー固有状態を，エネルギーを縦軸にとって描いた．(a) は磁場のない状況で，ここでは二つのエネルギー固有値は完全に一致している．絶対零度の状態，つまり基底状態をつくるには，10-2-2 節（特に，図 10.3）で

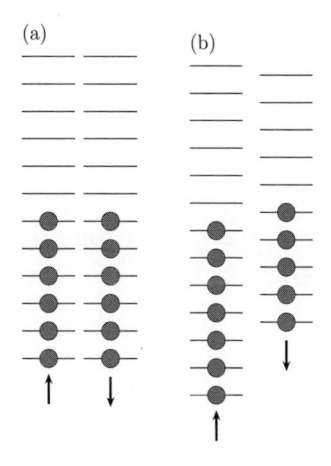

図 **10.7** 絶対零度でのパウリ常磁性の起源．(a) $H = 0$ では，上向きスピンと下向きスピンの一粒子エネルギー固有値は完全に等しい．フェルミエネルギー以下のすべての一粒子エネルギー固有状態を電子が占めている．(b) $H > 0$ では，上向きスピンのエネルギー固有値が $\mu_0 H$ だけ低くなり，下向きスピンのエネルギー固有値は $\mu_0 H$ だけ高くなる．それでもフェルミエネルギーは共通なので，図のように，上向きスピンの電子の個数が多くなる．このため，系全体としては正の磁化をもつ．

---

[50] 進んだ注：最初に無視してしまった電子の運動への磁場の影響を取り入れると，ランダウ（392 ページの脚注 47）を見よ）反磁性と呼ばれる性質が現れ，磁化率はこの値よりも小さくなる．

見たように，これら一粒子エネルギー固有状態に，低い方から順に電子を「詰めて」いけばよい．すると，図のように，共通のフェルミエネルギーまで，同じ個数の上向きスピンの電子と下向きスピンの電子を詰めることになる．この状態での磁化は 0 である．ここに，正の磁場 $H > 0$ がかかると，一粒子エネルギー固有値は，(b) のように $\mu_0 H$ だけ上下に平行移動する．ここでも，エネルギーの低い方から順に電子を「詰めて」いくと，図のように，上向きスピンの電子の個数のほうが多くなる．これが磁場に比例する磁化が生じる理由である．磁化率がフェルミ面での一粒子状態密度に比例することも，この図を見て考えれば，納得できるだろう．

5-3-2 節で述べたように，外部磁場が 0 のとき磁化が 0 で，磁場をかけると磁場と同じ方向の磁化が出現するような現象を，**常磁性** (paramagnetism) と呼ぶ．理想電子気体は，すべての温度領域で常磁性を示すわけだが，特に，絶対零度でも有限の磁化率をもち常磁性を示すことが特徴的である．上で見たように，低温・絶対零度での常磁性は，図 10.7 のように，上向きスピンと下向きスピンの電子の一粒子エネルギー固有状態を，下から「詰めて」いった際に磁化が打ち消し合うことから生じている．これは純粋に量子多体効果による常磁性であり，多体系の量子論が完成して間もない 1927 年に，パウリ[51]がいち早く発見した．この現象は，**パウリ常磁性** (Pauli paramagnetism) と呼ばれている．

10-4 理想ボース気体

理想ボース気体，つまり，互いに相互作用しない同種ボゾンの系の平衡状態を議論する．まず，10-4-1 節で三次元の自由粒子の理想気体がボース・アインシュタイン凝縮と呼ばれる相転移現象を示すことを見る．10-4-2 節では，少し一般的な立場から，量子力学的な調和振動子が集まった系と理想ボース気体との関連を論じる．

10-4-1　ボース・アインシュタイン凝縮

これから見るボース・アインシュタイン凝縮の現象では，系が三次元的であることだけが重要な役割を果たす．そこで，話を簡単にするため，(最

---

51) 358 ページの脚注 25) を見よ．

10-4 理想ボース気体

後の部分を除いて）三次元の自由粒子の系を扱う。(10.2.8) で見たように，単位体積あたりの一粒子状態密度は，定数 $c = (2m)^{3/2}/(4\pi^2\hbar^3)$ を使って $\nu(\epsilon) = c\sqrt{\epsilon}$ と書ける。

化学ポテンシャルへの制限

以下でも，β, ρ を一定にした設定で理想ボース気体の平衡状態の性質を調べよう。ボゾン系なので，$f_{\beta,\mu}(\epsilon)$ は (10.2.37) のボース分布関数

$$f_{\beta,\mu}(\epsilon) = \frac{1}{e^{\beta(\epsilon-\mu)} - 1} \tag{10.4.1}$$

である。

任意の j について，一粒子エネルギー固有状態 j を占める粒子の数の期待値 $\langle \hat{n}_j \rangle_{\beta,\mu}^{\text{GC}} = f_{\beta,\mu}(\epsilon_j)$ は，0 以上かつ有限である。これは，(10.4.1) の分母が 0 より大きいということ（もとに戻れば (10.2.30) の和が収束するということ）だから，すべての j について $\epsilon_j - \mu > 0$ が成り立つことを意味する。この条件は $j = 1$ のときに最も厳しいので，結局，化学ポテンシャル μ は

$$\mu < \epsilon_1 \tag{10.4.2}$$

を満たさなくてはならない。ϵ_1 は，多くの系でほぼゼロだから，「化学ポテンシャル μ は負」と（いささか不正確に）宣言している文献もある。化学ポテンシャルの値にこのような制限がつくのは，理想ボース気体ならではの，やや病的な性質である。フェルミオン系では（理想気体でも）μ は（正負の）任意の値をとりうるし，ボゾン系でも現実的な相互作用があれば μ は（正負の）任意の値をとりうるはずである。

化学ポテンシャルを求める

ここでも，β と μ の関数として密度を表す (10.2.40) の第一式を出発点にして評価を進めよう。ここに，ボース分布関数 (10.2.37) と一粒子状態密度の関数形 $\nu(\epsilon) = c\sqrt{\epsilon}$ を代入すれば，

$$\rho(\beta,\mu) = \int_0^\infty d\epsilon\, \nu(\epsilon)\, f_{\beta,\mu}(\epsilon) = c \int_0^\infty d\epsilon\, \frac{\sqrt{\epsilon}}{e^{\beta(\epsilon-\mu)} - 1}$$

が得られる。$u = \beta\epsilon$ と変数変換すれば，

$$= c\beta^{-3/2} \int_0^\infty du\, \frac{u^{1/2}}{e^{-\beta\mu}e^u - 1} = c\beta^{-3/2}\eta(\beta\mu) \tag{10.4.3}$$

となる。ただし，$x \le 0$ について

と定義した。

積分によって新しい関数 $\eta(x)$ を定義するからには，積分が収束することを確認する必要がある。$x \leq 0$ だから，被積分関数 $u^{1/2}/(e^{-x}e^u - 1)$ は $0 < u < \infty$ の範囲では有限である。積分が発散するおそれがあるのは，$u \to 0$ あるいは $u \to \infty$ の部分である。そこで，(これは常套手段だが) 小さな数 $\varepsilon > 0$ と大きな数 $A > 0$ をとって，積分を

$$\eta(x) = \int_0^\varepsilon du \frac{u^{1/2}}{e^{-x}e^u - 1} + \int_\varepsilon^A du \frac{u^{1/2}}{e^{-x}e^u - 1} + \int_A^\infty du \frac{u^{1/2}}{e^{-x}e^u - 1} \tag{10.4.5}$$

のように分解する。右辺第一項の中では，u が小さいから $e^u \simeq 1 + u$ と近似し，右辺第三項の中では，u が大きいから $e^{-x}e^u - 1 \simeq e^{-x}e^u$ と近似する。もちろん，右辺第二項は有限だから，

$$\eta(x) \simeq e^x \int_0^\varepsilon du \frac{u^{1/2}}{(1-e^x)+u} + (\text{有限の量}) + e^x \int_A^\infty du\, u^{1/2} e^{-u} \tag{10.4.6}$$

としてよい。右辺第三項の積分は，明らかに収束する。右辺第一項の積分については，$x < 0$ では $(1 - e^x) > 0$ だから収束，$x = 0$ のときは $u^{-1/2}$ の積分になるから，やはり (被積分関数は発散するが) 収束する。こうして，任意の $x \leq 0$ について (10.4.4) の積分が収束し，$\eta(x)$ が定義されていることが言える。特に，$\eta(0)$ が有限であることがこれから先の理論で重要な意味をもってくる。積分値 $\eta(0)$ を π などの簡単な量だけで表すことはできないが[52]，数値積分すると $\eta(0) \simeq 2.315157$ とわかる。関数 $\eta(x)$ の振舞いの概形を図 10.8 に示した。$\eta(x)$ は x の単調増加関数であり，x が負で大きくなると $\eta(x)$ は急激に小さくなる。たとえば，$\eta(-3) \simeq 0.04$ である。

ここまで準備したところで，逆温度 β，密度 ρ の関数としての化学ポテンシャル μ を求めることを考えよう。これまでと同様，(10.4.3) で評価した $\rho(\beta, \mu)$ が与えられた ρ に等しいことを要請して，μ を決める。$c\beta^{-3/2}\eta(\beta\mu) = \rho$，つまり，

$$\eta(\beta\mu) = \frac{\beta^{3/2}}{c} \rho \tag{10.4.7}$$

---

52) **進んだ注**：ツェータ関数を使えば，$\eta(0) = (\sqrt{\pi}/2)\zeta(3/2)$ と書ける。

10-4 理想ボース気体

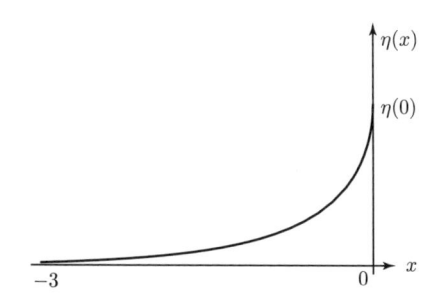

図 **10.8** (10.4.4) で定義される関数 $\eta(x)$ のグラフ。この関数は，$x \leq 0$ のみで定義される増加関数で，$x = 0$ では $\eta(0) \simeq 2.3$ に収束する。

を μ を決める方程式とみるのである。この方程式の解 $\mu(\beta, \rho)$ を求めるためには，図 10.9 (a) のように，与えられた $c^{-1}\beta^{3/2}\rho$ に対応する水平な線を引き，それと $\eta(x)$ のグラフとの交点から $\beta\mu(\beta, \rho)$ を決めればよい。これで，具体的な数式は出せないにせよ，様々な β, ρ に対応する $\mu(\beta, \rho)$ が決定できる。

図 10.9 (a) から明らかなように，β と ρ を変化させて，$c^{-1}\beta^{3/2}\rho$ を大きくすれば，それに伴って解の $\beta\mu(\beta, \rho)$ も単調に大きくなる。そして，$c^{-1}\beta^{3/2}\rho$ が $\eta(0)$ に近づいていくと，解の $\beta\mu(\beta, \rho)$ はどんどん 0 に近づいていく。

さらに $c^{-1}\beta^{3/2}\rho$ を大きくして，$c^{-1}\beta^{3/2}\rho > \eta(0)$ になると，いささか驚くべきことが起きる。図 10.9 (b) のように，$c^{-1}\beta^{3/2}\rho$ を表す水平線と $\eta(x)$ のグラフが交わらないのだ。交点がない以上，$\mu(\beta, \rho)$ も求まらない。だか

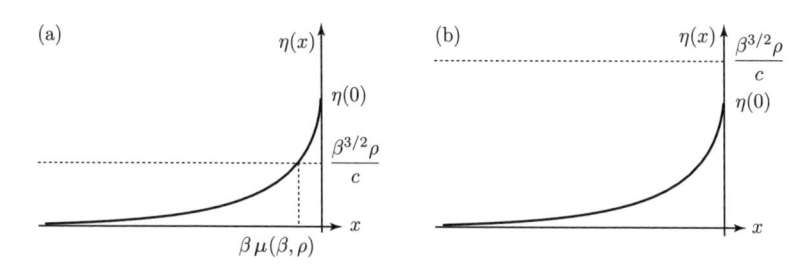

図 **10.9** 方程式 (10.4.7) の解をグラフ的に求める方法。(a) $y = c^{-1}\beta^{3/2}\rho$ に対応する水平な線を描き，$y = \eta(x)$ のグラフとの交点を求める。交点の x 座標が，$\beta\mu(\beta, \rho)$ に等しい。(b) ところが，$c^{-1}\beta^{3/2}\rho > \eta(0)$ が成り立つ場合には，同じことをしても，交点が求まらない。

らといって，そのような逆温度と密度が禁止される理由はないから，何かがおかしい。きちんと考え直す必要がある。

占有数の見積もり

上の解析は，すべて厳密なようにみえるが，実は，一カ所だけ少しあやしいところがある。出発点となった (10.2.40) の第一式は，「公式」(10.2.6) を使って，

$$\sum_{j=1}^{\infty} \frac{\langle \hat{n}_j \rangle_{\beta,\mu}^{\text{GC}}}{V} = \sum_{j=1}^{\infty} \frac{f_{\beta,\mu}(\epsilon_j)}{V} \to \int_0^{\infty} d\epsilon\, \nu(\epsilon)\, f_{\beta,\mu}(\epsilon) \quad (10.4.8)$$

のように，j についての和を ϵ についての積分に書き換えて得られたものだった（(10.2.38) を見よ）。和を積分で近似するためには，和の各項 $\langle \hat{n}_j \rangle_{\beta,\mu}^{\text{GC}}/V$ が総和の ρ に比べて十分に小さいことが必要だ。今までは，体積 V が大きければこの条件が成り立つのは当たり前だと安易に考えてきたが，ここでは，この条件をきちんと吟味しよう[53]。

まず，$c^{-1}\beta^{3/2}\rho < \eta(0)$ が成り立ち，図 10.9 (a) のようにグラフの交点が求められる場合を考えよう。この場合には，V を十分に大きくとれば，V に依存しない負の μ が得られるとしてよい[54]。一粒子エネルギー固有値が $\epsilon_j \geq 0$ を満たすことを使えば，すべての $j = 1, 2, \ldots$ について，

$$\langle \hat{n}_j \rangle_{\beta,\mu}^{\text{GC}} = \frac{1}{e^{\beta(\epsilon_j - \mu)} - 1} \leq \frac{1}{e^{-\beta\mu} - 1} \leq \frac{1}{\beta|\mu|} \quad (10.4.9)$$

が成り立つ[55]。体積 V を大きくしていくと，μ は一定の 0 でない（負の）値に近づくのだから，$\langle \hat{n}_j \rangle_{\beta,\mu}^{\text{GC}}$ も一定の値以上は大きくならない。よって V を大きくすれば，$\langle \hat{n}_j \rangle_{\beta,\mu}^{\text{GC}}/V$ はいくらでも小さくできる。任意の $j = 1, 2, \ldots$ について，$\langle \hat{n}_j \rangle_{\beta,\mu}^{\text{GC}}/V$ は ρ に比べて十分に小さい。よって，(10.4.8) のように和を積分で近似してよいと結論できる。

次に，図 10.9 (b) のようにグラフが交点をもたなくなる $c^{-1}\beta^{3/2}\rho > \eta(0)$ の状況を調べてみよう。化学ポテンシャルは，どんな場合にも不等式 (10.4.2) を満たす。そこで，ボース分布関数 (10.4.1) の中の μ をこの上界で置き換えれば，

---

[53] フェルミオン系では $\langle \hat{n}_j \rangle_{\beta,\mu}^{\text{GC}} \leq 1$ だから，V が大きくなれば，この条件は確実に満たされる。

[54] ちょっとだけ結果を先取りしているように見えるかもしれないが，ここにごまかしはない。μ の解は一意だから，積分を用いて解の存在が示されれば，それが真の解である。

[55] $e^a \geq 1 + a$ だから，$a \geq 0$ なら $(e^a - 1)^{-1} \leq 1/a$ が成り立つ。

10-4 理想ボース気体

$$\langle \hat{n}_j \rangle^{\text{GC}}_{\beta,\mu} = \frac{1}{e^{\beta(\epsilon_j-\mu)}-1} \leq \frac{1}{e^{\beta(\epsilon_j-\epsilon_1)}-1} \tag{10.4.10}$$

が成り立つ。さらに $j \geq 2$ とすれば，

$$\epsilon_j - \epsilon_1 \geq \epsilon_2 - \epsilon_1 = 3\,E_0 \tag{10.4.11}$$

が成り立つ。ただし，(3.1.12) にあるように，$E_0 = \pi^2\hbar^2/(2mL^2)$ である。(10.4.11) で $\epsilon_2 - \epsilon_1$ を求めるのに，(3.1.20) で $(n_\text{x}, n_\text{y}, n_\text{z}) = (1,1,1)$ と選べば，最低の一粒子エネルギー固有値 $\epsilon_1 = 3\,E_0$ が，$(n_\text{x}, n_\text{y}, n_\text{z}) = (2,1,1),(1,2,1),(1,1,2)$ と選べば，次に大きい一粒子エネルギー固有値 $6\,E_0$ が得られることを使った。

エネルギー差の下界 (10.4.11) を粒子数の期待値の上界 (10.4.10) に代入すれば，$j = 2, 3, \ldots$ について，

$$\frac{\langle \hat{n}_j \rangle^{\text{GC}}_{\beta,\mu}}{V} \leq \frac{1}{V}\frac{1}{e^{3\beta E_0}-1} \leq \frac{1}{V}\frac{1}{3\beta E_0} = \frac{2m}{3\beta\pi^2\hbar^2}\frac{1}{L} \tag{10.4.12}$$

が得られる（脚注 55）の不等式を使った）。問題にしているのは $c^{-1}\beta^{3/2}\rho > \eta(0)$ が成り立つ領域なので，$\beta > (c\eta(0)/\rho)^{2/3}$ を (10.4.12) に代入し，さらに，(10.2.8) より $c = (2m)^{3/2}/(4\pi^2\hbar^3)$ であることを使うと，$\hbar$ や m がきれいにキャンセルし，

$$\frac{\langle \hat{n}_j \rangle^{\text{GC}}_{\beta,\mu}}{V} \leq \frac{1}{3}\left(\frac{4}{\pi\,\eta(0)}\right)^{2/3}\frac{\rho^{2/3}}{L} = \frac{1}{3}\left(\frac{4}{\pi\,\eta(0)}\right)^{2/3}N^{-1/3}\rho$$
$$\sim (0.2\,N^{-1/3})\,\rho \tag{10.4.13}$$

と評価できる。もちろん $\rho = N/L^3$ を使った。ここで粒子数 N を大きくしさえすれば $0.2\,N^{-1/3} \ll 1$ となるので，やはり $\langle \hat{n}_j \rangle^{\text{GC}}_{\beta,\mu}/V$ は ρ に比べて十分に小さいことがわかる。つまり，和を積分で近似するのは正当なのである[56]。

ただし，(10.4.13) の評価が成り立つのは，j が 2 以上のときだけである。一粒子基底状態 $j = 1$ の占有数 $\langle \hat{n}_1 \rangle^{\text{GC}}_{\beta,\mu}/V$ について同じことを試みても，(10.4.10) の右辺が無限大になってしまい，意味のある結果が得られない。この量が小さいという保証はないのだ。$\langle \hat{n}_1 \rangle^{\text{GC}}_{\beta,\mu}$ だけは，積分には含めず別個に取り扱う必要がある。

---

[56] 進んだ注：真面目に考えると，各々の項が小さいのは和を積分で近似できるための必要条件であって十分条件ではない。その点が気になる読者は，本節の末尾（409 ページ）を参照してほしい。

ボース・アインシュタイン凝縮

よって，$c^{-1}\beta^{3/2}\rho > \eta(0)$，つまり低温で密度が高い状況では，出発点となった (10.2.40) の第一式のかわりに，

$$\rho(\beta,\mu) = \sum_{j=1}^{\infty} \frac{\langle \hat{n}_j \rangle_{\beta,\mu}^{\mathrm{GC}}}{V} = \frac{\langle \hat{n}_1 \rangle_{\beta,\mu}^{\mathrm{GC}}}{V} + \int_0^{\infty} d\epsilon\, \nu(\epsilon)\, f_{\beta,\mu}(\epsilon) \qquad (10.4.14)$$

という関係を用いる必要がある。$j=1$ の占有数だけを特別扱いし，$j \geq 2$ についての和を積分に置き換えたのである。積分の下限は ϵ_2 だが，これは実質的に 0 としてかまわない。(10.4.3) と全く同様に積分し，

$$\rho(\beta,\mu) = \frac{\langle \hat{n}_1 \rangle_{\beta,\mu}^{\mathrm{GC}}}{V} + c\,\beta^{-3/2}\,\eta(\beta\mu) \qquad (10.4.15)$$

を得る。

これまでどおり，β, ρ が与えられた設定について考えよう。上で見たように，$c^{-1}\beta^{3/2}\rho < \eta(0)$ のときには μ は負の値をとる。そして，$c^{-1}\beta^{3/2}\rho$ が増加するにつれて μ は大きくなり，$c^{-1}\beta^{3/2}\rho \nearrow \eta(0)$ で $\mu \nearrow 0$ となる。よって，そこから先の $c^{-1}\beta^{3/2}\rho \geq \eta(0)$ の領域でも，$\mu \simeq 0$ だとしてよい[57]。すると，(10.4.15) は，

$$\rho(\beta,\mu) = \frac{\langle \hat{n}_1 \rangle_{\beta,\mu}^{\mathrm{GC}}}{V} + c\,\beta^{-3/2}\,\eta(0) \qquad (10.4.16)$$

となる。$\rho(\beta,\mu)$ が与えられた ρ に等しいとすると，

$$\frac{\langle \hat{n}_1 \rangle_{\beta,\rho}}{V} = \rho - c\,\beta^{-3/2}\,\eta(0) \qquad (10.4.17)$$

が得られる[58]。$c^{-1}\beta^{3/2}\rho > \eta(0)$ という条件は，$\rho - c\beta^{-3/2}\eta(0) > 0$ と書き換えられるから，(10.4.17) の右辺は正である。つまり，**たった一つの一粒子エネルギー固有状態 $j=1$ を，体積に比例する個数の粒子が占めている**ことになる。この興味深い現象が，ボース・アインシュタイン凝縮 (Bose-Einstein condensation) である。

10-4-2 節で扱う光子気体（黒体輻射）についてのボースの理論に刺激されたアインシュタインが，1924 年と 1925 年の論文で，ボース理想気体の

---

[57] グランドカノニカル分布とカノニカル分布の等価性について詳しく学んだ読者は，これがまさに 9-4-2 節で扱った対応関係が微妙になる状況ということがわかるだろう。ここでは，μ_0 がちょうど 0 になっている。

[58] ここでは，β, ρ を指定する設定を扱っているので，期待値を $\langle \cdots \rangle_{\beta,\rho}$ と書いた。まじめに定義すれば，$\langle \cdots \rangle_{\beta,\rho} := \langle \cdots \rangle_{\beta,\mu(\beta,\rho)}^{\mathrm{GC}}$ ということである。

理論を構築し，この凝縮現象を発見した．1924 年のエーレンフェストに宛てた手紙の中で，アインシュタインは，「ある温度を境に，分子たちは，引力なしに『凝縮』する，つまり，速度 0 の状態にたまってしまう．理論はきれいなのだが，ここにいくらかでも真実があるのだろうか？ ([9] p. 432)」と，理論的な状況を完璧に理解したうえで，この奇妙な結論に物理的に意味があるのかについて率直な悩みを表明している．これが，ミクロなモデルから相転移現象が理論的に導出された，はじめての例だったことを思えば，アインシュタインがとまどったことも理解できるだろう．ちなみに，ボース・アインシュタイン凝縮という呼称は，「ボース・アインシュタイン統計に従う粒子（つまり，ボゾン）の凝縮現象」という程度の意味なのだろうが，ボースが凝縮現象の研究に寄与したという誤った印象を与えるので，あまり適切ではない[59]．

念のため，凝縮状態での化学ポテンシャルの挙動を見ておこう．(10.4.17) に $\langle \hat{n}_1 \rangle^{\mathrm{GC}}_{\beta,\mu} = (e^{\beta(\epsilon_1-\mu)} - 1)^{-1}$ を代入すれば，

$$\frac{1}{e^{\beta(\epsilon_1-\mu)} - 1} = V(\rho - c\beta^{-3/2}\eta(0)) \quad (10.4.18)$$

となる．V を大きくすると右辺は大きくなるので，そのとき $\beta(\epsilon_1 - \mu) \ll 1$ である．よって，左辺は $\{\beta(\epsilon_1 - \mu)\}^{-1}$ と近似できる．ここから，化学ポテンシャルを

$$\mu \simeq \epsilon_1 - \frac{1}{\beta V(\rho - c\beta^{-3/2}\eta(0))} \quad (10.4.19)$$

と評価できる．右辺第一項は $\epsilon_1 = O(L^{-2}) = O(V^{-2/3})$ であり，右辺第二項は $O(V^{-1})$ なので，実際に化学ポテンシャルはきわめて小さいことが確認された．V を無限に大きくする熱力学的な極限では，$\mu = 0$ である．

凝縮現象が自明でないこと

ボース・アインシュタイン凝縮はボゾン系の波動関数の対称性が引き起こすきわめて非自明な現象であることを確認しておこう．

対応する一粒子の問題を考えると，絶対零度では粒子は確実に $j=1$ の一粒子基底状態をとり，十分に低温では $j=1$ をとりやすい．多くの粒子が，そういう理由で $j=1$ の状態をとると考えれば，凝縮現象があっさりと

---

[59] 凝縮現象の発見者はボースであり，アインシュタインはボースの理論を紹介しただけだという誤解が蔓延している．これは，アインシュタインがボースの光子気体の理論を紹介したという（正しい）エピソード（10-4-2 節）から派生した純然たる勘違いである．

説明されてしまうようにも思える。もしそうなら，ボース・アインシュタイン凝縮は大して面白い話ではない。このアイディアが全く的を外していることを見よう。一粒子系の温度 $T > 0$ の平衡状態では，ごく大ざっぱには，粒子はエネルギーが kT 以下の固有状態のいずれかをほぼ等確率にとるとしていい。一粒子状態数を $\Omega(\epsilon)$ とする。エネルギーが kT 以下の一粒子エネルギー固有状態の総数は $\Omega(kT)$ だから，粒子が $j=1$ をとる確率はおおよそ $1/\Omega(kT)$ と見積もれる。ここで，N 個の粒子からなる系を考える。ただし，ボゾン系の難しい性質などは忘れて，単に N 個の粒子が独立にふるまっているとみなそう。すると，確率 $1/\Omega(kT)$ に総数 N をかけることで，$j=1$ をとる粒子の総数を $\langle \hat{n}_1 \rangle \sim N/\Omega(kT) = 6\pi^2 \hbar^3 \rho/(2mkT)^{3/2}$ と評価できる（$\rho = N/V$ であり，状態数の表式 (10.2.7) を使った）。確かにこの $\langle \hat{n}_1 \rangle$ も低温・高密度では大きくなるが，ボース・アインシュタイン凝縮で見られる $\langle \hat{n}_1 \rangle \propto V$ というふるまいを再現することは全くできない[60]。

ボース・アインシュタイン凝縮の導出をふり返ってみると，(10.4.4) の積分が $x=0$ で収束したことが凝縮現象が生じるために本質的だったことがわかる。もしこの積分が発散していれば，x を負の側から 0 に近づけたとき $\eta(x)$ は限りなく大きくなる。そうなら，μ を決定する方程式 (10.4.7) は，どのような β, ρ についても解をもつ。その場合，温度が 0 でないなら（つまり β が有限なら）決して凝縮は生じないことになる。実際，（仮想的な）二次元の自由な理想ボース気体はそのような凝縮を示さない例になっている（問題 10.6 を参照）。系の次元に微妙に依存することからもわかるように，ボース・アインシュタイン凝縮は，ボゾン多体系の量子効果のために生じるきわめて非自明な現象なのである。

密度が一定の場合の相転移現象

密度 ρ を一定に保ち，逆温度 β を変化させる設定で，この凝縮現象を見直しておこう。特に，一粒子の基底状態に入っている粒子の「密度」

$$\rho_1(\beta) := \frac{\langle \hat{n}_1 \rangle_{\beta, \rho}}{V} \qquad (10.4.20)$$

のふるまいに注目する。凝縮が生じる境目の逆温度である**転移点** (transition point) あるいは**臨界点** (critical point) β_c を，$c^{-1} \beta_c^{3/2} \rho = \eta(0)$ という条

---

[60] $\langle \hat{n}_1 \rangle \propto V$ としたければ，T と ρ を（V に露骨に依存させて）それぞれ異常に小さい値と大きい値にする必要がある。

10-4 理想ボース気体

件により定める。つまり，

$$\beta_c = \left(\frac{c\,\eta(0)}{\rho}\right)^{2/3} \tag{10.4.21}$$

である。

$\beta < \beta_c$ が成り立つ高温領域では，(10.4.9) で見たように，μ は負の一定値をとり，$\langle \hat{n}_1 \rangle_{\beta,\rho} \le (\beta|\mu|)^{-1}$ だから，V を大きくしていけば $\rho_1(\beta) \to 0$ となる。一方，$\beta \ge \beta_c$ の低温領域では，(10.4.17) をそのまま使い，

$$\rho_1(\beta) = \rho - c\beta^{-3/2}\eta(0) = \rho\left(1 - \frac{1}{\beta^{3/2}}\frac{c\,\eta(0)}{\rho}\right) = \rho\left\{1 - \left(\frac{\beta_c}{\beta}\right)^{3/2}\right\} \tag{10.4.22}$$

である。ただし，β_c の定義 (10.4.21) より $c\eta(0)/\rho = \beta_c^{3/2}$ となることを用いた。

ここで，$\beta_c = (kT_c)^{-1}$ により**転移温度** (transition temperature) あるいは**臨界温度** (critcial temperature) T_c を定義し，$V \nearrow \infty$ の無限体積極限で，全領域での $\rho_1(\beta)$ のふるまいを温度の関数としてまとめれば，

$$\rho_1(\beta) = \begin{cases} 0, & T \ge T_c \text{ のとき} \\ \rho\left\{1 - \left(\dfrac{T}{T_c}\right)^{3/2}\right\}, & T \le T_c \text{ のとき} \end{cases} \tag{10.4.23}$$

となる（図 10.10 を参照）。このように，$\rho_1(\beta)$ が正か 0 かで，(無限体積極限での) 平衡状態がボース・アインシュタイン凝縮を起こしているか否

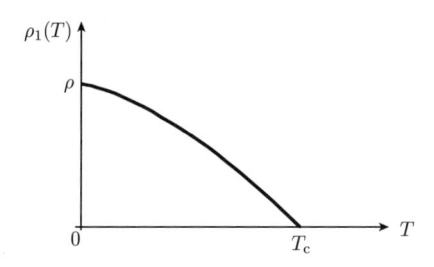

図 **10.10** 一粒子の基底状態に入っている粒子の「密度」$\rho_1(T)$ のふるまい。(10.4.23) のグラフである。高温側では単一の一粒子エネルギー固有状態での密度は 0 だが，ボース・アインシュタイン凝縮が生じる低温側では，この密度は有限になる。$T = 0$ では全ての粒子が一粒子基底状態に入るので，$\rho_1(T)$ は全体の密度 ρ と一致する。

かが正確に区別される。そういう意味で, 一粒子基底状態の「密度」$\rho_1(\beta)$ は, 相転移における**秩序パラメター** (order parameter) とよばれる量の一例になっている。

ボース・アインシュタイン凝縮の実現

ボース・アインシュタイン凝縮が生じるためには, $\beta^{3/2}\rho > c\eta(0)$ という条件が満たされるよう, β と ρ をともに大きくする必要がある。つまり, 低温・高密度にしなくてはならない。ところが, 一般の物質は低温・高密度では固体になってしまうので, 理想気体として扱うことはできない[61]。

ヘリウム 4 は, 常圧では 4.2 K で液化し, さらに温度を下げると 2.2 K で相転移を起こし, **超流動** (superfluid) と呼ばれる特殊な状態をとるようになる[62]。この液体ヘリウムの相転移 (λ 転移) は, 一種のボース・アインシュタイン凝縮であると考えられている。ただし, 液体は密度が高く分子間の相互作用も強いので, この系を理想気体と近似して解析することはできない。超流動の理論を構築するのは困難な課題であり, 今のところ満足のいくミクロな理論は存在しない。

1995 年になって, 二千個程度のルビジウム原子の集団を 2×10^{-7} K 程度まで冷却することで, 大部分の粒子が一粒子基底状態を占めるボース・アインシュタイン凝縮が実現された[63]。恒星からの光が全く届かない暗黒の宇宙空間にある物質でさえ, 宇宙背景輻射のために最低でも 2.7 K の温度をもっていることを思い出そう。2×10^{-7} K というのは, まさに「桁違い」の低温だ。もちろん, 原子集団を通常の容器に封入したのでは, このような低温を実現することは絶対に不可能である。凝縮状態を達成するために, 原子集団を磁場やレーザーでトラップする技術, トラップした原子集団を極限的な低温まで冷却する技術 (レーザー冷却, 蒸発冷却) などを開発する必要があった。容易に想像できるように, ボース・アインシュタイン凝縮の実験は, 偶然に成功したものなどではない。いくつかのグループが, 凝縮状態の実現を目標に激しい競争を行ない, 様々な超ハイテク技

---

[61] 進んだ注: 固体がボース・アインシュタイン凝縮に類似する現象を示しうるかというのは, きわめて魅力的な問題である。ヘリウム 4 の固体で, 凝縮を示唆する現象が見つかったという報告もあるが, これを書いている段階では, まだ決着はついていない。

[62] 超流動状態の液体は粘性がなく, 抵抗を感じることなくさらさらと流れることができる。

[63] これを書いている 2007 年では, 原子集団を閉じ込める技術が向上し, 10^7 個程度の原子のボース・アインシュタイン凝縮が実現されている。

調和振動子型のトラップ中でのボース・アインシュタイン凝縮

このような，トラップ中のボース・アインシュタイン凝縮は，上で考察した立方体状の箱の中での凝縮とはいろいろな意味で異なっている．現実の系に対応する練習問題として調べておこう[65]．導出の詳細は省略するので，上の計算と対応させながら間を埋めて読んでいただきたい．

まず一粒子のふるまいを記述するハミルトニアンを

$$\hat{H}_{\text{一粒子}} = \frac{1}{2m}\{\hat{\boldsymbol{p}}^2 + m^2\omega^2\hat{\boldsymbol{r}}^2\} - \frac{3\hbar\omega}{2} \tag{10.4.24}$$

とする．もちろん，$\hat{\boldsymbol{r}} = (\hat{x}, \hat{y}, \hat{z})$ は位置演算子，$\hat{\boldsymbol{p}} = (\hat{p}_x, \hat{p}_y, \hat{p}_z)$ は運動量演算子である．(10.4.24)は，三次元的な調和振動子型のポテンシャルに閉じ込められた粒子を表している（後の便利のため，ゼロ点エネルギーを引いておいた）．現実の実験では，定数 ω は 100〜1000 s^{-1} 程度である．

(10.4.24)は三つの独立な調和振動子の集まりなので，一粒子エネルギー固有状態は三つの非負整数の組 (n_x, n_y, n_z) で指定され，対応する一粒子エネルギー固有値は $\epsilon_{(n_x, n_y, n_z)} = \hbar\omega(n_x + n_y + n_z)$ である．対応する一粒子状態数は 78 ページの問題 3.4 で求めたように，$\Omega(\epsilon) \simeq (1/3!)\{\epsilon/(\hbar\omega)\}^3$ であり，一粒子状態密度は $D(\epsilon) = d\Omega(\epsilon)/d\epsilon \simeq \epsilon^2/\{2(\hbar\omega)^3\}$ である．この系には定まった体積というものがないことに注意しよう（よって $\nu(\epsilon)$ に相当するものは考えない）．

N 個の同種ボゾンが，(10.4.24)の調和振動型のポテンシャルに閉じ込められ，逆温度 β の熱平衡にあるとする[66]．粒子数の期待値についての (10.2.38) を用い，凝縮のことを考えずに計算を進めると，(10.4.7) に相当する条件として，

$$N = \frac{1}{2(\beta\hbar\omega)^3}\tilde{\eta}(\beta\mu), \quad \text{ただし } \tilde{\eta}(x) := \int_0^\infty du \frac{u^2}{e^{-x}e^u - 1} \tag{10.4.25}$$

が得られる．ここでも，$\tilde{\eta}(x)$ は $x \leq 0$ で定義される単調増加関数で，$\tilde{\eta}(0) \simeq$

---

[64] ボース・アインシュタイン凝縮の実現に関して，二つのグループに属する三人のアメリカの研究者が 2001 年のノーベル物理学賞を受賞した．

[65] この部分はとばしても構わない．

[66] **進んだ注**：実は，実際の実験で観測されているのは真の平衡状態ではない．実験で扱われている原子集団を本当に長時間にわたってトラップできれば，平衡状態は固体になると考えられる．これらの実験では，トラップの特殊な性質と，気体が希薄であることのおかげで，理想気体の平衡状態にきわめて近い状態が，長時間にわたって準安定的に実現されていると考えられている．

2.4 は有限である。

$2(\beta\hbar\omega)^3 N < \tilde{\eta}(0)$ であれば，(10.4.25) から負の μ が定まる．これは凝縮の起きていない状況である．逆に，温度が十分に低く粒子数が十分に大きく，$2(\beta\hbar\omega)^3 N > \tilde{\eta}(0)$ が成り立てば，(10.4.25) は解をもたない．この場合にはボース・アインシュタイン凝縮が生じており，一粒子基底状態 $(0,0,0)$ を占める粒子数は

$$\langle \hat{n}_{(0,0,0)} \rangle_{\beta,N} = N - \frac{\tilde{\eta}(0)}{2(\beta\hbar\omega)^3} \tag{10.4.26}$$

となる．転移点 β_c を $2(\beta_c\hbar\omega)^3 N = \tilde{\eta}(0)$ によって決めれば[67]，N を一定に保って温度を変化させたときの $\langle \hat{n}_{(0,0,0)} \rangle_{\beta,N}$ のふるまいは，

$$\langle \hat{n}_{(0,0,0)} \rangle_{\beta,N} = \begin{cases} O(1), & T \geq T_c \text{ のとき} \\ N\left(1 - \left(\dfrac{T}{T_c}\right)^3\right), & T \leq T_c \text{ のとき} \end{cases} \tag{10.4.27}$$

となる．容器に閉じ込められた場合の (10.4.23) とは T 依存性が異なっている．

また，$(n_x, n_y, n_z) \neq (0,0,0)$ の一粒子エネルギー固有状態については，(10.4.13) と同様に，

$$\langle \hat{n}_{(n_x, n_y, n_z)} \rangle_{\beta,N} \leq \frac{1}{\beta\hbar\omega} \leq \left(\frac{2N}{\tilde{\eta}(0)}\right)^{1/3} \tag{10.4.28}$$

が $\beta > \beta_c$ において成り立つことが言える．粒子数 N が大きければ，$\langle \hat{n}_{(n_x, n_y, n_z)} \rangle^{\text{GC}}_{\beta,\mu}/N \lesssim N^{-2/3} \ll 1$ となるから，凝縮が起きるのは一粒子基底状態に限られることがわかる．

原子集団のボース・アインシュタイン凝縮は，温度を徹底的に下げることで，きわめて低密度の気体で実現されている．そのため，この系には理想ボース気体の理論がある程度あてはまることが知られている[68]．

---

67) よって転移温度は $T_c = (\hbar\omega/k)(2N/\tilde{\eta}(0))^{1/3}$ となる．$\omega \sim 1000 \text{ s}^{-1}$ とすれば，$T_c \sim 10^{-8} N^{1/3}$ K である．トラップする原子数 N を増やせば転移温度がゆるやかに上がることがわかる．といっても，$N \sim 10^7$ としても，転移温度はようやくマイクロケルビンのオーダーに達する程度だ．

68) 進んだ注：相互作用のあるボース気体でもボース・アインシュタイン凝縮が起こると信じられている．ただし，相互作用があると一粒子エネルギー固有状態によって多体系のエネルギー固有状態を表すことができないため「一粒子基底状態に多くの粒子が入る」という描像で凝縮現象をとらえることはできない．非対角長距離秩序というより本質的な概念が必要になる．

積分近似 (10.4.14) の正当性

最後に，和を積分で置き換える評価 (10.4.14) が正当であることを確認しておく（401 ページの脚注 56）を見よ）。かなり細かい内容なので，厳密さが気になる場合に読んでほしい。これから，

$$\lim_{V \nearrow \infty} \frac{1}{V} \sum_{j=2}^{\infty} f(\epsilon_j) = \int_0^{\infty} d\epsilon \, c \, \sqrt{\epsilon} \, f(\epsilon) \tag{10.4.29}$$

となることを示す（添え字 β, μ は省略）。まず，(3.2.7) と同じことだが，$j = 1, 2, \ldots$ について

$$\frac{\pi}{6} \left(\sqrt{\frac{\epsilon_j}{E_0}} - \sqrt{3} \right)^3 \leq j \leq \frac{\pi}{6} \left(\sqrt{\frac{\epsilon_j}{E_0}} \right)^3 \tag{10.4.30}$$

が成り立つ。よって，

$$\epsilon_+(x) := E_0 \left\{ \left(\frac{6x}{\pi} \right)^{1/3} + \sqrt{3} \right\}^2, \quad \epsilon_-(x) := E_0 \left(\frac{6x}{\pi} \right)^{2/3} \tag{10.4.31}$$

と定義すれば，$j = 1, 2, \ldots$ について $\epsilon_-(j) \leq \epsilon_j \leq \epsilon_+(j)$ が成り立つ。$f(\epsilon)$ は ϵ の減少関数なので，$f(\epsilon_+(j)) \leq f(\epsilon_j) \leq f(\epsilon_-(j))$ である。

$f(\epsilon_j)$ が j について単調非増加であることから，任意の $n \geq 2$ について，

$$\int_n^{\infty} dx \, f(\epsilon_+(x)) \leq \sum_{j=n}^{\infty} f(\epsilon_j) \leq \int_{n-1}^{\infty} dx \, f(\epsilon_-(x)) \tag{10.4.32}$$

が成り立つ（グラフを描けば証明できる）。

まず和を上から押さえる。ここで，$\epsilon_-(3)/E_0 \simeq 3.2$ なので，$\epsilon_-(3) > \epsilon_1 = 3E_0$ であることに注意して，(10.4.32) で $n = 4$ とする。$\epsilon_-(x)$ の逆関数を $x_-(\epsilon)$ と書けば，

$$\frac{1}{V} \sum_{j=4}^{\infty} f(\epsilon_j) \leq \frac{1}{V} \int_3^{\infty} dx \, f(\epsilon_-(x)) = \frac{1}{V} \int_{\epsilon_-(3)}^{\infty} d\epsilon \, \frac{dx_-(\epsilon)}{d\epsilon} f(\epsilon)$$

$$= \int_{\epsilon_-(3)}^{\infty} d\epsilon \, c \, \sqrt{\epsilon} \, f(\epsilon) \tag{10.4.33}$$

が得られる。$V \nearrow \infty$ で，(10.4.33) 右辺は $\int_0^{\infty} d\epsilon \, c \, \sqrt{\epsilon} \, f(\epsilon)$ に収束し，$\{f(\epsilon_2) + f(\epsilon_3)\}/V$ は 0 に収束する。よって (10.4.29) の左辺が右辺以下であることがわかった。

和を下から押さえるには (10.4.32) で $n = 2$ とし，

$$\frac{1}{V}\sum_{j=2}^{\infty} f(\epsilon_j) \geq \frac{1}{V}\int_2^{\infty} dx\, f(\epsilon_+(x)) = \frac{1}{V}\int_{\epsilon_+(2)}^{\infty} d\epsilon\, \frac{dx_+(\epsilon)}{d\epsilon} f(\epsilon) \tag{10.4.34}$$

を得る。ここで，

$$\frac{dx_+(\epsilon)}{d\epsilon} = \frac{\pi}{4\sqrt{E_0\,\epsilon}}\left(\sqrt{\frac{\epsilon}{E_0}} - \sqrt{3}\right)^2 \geq c\,V\sqrt{\epsilon} - \frac{\sqrt{3}\,\pi}{2E_0} \tag{10.4.35}$$

に注意すれば，

$$\frac{1}{V}\sum_{j=2}^{\infty} f(\epsilon_j) \geq \int_{\epsilon_+(2)}^{\infty} d\epsilon\, c\sqrt{\epsilon}\, f(\epsilon) - \frac{\sqrt{3}\,\pi}{2E_0 V}\int_{\epsilon_+(2)}^{\infty} d\epsilon\, f(\epsilon) \tag{10.4.36}$$

である。右辺第一項は $V \nearrow \infty$ で $\int_0^{\infty} d\epsilon\, c\sqrt{\epsilon}\, f(\epsilon)$ に収束する。右辺第二項の積分は，$|\log\{\beta\epsilon_+(2)\}| \sim \log L$ のオーダーになる。しかし，$1/\{E_0 V\} \sim 1/L$ だから，右辺第二項全体は $V \nearrow \infty$ で 0 に収束する。よって (10.4.29) の左辺が右辺以上であることがわかった。

10-4-2 調和振動子の系と理想ボース気体

ここで，独立な量子力学的な調和振動子の集まりと，理想ボース気体のあいだの興味深い関係について見ておこう。これは，量子場から粒子を導くという現代の素粒子論の基本のアイディアの雛形でもあり，純粋に理論的な観点からも重要だ。

粒子系のことはいったん忘れて，独立な量子力学的な調和振動子が集まった系を考える。少し数学的には雑になるが，調和振動子は無限個あるとして，それらに $j = 1, 2, \ldots$ と通し番号をつけておく[69]。j 番目の調和振動子のハミルトニアンを，

$$\hat{H}_j = \frac{1}{2m_j}\{(\hat{p}_j)^2 + (m_j\omega_j\hat{x}_j)^2\} - \frac{\hbar\omega_j}{2} \tag{10.4.37}$$

とする。(5.5.2) と同じだが，便利のため，エネルギーの基準点を $\hbar\omega_j/2$ だけずらしておいた。全ハミルトニアンは，もちろん

$$\hat{H} = \sum_{j=1}^{\infty} \hat{H}_j \tag{10.4.38}$$

である。

---

[69] 最初から無限個の振動子を考えるのが不安な読者は，まず有限個の振動子の系を考え，最後に極限をとればよい。

10-4 理想ボース気体

j 番目の調和振動子のエネルギー固有状態は $n_j = 0, 1, 2, \ldots$ という非負の整数で指定できる．よって全系のエネルギー固有状態は，$n_1, n_2, \ldots$ をすべて集めた組 $(n_1, n_2, \ldots)$ で指定することになる．対応するエネルギー固有値は，

$$E_{(n_1, n_2, \ldots)} = \sum_{j=1}^{\infty} \hbar\omega_j n_j = \sum_{j=1}^{\infty} \epsilon_j n_j \tag{10.4.39}$$

となる．ここで，

$$\epsilon_j := \hbar\omega_j \tag{10.4.40}$$

と書いた．

この調和振動子の系が逆温度 β の平衡状態にあるとする．この状況はカノニカル分布で記述するのがもっとも自然だ．分配関数は，(5.5.4) でも求めたが，

$$Z(\beta) = \sum_{(n_1, n_2, \ldots)} \exp\left[-\beta \sum_{j=1}^{\infty} \epsilon_j n_j\right] = \prod_j \frac{1}{1 - e^{-\beta\epsilon_j}} \tag{10.4.41}$$

である．さらに j 番目の振動子の準位を指定する演算子を $\hat{n}_j := \hat{H}_j/\hbar\omega_j$ と定義する．調和振動子は独立だから，(5.5.5) から直ちに，

$$\langle \hat{n}_j \rangle_\beta^{\text{can}} = \frac{\langle \hat{H}_j \rangle_\beta^{\text{can}}}{\hbar\omega_j} = \frac{1}{e^{\beta\epsilon_j} - 1} \tag{10.4.42}$$

が得られる．

これらの表式をよく見ると，(10.4.41) は理想ボース気体の大分配関数 (10.2.29), (10.2.30) で $\mu = 0$ としたものに，(10.4.42) は理想ボース気体で一粒子エネルギー固有状態 j を占める粒子数の期待値 (10.2.34) で $\mu = 0$ としたものに正確に等しい．また，少し前に戻ると，エネルギー固有値の表式 (10.4.39) も量子理想気体についての (10.1.43) と同じ形をしていた．

つまり，エネルギー固有値や平衡状態を議論するかぎり，独立な調和振動子からなる系は，$\mu = 0$ の理想ボース気体と数学的に完全に等価なのである．振動数 ω_j をもつ一つの調和振動子が，エネルギー固有値 $\epsilon_j = \hbar\omega_j$ の一粒子エネルギー固有状態に対応する．

ここで，調和振動子のエネルギー固有値を指定する準位 $n_j = 0, 1, 2, \ldots$ が，一粒子エネルギー固有状態 j を占める粒子数 $n_j = 0, 1, 2, \ldots$ に正確に対応していることに注目しよう．確かに，調和振動子の準位は $0, 1, 2, \ldots$ と，とびとびに変化し，いくらでも大きな値をとる．これは，ボゾン系の

占有数のふるまいと全く同じである。ただし，原子や分子の場合には，粒子数は保存しており[70]，系の粒子数が変わるのは外界（リザバー）との間での出入りがあった場合に限られる。一方，ここで登場した $\mu=0$ のボゾンの場合，外界との粒子のやりとりなしに，粒子数が変化する。この粒子は，系の中だけで自由に生まれたり消えたりできるのである。

調和振動子の系と理想ボース気体がみごとに対応しているのは単なる偶然ではない。これは，現代物理学における「粒子」という存在の本質に迫る重要な対応関係なのだ。大ざっぱな言い方をすれば，量子力学的な調和振動子の組があれば，かならず，それをボゾンの系とみなすことができる。これから見るように，結晶の格子振動にかかわる全ての現象をフォノンというボゾンについての現象とみなすことができる。さらに，素粒子の一つである光子も，（調和振動子の集まりである）電磁場に対応するボゾンとしてとらえられるのである。

格子振動とフォノン

6章で扱った格子振動の問題を上の対応関係を通して見直してみよう。6-4節の最初にまとめたように，結晶格子における連成振動の問題を独立な量子力学的な調和振動子の集まりの問題に書きかえることができる。そこで扱った理想化された（正しくは，理想化しすぎた）問題では，集合 (6.4.11) の中の任意の波数ベクトル $\boldsymbol{k}$ に対して，(6.4.5) の角振動数 $\omega(\boldsymbol{k})$ の調和振動子がちょうど三つずつ対応する[71]。

同じ問題をボゾンの立場から見ると，各々の波数ベクトル $\boldsymbol{k}$ に対して，三種類の一粒子エネルギー固有状態が存在し，一粒子エネルギーは $\hbar\omega(\boldsymbol{k})$ に等しい。ここに登場した粒子を，フォノン (phonon) あるいは**音響子**と呼ぶ。異なったフォノンのあいだに相互作用はない。フォノンはボゾンであり，同じ一粒子エネルギー固有状態を何個のフォノンが占めてもよい。最後に，熱平衡状態ではフォノン系の化学ポテンシャルは $\mu=0$ である。つまり，結晶格子中でフォノンは自由に生成・消滅する。もちろん，系の平衡状態にかかわる量を，フォノンの立場で計算しても，（以前，行なったように）独立な調和振動子の集まりと考えて計算しても，完全に同じ結果が

---

[70] 進んだ注：正確にいえば，高エネルギーでは粒子の生成消滅がある。その場合にも，バリオン数は保存するので，ここでの議論は有効である。

[71] より現実的なモデルでは，波数と角振動数の対応関係（つまり，分散関係）はより複雑になるが，角振動数が波数（と他の離散的な変数）で指定できるという事情は変わらない。

得られる。

　読者は「フォノンはボゾンだというが，これは本当に粒子なのか？」と問うだろう。実際，原子，電子，光子などが粒子であるというのと，フォノンが粒子だというのは，ずいぶんと意味が違うように思える。分子，原子，陽子，電子，光子などは，他の何かに「支えられる」ことなく，真空中に安定して存在しているようだが，それに対してフォノンは，結晶格子という原子の集団がつくる構造に「支えられて」存在している。あるいは，結晶格子という構造の上にフォノンという粒子たちが「宿っている」と言ってもいいだろう。そのように，根本的な素性(すじょう)が異なってはいても，（原理的には）一つ，二つと数えられる，各々の粒子がエネルギーをもっている[72]，といった点では完全に一人前の粒子なのである。実際，これから見るように，常識的には実在の粒子とみなされる光子は，数学的には，フォノンときわめて類似している。光子は真空の構造の上に宿っており，フォノンは結晶格子の構造の上に宿っているという素性の相違はあるが，両者はいろいろな共通の性質をもつ兄弟のような存在なのである。

電磁場と光子

　7 章で取り扱った量子化された電磁場の問題についても，上と同じ考察を進めることができる。7-2-1 節にまとめたように，(7.2.5) の形の波数ベクトル k に対して角振動数が $\omega(k) = c|k|$ の二つの独立な量子力学的な調和振動子が対応する。これをボゾン系の問題と読みかえたときに現れる粒子が光子 (photon) である。

　フォノンの場合と同じ議論をくり返しても面白くないだろうから，ここでは，逆方向の議論を紹介しよう。つまり，光子の存在と性質を仮定し，そこからプランクの輻射公式 (7.4.10) を再導出してみる。これは，1924 年のボース[73]の論文の内容を現代的に書き直したものといってよい。

　まず，光子は量子力学的な粒子であるとしよう。一辺が L の周期的境界条件を課した三次元的な箱[74]の中の量子力学的な粒子のエネルギー固有状態は，波数ベクトル $k = (k_x, k_y, k_z)$ で指定される平面波状態 $e^{ik \cdot r}$ だろう。ただし，周期的境界条件より，任意の r について，

---

[72] さらに考察を進めると，フォノンが運動量をもっていることもわかる。
[73] 350 ページの脚注 17) を見よ。
[74] もちろん（この本の他の部分でやっているように）壁のある箱を考えることもできるが，境界条件の扱いを簡単にするため，周期的境界条件をとった。

$$\exp[i\boldsymbol{k}\cdot\boldsymbol{r}] = \exp[i\boldsymbol{k}\cdot\{\boldsymbol{r}+(L,0,0)\}] = \exp[i\boldsymbol{k}\cdot\{\boldsymbol{r}+(0,L,0)\}]$$
$$= \exp[i\boldsymbol{k}\cdot\{\boldsymbol{r}+(0,0,L)\}] \tag{10.4.43}$$

が成り立つ．ここから，波数ベクトル $\boldsymbol{k}$ に制約がつき，整数 $n_\mathrm{x}, n_\mathrm{y}, n_\mathrm{z} = 0, \pm1, \pm2, \ldots$ を使って，

$$\boldsymbol{k} = \frac{2\pi}{L}(n_\mathrm{x}, n_\mathrm{y}, n_\mathrm{z}) \tag{10.4.44}$$

と書けるものだけが許される．

波数 $\boldsymbol{k}$ で指定される状態にある光子は，ドゥブローイー[75]の対応関係により，運動量 $\boldsymbol{p}_{\boldsymbol{k}} = \hbar\boldsymbol{k}$ をもつと考えられる．光子は質量をもたないと仮定する．特殊相対性理論によれば，そのような粒子はつねに光速 c で運動し，その運動エネルギーは $\epsilon_{\boldsymbol{k}} = c|\boldsymbol{p}_{\boldsymbol{k}}|$ で与えられる．つまり，$\epsilon_{\boldsymbol{k}} = \hbar c|\boldsymbol{k}|$ である．ここでエネルギーと角振動数の関係 $\epsilon = \hbar\omega$ を使うと，波数ベクトル $\boldsymbol{k}$ の光子の角振動数は，$\omega_{\boldsymbol{k}} = c|\boldsymbol{k}|$ であることがわかる．また，各々の $\boldsymbol{k}$ には，光子の二つの偏光状態を表す二つの状態が対応するとしよう[76]．さらに，異なった光子は相互作用しないこと[77]，光子はボゾンであることを仮定する．

この設定のもとで，光子の系が熱平衡状態にあり，それが $\mu = 0$ のグランドカノニカル分布で記述されるとしよう．すると，以下のように，プランクの輻射公式が導かれる．

波数 $\boldsymbol{k}$ をもった光子の粒子数を $\hat{n}_{\boldsymbol{k}}$ とする．ボース分布関数 (10.2.36), (10.2.37) で $\mu = 0$ とし，各々の $\boldsymbol{k}$ に二つの状態が対応することを思い出せば，ただちに

$$\langle\hat{n}_{\boldsymbol{k}}\rangle_\beta = \frac{2}{e^{\beta\epsilon_{\boldsymbol{k}}}-1} = \frac{2}{e^{\beta\hbar c|\boldsymbol{k}|}-1} \tag{10.4.45}$$

が得られる．これを使えば，角振動数が ω から $\omega + \Delta\omega$ の間にある光子のエネルギーの総和は，

---

[75] Louis-Victor de Broglie (1892–1987) 1924 年の博士論文で，物質もある局面では波のようにふるまうという物質波の考えを提出した．これは，量子力学完成のための重要なステップだった．1929 年にノーベル物理学賞．

[76] 1924 年のボースにとって，これは，プランクの輻射公式を導出するための，かなり大胆な仮定だった．

[77] 実際，真空中では交差する光のビームが互いに衝突して影響を及ぼし合うことはないから，この仮定はもっともである．ただし，電子・陽電子の対生成が生じるほどの高エネルギーになると，この仮定は成り立たない．

10-4 理想ボース気体

$$U_T(\omega, \Delta\omega) = \sum_{\substack{k \\ (\omega \le c|k| \le \omega+\Delta\omega)}} \epsilon_k \langle \hat{n}_k \rangle_\beta = \sum_{\substack{k \\ (\omega/c \le |k| \le (\omega+\Delta\omega)/c)}} \frac{2\hbar c|k|}{e^{\beta\hbar c|k|} - 1}$$

$$\simeq \frac{\hbar\omega^3}{\pi^2 c^3 (e^{\beta\hbar\omega} - 1)} \Delta\omega V \tag{10.4.46}$$

であることがわかる.ただし,たとえば (7.2.9) と同じ思想で,k についての和を

$$\sum_{\substack{k \\ (\omega/c \le |k| \le (\omega+\Delta\omega)/c)}} 1 \simeq \left(\frac{L}{2\pi}\right)^3 4\pi \left(\frac{\omega}{c}\right)^2 \frac{\Delta\omega}{c} \tag{10.4.47}$$

と評価した.(10.4.46) を $V\Delta\omega$ で割れば,プランクの輻射公式 (7.4.10) が得られる.

上の導出では,光子のもつべき性質を次々と仮定し,波と量子力学的粒子との対応関係を自由に利用した.読者はこのような発見的な議論に違和感をもつかもしれない.実際,物理学の体系が発達した今日からすれば,「電磁気学に対応する量子論を考察すると,それは独立な量子力学的な調和振動子の系と等価であり,さらに,それは光子という $\mu=0$ のボゾンの理想気体と等価である」という筋書きで議論するのが,もっとも見通しがよい.これは,「量子化された場は自然に粒子を記述する」という,場の量子論による素粒子の記述のもっとも基本的な例にもなっている.

歴史的には,1924 年にボースが,基本的にここに紹介した論法で,古典電磁気学を使うことなく,プランクの輻射公式を再導出できることを発見した.多体系の量子論などは全く発達していない時期だったから,これは一種の神懸かり的な洞察だったといえる.ボース自身,彼の仕事がどこまで革新的なのか理解しきっていなかったと述懐している.ボースは彼の英語の論文をアインシュタインに送り,もし論文に意味があると思うならドイツ語に訳して投稿してもらえないかと依頼する.アインシュタインは,この仕事が本質的に重要であることを直ちに認識し,論文を自らドイツ語に翻訳して投稿した.その時点で,アインシュタインは,ここに新しい量子系の統計力学の枠組みがあることまでをも見抜いていた[78].彼は,すぐさま,光子ではなく通常の(質量のある)粒子についての理想ボース気体

---

[78] アインシュタインがボース論文に翻訳者としてつけた注釈には「私の意見では,プランク公式のボースによる導出は重要な進歩である.ここで使われた方法からは理想気体の量子論も導かれる.これについては,別のところで詳しく議論する ([9] p. 423)」とある.

の理論を作り上げ，ボース・アインシュタイン凝縮の現象までを見いだしてしまうのである[79]）。

演習問題 10.

10.1 [低密度・高温での量子理想気体] 三次元自由粒子（単位体積あたりの一粒子状態密度が定数 $c>0$ によって $\nu(\epsilon)=c\sqrt{\epsilon}$ と表される）の理想フェルミ気体および理想ボース気体の逆温度 β，密度 ρ の平衡状態について，10-2-4 節の低密度・高温での近似を進めて $e^{-2\beta(\epsilon-\mu)}$ のオーダーまで正確な近似をしよう。まず $e^{\beta\mu}$ の表式を求め，それに基づいて圧力の表式 (10.2.50) への最低次の補正を求めよ。圧力を ρ, T の関数として表すこと。

10.2 [理想気体の圧力とエネルギーの関係] 三次元自由粒子（単位体積あたりの一粒子状態密度が定数 $c>0$ によって $\nu(\epsilon)=c\sqrt{\epsilon}$ と表される）の理想フェルミ気体および理想ボース気体の平衡状態において，圧力 P とエネルギー密度 u の間に $P=(2/3)u$ の関係が成り立つことを示せ。

10.3 [状態密度が一定の理想フェルミ気体] 単位体積あたりの一粒子状態密度が，定数 $c>0$ によって $\nu(\epsilon)=c$（$\epsilon\geq 0$ のとき），$\nu(\epsilon)=0$（$\epsilon<0$ のとき）と表される理想フェルミ気体の逆温度 β，密度 ρ の平衡状態を考える。

(a) フェルミエネルギー $\epsilon_{\rm f}$ はいくらか？ 化学ポテンシャル μ を $\epsilon_{\rm f}$ と β の関数として求めよ。低温と高温での μ のふるまいを調べ，後者が (10.2.44) と一致することを確かめよ。

(b) 平衡状態で，エネルギーが $\epsilon_{\rm f}$ 以下の一粒子状態に入っている粒子の総数の期待値を $N_{\rm f}$ とする。全粒子数 N と $N_{\rm f}$ の比 $r_{\rm f}=N_{\rm f}/N$ を求め，低温と高温でのふるまいを調べよ。

10.4 [バンドギャップのあるフェルミ理想気体] 単位体積あたりの一粒子状態密度 $\nu(\epsilon)$ が正の定数 c, w, g によって，$\nu(\epsilon)=c$（$0\leq\epsilon\leq w$ または $w+g\leq\epsilon\leq 2w+g$ のとき），$\nu(\epsilon)=0$（それ以外）と書ける（つまり，バンド幅 w の二つのバンドがエネルギーギャップ g で隔てられている）フェルミ理想気体の逆温度 β，密度 $\rho=cw$ の平衡状態を考察する。この平衡状態でのエネルギー密度を求めよ。低温での比熱のふるまいを求め，それが低温展開では求められないことを確認し，その理由を考察せよ。

10.5 [バンドギャップのあるフェルミ理想気体] 前問で，粒子がエネルギーギャップ g を越えて励起することから $e^{-\beta g}$ という因子が現れることを期待し，答えを求

---

[79] この時期のアインシュタインは（結局は完成しなかった）統一場理論の研究に没頭しており，理想ボース気体についての研究は，ちょっとした寄り道にすぎなかった。この研究だけをとっても彼の名を科学史に永遠に残す十分な価値があることを思うと，アインシュタインという科学者のスケールの大きさを実感できる。

めて意外に思った読者も多いだろう．この事情を理解するため，(前問で $w \searrow 0$ としたことに相当する) 最も簡単なモデルについて考察しよう．$\epsilon = 0$ と $\epsilon = g > 0$ にそれぞれ N 重に縮退した一粒子状態があるような理想フェルミ気体の逆温度 β，粒子数 N の平衡状態のエネルギーの期待値を求めたい．まずグランドカノニカル分布で扱い，次にカノニカル分布を使って $N = 1$ の場合と $N \gg 1$ の場合を調べよ．後者ではラプラスの方法 (9-3-1 節の (9.3.7) を見よ) を用いるとよい．

10.6 [二次元の理想ボース気体] 二次元自由粒子の理想ボース気体はボース・アインシュタイン凝縮を起こさないことを示せ．

10.7 [非等方的なトラップ中のボース・アインシュタイン凝縮] 実際の原子集団のボース・アインシュタイン凝縮の実験では，(10.4.24) のように完全に等方的な調和振動子型ポテンシャルではなく，原子集団を「葉巻」状の領域に閉じ込める非等方的なポテンシャル

$$\hat{H}_{一粒子} = \hat{\bm{p}}^2/(2m) + (m/2)\{(\omega_1)^2 \hat{x}^2 + (\omega_2)^2 (\hat{y}^2 + \hat{z}^2)\} - \{\hbar(\omega_1 + 2\omega_2)\}/2$$

が用いられる．本文の一連の評価をこのような系に拡張せよ．また，$\omega_1 \sim 100~\text{s}^{-1}$，$\omega_2 \sim 1000~\text{s}^{-1}$，$N \sim 10^5$ とし，臨界温度を評価せよ．

10.8 [黒体輻射の圧力] 逆温度 β の平衡状態にある体積 V の領域内の黒体輻射の圧力を $P(\beta)$，エネルギー密度を $u(\beta) = \langle \hat{H} \rangle_\beta / V$ とすると，$P(\beta) = u(\beta)/3$ の関係が成り立つ．黒体輻射を光子の系のグランドカノニカル分布で扱うことでこの関係を示せ．

11. 相転移と臨界現象入門

本書の最後の章では，統計力学にとって深い意味をもつ応用である，相転移と臨界現象の問題を扱う．たとえば 0°C で「水が凍る」というような相転移現象を，ミクロな分子のふるまいに基づいて理解できるのか？ これは，人類の科学にとって本質的に重要な問題である．これから見ていくように，「水が凍る」ことは未だわれわれの手に負えない難問なのだが，強磁性体の相転移現象についてはかなり進んだ理解が得られている．相転移とそれに伴う臨界現象の理論は，統計力学のなかでも最も魅力的なテーマの一つで，物理学を越えて科学の幅広い分野に強い影響を与えている．

11-1 節ではそもそも相転移と臨界現象とは何かを議論する．本章の主題である強磁性体の相転移の基本にも触れる．11-2 節では本章で扱う強磁性イジング模型を定義し，絶対零度でのふるまいを見る．さらに，無限体積の極限をとる必要性についても述べる．11-3 節では比較的簡単に解くことのできる一次元のイジング模型を調べ，このモデルが相転移を示さないことを見る．11-4 節では，一転して，平均場近似という，きわめて大らかな近似理論を紹介し，イジング模型が期待したとおりの相転移を示すという結論を示す．同じ近似の範囲で，臨界現象の様子も調べる．最後に，11-5 節で，実際のイジング模型の相転移と臨界現象について，厳密な結果も含め，知られていることを簡単に紹介する．

11-1 相転移，臨界現象とは何か

この節では，そもそも相転移と臨界現象とは何か，そして，われわれはそれらに対してどのような立場からアプローチするのかをはっきりさせようと思う．まず 11-1-1 節でわれわれに身近な物質の三態のあいだの相転移を例にとって基本的な考えを説明する．ここで，臨界現象という魅力的な

11-1-1　物質の三態と相転移

われわれにとって最も身近な物質である水（H_2O）は，われわれが観察できる状況で，固体（氷），液体（いわゆる水），気体（水蒸気）の三つの状態をとる。これはいくら慣れ親しんでみても驚異的な現象だ。飛行機の窓から下界を見るとき，果てしない大海原と，やはり果てしなく続く北極圏の氷の大地とが，元は同じ物質であり単に温度の違いから異なった相にあるという事実を心底なっとくするのは困難だろう。

しかも，この相転移の現象には明確で定量的な規則性がある。つまり，1気圧の環境では，氷を徐々に温めていけば，ちょうど 0°C で氷から水への相転移がおき，さらにその水を温めていけば，ちょうど 100°C で水から水蒸気への相転移がおきる[1]。特に，1気圧の環境では，水と氷が共存しうるのはちょうど 0°C に限られるし，水と水蒸気が共存しうる[2]のもちょうど 100°C に限られる。これが摂氏という温度目盛りの基準になっていることは言うまでもないだろう。

液体の水の温度が 0°C から 100°C に変わるあいだ，密度や粘性など水の物性は少しずつ変化する。しかし，これはあくまで定量的な変化であり，水から氷，水から水蒸気への変化のような定性的な（あるいは，質的な）変化とは違う。氷と水蒸気のそれぞれの範囲内での変化も，やはり質的な変化を伴わない，定量的な変化である。このように，定性的な変化を伴わずに移り変われるような一連の状態をひとまとめにして，**相** (phase) と呼ぶ[3]。氷，（液体の）水，水蒸気は，それぞれ，固相，液相，気相という三つの相に対応する。温度などのパラメーターを変化させたとき，物質が異なった相の間を移り変わる現象が**相転移** (phase transition) である。

なぜ同じ H_2O という物質が，温度を変えただけで，固相，液相，気相という全く性質の異なった状態をとるのかは，きわめて面白い問題だ。素朴

---

[1] 温度を下げていく場合は，過冷却現象が顕著に現れ，たとえば 0°C 未満でも水が液体のまま（準安定状態として）存在しうる。実際，特殊な工夫をすれば，水を $-40°C$ 程度まで過冷却できることが知られている。過冷却現象は，魅力的で重要な問題だが，平衡統計力学で何かを知りうる範囲を大きく超える問題だと考えられる。

[2] 空気など他の物質はなく，H_2O だけが容器などに封入されている状況を考えている。

[3] この定義は，実際には正確ではない。すぐ先の「相と相転移」のところで，定義をより詳しく検討する。

な還元主義[4]に立てば，このような変化は基本的な「部品」である H_2O 分子の性質の変化からくると考えたくなる．たとえば，0°C を境に，H_2O 分子の形態が大きく変化するとか，二つの H_2O 分子のあいだに働く力の様相が激変するとか，何らかの意味での「ミクロなルール」が変化することを想定するのだ．

しかし，統計力学を学んだ読者は，そのようなシナリオは不可能だと理解できるはずだ．ミクロな自由度である分子にとって，温度とは，周囲からくる熱的なノイズの平均値を決定するためのパラメターにすぎない．系のサイズが大きくなれば，熱的エネルギーの総和はほぼ一定値をとるが，ミクロな系では，熱的エネルギーは大きくゆらいでいる．きわめてミクロな対象である分子の形状や分子間の相互作用が，ある温度を境に不連続に変化するなどということは，決してあり得ない．

相転移がおこるのは，「ミクロなルール」が変化するからではない．「ミクロなルール」が不変でも，系を構成する要素（今の場合なら分子）の数がきわめて大きければ，それら相互の関連が変化することで，マクロな性質の不連続な変化が生じうるのだ．つまり，相転移は，無数の要素が複雑にからみ合ったとき全体として生じる**協力現象** (cooperative phenomena) の一種なのである．二個や三個といった小数の構成要素からなる系では決して見られない現象である．あるいは，系を構成要素にばらしてしまっては決して理解できない現象だといってもよい．無数のミクロな要素が全体として生み出す「マクロな物理」を調べる統計力学にとっては，これ以上ないほどに魅力的な自然現象である．

相と相転移

先に進む前に相と相転移という概念について少し詳しく議論しておこう．

図 11.1 は典型的な純物質の相図の模式図である[5]．絶対温度 T と圧力 p を変化させると，相図の中の境界線を横切るときに相転移が生じ，たと

---

[4] 狭い意味での還元主義 (reductionism) とは，何らかの現象をおこしている対象をより細かい構成要素に分解し，それら要素の性質をもとにしてその現象を説明するという立場．物理，化学，生物など，幅広い分野で，このような還元主義的な方法がきわめて強力であることはいうまでもないだろう．しかし，相転移のように，個々の要素の性質ではなく，無数の要素の相互の関係が本質的な現象もたくさんある．物理科学がつねに還元主義的だというのは，重大な誤解だ．

[5] H_2O の相図もこのような形をしているが，固体（氷）の部分がいくつもの異なった相に分かれている．

11-1 相転移，臨界現象とは何か

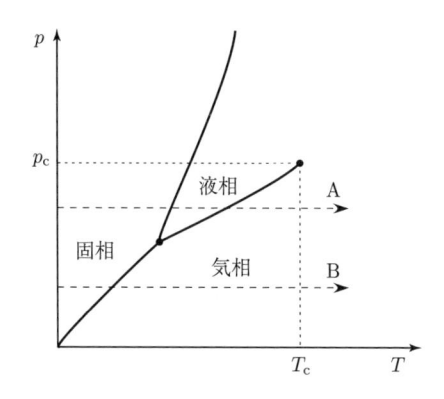

図 11.1 典型的な物質の三態の相図。A の点線に沿って圧力を一定に保ったまま温度を上げていくと，この物質は固相から，液相を経て，気相になる。これは水などでお馴染みの相の変化である。一方，B の点線に沿って温度を上げていくと，物質は固相から直接，気相へと変化する。これが CO_2（ドライアイス）などでお馴染みの昇華である。

えば物質の密度や比熱が不連続に変化する。境界線で仕切られる三つの領域が，固相，液相，気相である。

しかし，図 11.1 を見ると，この説明が少しおかしいことがわかる。固相はともかく，液相と気相を仕切るはずの境界線は途中で途切れてしまっている。この途切れている部分の先を通れば，相転移を経ずに，気相から液相に移ることができる。そもそも，温度と圧力が高い相図の右上の領域では，液相も気相も区別がないのだ。

だからといって，液相や気相というのが，いい加減な概念だというわけではない。実際，図 11.1 の A の点線に沿って温度を変化させたとき，液相から気相に移るところで，物質の密度や比熱が不連続に変化する。そして，変化の前後では，物質のふるまいは定性的に異なっている。このような状況を，液相から気相への相転移と表現するのは意味のあることだ。

この例は，相というのが，相図の一部分に着目したときに意味をもつ「局所的な」概念だということを示唆している。どの状態をどの相と同定するかは，相図のどの部分に着目するかに応じて変わるのである。それに対して，どの部分で物理量の特異な変化が生じるかを示す相図（より正確には，パラメーター空間の中での境界の位置）は，解釈の余地なく定まっていることに注意しよう。

「液相と気相の区別は便宜的だが，固相は他の二つの相から厳然と区別される」という議論が多く見られる。確かに，固相では物質は一般に結晶状態になり空間の並進対称性や回転対称性を破るのに対し，気相と液相ではこれらの対称性は保たれている。相図（図 11.1）で，固相が他の二つの相と境界線で完全に仕切られていることは，この事実の反映といってもよい。しかし，このような区別も原理的なものではないことを注意しておきたい。たとえば，物質の存在している空間に周期的なポテンシャルを人工的に作り出す方法があったとしよう[6]。まず通常の結晶（つまり，固体）の状態から出発し，そこに，結晶の周期と同じ周期をもったポテンシャルをゆっくりとかける。そのまま温度と圧力を変化させ，気相か液相の領域までもっていき，そこで周期ポテンシャルをゆるやかに消す。以上のプロセスをふめば，相転移を経ることなく，通常の固相から通常の液相あるいは気相に移ることができる。要するに，図 11.1 の二次元の相図に，（ポテンシャルの大きさを表す）もう一つの軸をつけ加えた三次元の相図を考えれば，固相と液相・気相も一つにつながっているということだ。固相も含めて，相の概念は局所的なものにすぎないのだ。

臨界現象

相図（図 11.1）で液体と気体を仕切る線が消えてしまう点 (T_c, p_c) を **臨界点** (critical point) と呼ぶ。臨界点での温度 T_c が臨界温度，圧力 p_c が臨界圧力である。臨界点の近傍では，**臨界現象** (critical phenomena) と呼ばれる，一連のきわめて興味深い現象が見られる。以下にその一例を見よう。

臨界温度 T_c よりも低い温度 T では，液相と気相の区別がある。温度を T に保ったまま圧力を変化させ，液相から気相に移るときの密度の不連続な変化量（つまり，「とび」）を $\Delta\rho(T)$ としよう[7]。$T > T_c$ では液相と気相の区別がなくなることからも想像されるように，$T \nearrow T_c$ とすれば $\Delta\rho(T) \searrow 0$ となる。しかも，このとき，密度の「とび」は

$$\Delta\rho(T) \approx (T_c - T)^\beta, \quad T \nearrow T_c \text{ のとき} \tag{11.1.1}$$

という，特異な温度依存性を示すことが知られている（ここで $\approx$ は両辺が

---

[6] 通常の物質についてはこれは（今のところ）不可能だが，10-4-1 節で見たような原子集団をトラップした系では，光学的な手法で（ある程度は）望むポテンシャルをつくりだすことができる。

[7] 別に T を一定に保たないでも，温度 T で液相から気相に移れば，同じ密度変化が得られる。

11-1 相転移，臨界現象とは何か

定数倍程度を除いて等しいことを意味する）。特異性を特徴づける指数 β は，**臨界指数** (critical exponent) と呼ばれる量の一つである[8]。

様々な物質について臨界指数 β を測定してみると，面白いことに，すべての物質について

$$\beta \simeq 0.325 \tag{11.1.2}$$

に近い値が得られている。臨界指数 β は，物質に依存しない普遍的な定数である可能性が高い。もちろん，T_c や p_c の値は物質ごとに大きく異なっている。臨界現象を特徴づける臨界指数 β が物質に依存しないというのは驚くべき実験事実だ。このような強力な定量的普遍性の背後に何があるのかを探るのは，実に魅力的な理論物理学の課題である。これについては，11-5-4 節で議論する。

相転移と臨界現象の研究の現状

このように，「水が凍る」ということに代表される相転移の現象，そして，それに伴う臨界現象は，自然がわれわれに「出題」したきわめて興味深い問題である。ミクロな要素が無数に集まって生み出す普遍的な「物理」を探求する統計力学にとっては，最高に魅力的な研究課題といってよい。

だが，残念なことだが，長いあいだの研究にもかかわらず，固相，液相，気相のあいだの相転移についての理論的な理解は進んでいない。原理的には，分子間の適切な相互作用を仮定した，古典的な多分子の系[9]の平衡状態をしっかりと調べれば，相転移や臨界現象のすべてが解明できるはずだ。しかし，これは現在の人類にとってはあまりに難しい問題であり，解決の見通しは全くない。要するに，われわれは，二十一世紀になっても，水が凍ることさえ理論的にきちんと理解できていないのだ。

幸いなことに，自然は，もう少し理論的に取り扱いやすい相転移と臨界現象を「出題」してくれていた。それは，「水が凍る」ことほど身近ではないが，やはりわれわれがよく知っている強磁性体——つまり，磁石——に関係する相転移である。

強磁性体の相転移の研究の歴史は二十世紀の冒頭にまでさかのぼるが，

---

[8] 臨界指数には，α, β, γ, δ などのギリシャ文字を使う習慣になっている（どの文字がどのような臨界現象を特徴づける指数かということも習慣的に決まっている）。しかし，β は逆温度と紛らわしいので，本書では α, β, γ, δ のように少し形の違うギリシャ文字を使う。

[9] 具体的には，ハミルトニアン (3.2.25) で記述されるような系，しかも，その古典力学版でよいはずだ。

特に精力的に研究が進められるようになったのは二十世紀の半ばからである。相転移・臨界現象というもっとも魅力的な難問への挑戦のフロンティアとして，強磁性体を含むスピン系の研究は大きな注目を集め，一時期は統計力学の中心でもあった。その結果，現象の本質のかなりの部分が解明され，それに伴って様々な理論的概念や手法が誕生した[10]。それらは，統計力学という枠をはるかに越えて，物理学全体に大きな影響を及ぼしたのである。二十一世紀になった今日でも，強磁性体（あるいは，より広くスピン系）の相転移にかかわる本質的に重要な未解決問題は少なからず残っている。今でも，一部の研究者はこれらのきわめて難易度の高い問題を解決すべく研究を進めている[11]。

とはいえ，スピン系の研究をしていれば（かなりの確率で）意味のある大きな流れにつながりうると単純に期待できた時期はとうに去った。そもそもは，「水が凍る」という自然からの出題があまりに困難だったから強磁性体での相転移の研究に多くの科学者が取り組んだという経緯を思い出すべき時期にきている。二十一世紀の統計力学は，「スピン系の平衡状態での相転移」という狭いパラダイムから脱却し，より広い科学の風景を見据えた研究を進めなくてはならない。そして，「水が凍る」ことに挑戦できるレベルまで人類の理論物理学のレベルを高めることも，決してあきらめてはいけないのだ。

11-1-2 強磁性体での相転移と臨界現象

強磁性体での相転移と相図

前節の結びはまるで本の最後の文のようだったが，相転移の章はまだ本格的に始まってもいない。これからは，相転移の研究全体での位置づけをふまえたうえで，強磁性体の相転移と臨界現象の基本を見ていこう。ここでは，ミクロなモデルの詳細には立ち入らず，強磁性体での相転移の特徴を大ざっぱに見る。

常温での鉄は強磁性体であり，永久磁石に引き寄せられるという顕著な

---

10) たとえば，スケーリングの概念，くりこみ群の方法，など。対称性の自発的な破れの概念は，はじめ別の分野で提唱されたが，強磁性体の相転移の研究の中で最も整備された。強磁性体のモデルを含むスピン系の相転移・臨界現象の進んだ解説として [3] をお勧めする。

11) そういった真摯な研究の流れとは別に，単なる「黄金時代」の名残としか考えられないような些末な「研究」があるのも（残念な）事実だ。

11-1 相転移，臨界現象とは何か

性質をもっている[12]）。ところが，鉄を 770°C 以上に熱すると，磁石には引き寄せられない常磁性状態になる。これが，強磁性状態から常磁性状態への相転移である。

強磁性体での相転移現象を最も明確に特徴づけるのは，系に外部磁場 H を加えたときの磁化（系が磁石になっている度合い）のふるまいである。十分に高温で系が常磁性状態にあるときには，図 11.2 (a) のように，平衡状態での磁化は磁場 H のなめらかな関数になる。磁化と磁場は同じ方向を向くので，磁場が正なら磁化も正，磁場が負なら磁化も負であり，特に磁場が 0 なら磁化も 0 になる。ところが，低温で系が強磁性状態になると，図 11.2 (b) のように，平衡状態での磁化は $H = 0$ で不連続性をもつよう

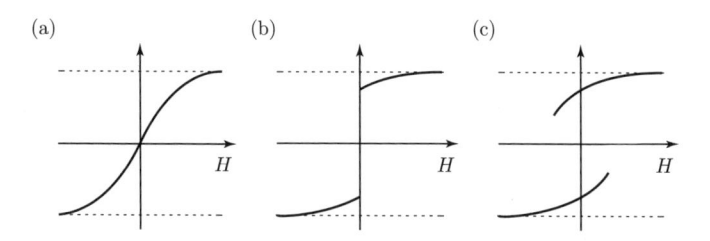

図 **11.2** 強磁性体の相転移現象を見るため，温度 T を一定に保ち，外部磁場 H（横軸）を変化させたとき，平衡状態での磁化（縦軸）がどのようにふるまうかを描いた。(a) 高温では，磁化は H の連続な関数であり，$H = 0$ で磁化は 0 である。(b) 十分低温では，磁場 H が正から負に変わるとき，磁化は正の値から負の値に不連続に変化する。(c) 低温での現実の実験では，磁場を正の側から下げていくと，磁場が負になっても（磁化の絶対値が大きすぎない間は）磁化が正の準安定状態が観測され，逆に磁場を負の側から上げていくと，磁場が正になっても磁化が負の準安定状態が観測されるという履歴現象が見られる。その場合の磁化のグラフはこのように二価になる。残念だが，平衡統計力学の範囲では，履歴現象や準安定状態は扱えない（詳しくは，456 ページの脚注 43）を見よ）。

---

[12] ミクロな立場から見ると，常温での鉄は永久磁石と変わらない状態になっている。鉄の試料の内部がいくつかの磁区 (magnetic domain) と呼ばれる領域に分かれていて，各々の磁区は立派な磁石になっている。しかし，磁区ごとに磁気モーメントの向きが異なっているので，全体としては磁気モーメントが打ち消されて磁石になっていないのである。磁区の形状や大きさは，主として，磁気モーメントが揃った領域の電磁気学的な双極子相互作用から決まってくるので，試料の大きさや形に強く依存する。磁区の大きさは，マイクロメートルのオーダーから，ときには，肉眼でも見える程度の大きさまで様々だが，原子・分子から見ればマクロな大きさをもっている。

になる。そして，磁場を正の側から 0 にすれば正の磁化をもった状態が得られ，磁場を負の側から 0 にすれば負の磁化をもった状態が得られる。このように，外部磁場の助けなしに維持される磁化を**自発磁化** (spontaneous magnetization) と呼ぶ。系が強磁性状態にあるか常磁性状態にあるかは，自発磁化がゼロかゼロでないかで完全に区別される。この問題での磁化のように，系がどのような状態（相）にあるかを定量的に特徴づけてくれる量を，一般に，**秩序パラメター** (order parameter) という。常磁性状態と強磁性状態の境目の温度 T_c を**転移温度** (transition temperature), **臨界温度** (critical temperature), あるいは，**キュリー**[13]**温度** (Curie temperature) と呼ぶ。

図 11.3 に，強磁性体の相図を，二つのパラメターのとり方について描いた。(a) は，温度 T と外部磁場 H をパラメターにとった二次元の相図である[14]。太い線分が「変なこと」が起こる部分で，ここを横切ると，磁化が不連続に変化する。そして，この不連続性の生じる線は，$(T_c, 0)$ という臨界点で途切れてしまい，そこから先では $H = 0$ を横切っても磁化は連続に変化する。この相図は，物質の三態の相図（図 11.1）の液相と気相の部分とよく似ている。そう考えると，太い線で区切られる上下の領域に名前をつけたくなる。この図では，それらを「プラス相」，「マイナス相」と呼ぶことにした。プラス相とマイナス相は，高温側では連続につながっているが，$T < T_c$ の範囲では，$H = 0$ の線で区切られている。液相と気相と同じ

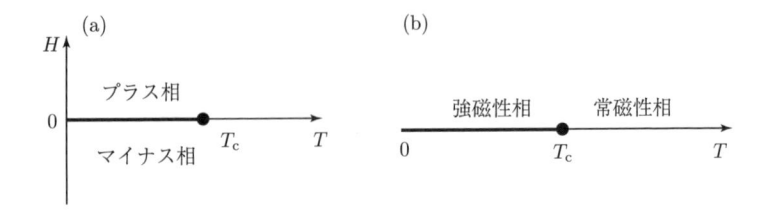

図 **11.3** 強磁性体の相図の二つの描き方。(a) 二次元の相図は物質の三態の相図（図 11.1）の液相と気相の部分によく似ている。液相に対応する部分をプラス相，気相に対応する部分をマイナス相と書いた。ただし，これらの命名は一般的ではない。(b) より一般的な $H = 0$ の領域の一次元的な相図。

---
13) 150 ページの脚注 29）を見よ。
14) ここでは，磁化がある特定の方向だけに出現するような，一軸異方性の強い強磁性体を想定して議論を進めている。

11-1 相転移，臨界現象とは何か

事情である．ただし，物理の文献では，$H = 0$ を横切る際の不連続な変化を相転移と呼ぶことは少なく，プラス相・マイナス相という呼び方もない．

一般的に見られるのは，図 11.3 (b) のような，$H = 0$ の領域に限定した一次元的な相図である．この場合は，$T < T_c$ の領域を**強磁性相** (ferromagnetic phase) と呼び，$T > T_c$ の領域を**常磁性相** (paramagnetic phase) と呼ぶ．そして，$T = T_c$ で両者のあいだの相転移が起きるとみなすのである．

すでに注意したように，相や相転移の概念は，どんな相図のどの部分に着目するかに応じて変わってくる．図 11.3 (a), (b) の強磁性体の二つの相図の描き方と相の命名は，その好例だろう．

強磁性体での臨界現象

強磁性体も，$T = T_c$, $H = 0$ の臨界点の近傍で様々な臨界現象を見せる．臨界現象については，後にイジング模型の設定で詳しく議論するが，ここではもっとも典型的なものだけを紹介しておこう．

上で見たように，強磁性状態を特徴づけるのは，磁場がゼロのときにも存在する自発磁化である．より正確に，温度を T に固定し磁場を正の側からゼロに近づけたときの平衡状態での磁化を自発磁化と定義し $m_s(T)$ と書く．自発磁化 $m_s(T)$ は，$T > T_c$ ではゼロであり，$T < T_c$ では正の値をとる．そして，T を低温側から T_c に近づけていったとき，

$$m_s(T) \approx (T_c - T)^\beta \tag{11.1.3}$$

という，特異な温度依存性を示す．この特異性を特徴づける臨界指数 β は，やはり強い定量的な普遍性をもっている．特に，一軸異方性の強い強磁性体の場合，この指数は物質に依存せず，しかも，液相・気相の臨界現象に関する (11.1.2) と等しい値をとることが観測されている．もちろん，転移温度 T_c は磁性体ごとに大きく異なっている．にもかかわらず，臨界指数 β が多くの磁性体で共通の値をとることは驚きである．そればかりか，強磁性体と液相・気相転移という，全く異なった現象において，値の等しい臨界指数が見られるというのだから，これは衝撃的な話だ．現代の相転移と臨界現象の理論的理解では，実際，これら二つの全く異なった舞台での臨界現象のあいだには深いつながりがあり，両者での臨界指数は完全に等しいと信じられている[15]．

---

15) ただし，証明と呼べるものはない．すでに述べたように，気体と液体のあいだの相転移の理論的な理解はきわめて貧弱なのだ．

11-2 強磁性イジング模型

この節では，強磁性体の相転移を調べるために，**強磁性イジング模型** (ferromagnetic Ising model)（以下，単にイジング模型と呼ぶ）を定義する。イジング模型は，実在の磁性体のモデルとしては全く忠実ではないが，強磁性体での相転移の本質をつかむためには，きわめて優れたモデルである。言ってみれば，相転移や臨界現象を引き起こすために最低限必要な要素だけをもったモデルなのだ。そのため定義はきわめて単純だが，系のふるまいが容易にわかるかというと，決してそんなことはない。イジング模型のミクロな定義から出発してマクロなふるまいを導き出すのは，おそろしく難しい問題なのだ。

理論物理学における「優れたモデル」というのは，決して，実際の物質に忠実なモデルのことではない。むしろ，きわめて複雑な現実の系の中から，着目している普遍的な現象にとって本質的な要素だけを抜き出し，その現象が生じるメカニズムそのものを集中的に研究できるようにしたものが，優れたモデルなのだ。これは，ほしい結果が出やすいようなモデルを意図的に選んでくる「やらせ」とは全く違うことを注意しておこう[16]。研究したい「物理」の本質的な難しさをも伝えるのが優れたモデルなのだ。

イジング模型という呼び名は，このモデルの一次元でのふるまいを1924年の学位論文で調べたイジング[17]にちなんだものである。ただし，モデルの発案者はイジングの指導をしたレンツ[18]である。レンツ・イジング模型 (Lenz-Ising model) という呼び方が提唱されたこともあるが[19]，呼びやすいイジング模型が定着している。

11-2-1節では，イジング模型を定義し，基本的な物理量を導入する。11-2-2節ではイジング模型の絶対零度での性質を見る。11-2-3節では，相転移の研究で無限体積の極限が重要であることを述べ，無限体積極限での物理量を定義する。

---

16) 残念ながら，現実の理論物理学の研究と呼ばれるものの中には，「やらせ」に近い（時には，「やらせ」としか思えない）ものもある。ただし，安直な問題だと思ったものから意外な結果が出て物理が広がることも（まれだが）ある。

17) Ernst Ising (1900–1998) ドイツで生まれ育ったユダヤ人で，後にアメリカに渡った。人生の大部分は，優れた教師として過ごした。

18) Wilhelm Lenz (1888–1957) ドイツの物理学者。

19) 優れた問題やモデルを提唱することが科学への本質的な貢献であることは言うまでもないだろう。

11-2 強磁性イジング模型

11-2-1 モデルの定義

絶縁性の強磁性体の簡単なモデルを考えたい[20]。5-3 節と同じように，結晶中の各々の原子が一つずつの不対電子をもっているとする。これらの電子は原子の上に束縛されており，スピンの自由度だけをもっている。ここまでの設定は 5-3 節と全く同じである。新しいのは，隣り合ったスピンの間にスピンどうしを揃えようとする相互作用が働くことだ。以下ではこれを抽象的にモデル化しよう。

一辺が L の d 次元立方格子を考える（図 11.4）。次元 d は通常は 3 だが $d = 1, 2$ に相当する系も考えられる。また，純粋に数学的に 4 以上の次元を考えることもある。全格子点の数を $N = L^d$ とする。格子点に $i = 1, 2, \ldots, N$ と番号をつけておく。各々の格子点には，上向きと下向きの二つの状態をとるスピンがのっている。格子点 i のスピンを表すスピン変数を $\sigma_i = \pm 1$ とする。1 が上向き，-1 が下向きに対応する。また，スピン変数 σ_i に対応する物理量を $\hat{\sigma}_i$ と書く。

系のエネルギー固有状態は，すべての格子点のスピン変数を $(\sigma_1, \sigma_2, \ldots, \sigma_N)$ と列挙することで指定できる。このようなスピンの並びのことを，**スピン配位** (spin configuration) と呼ぶ。各々のスピンが二通りの状態をとるから，全系の状態，あるいは，スピン配位の総数は 2^N である。$(\sigma_1, \ldots, \sigma_N)$ に対応するエネルギー固有値を

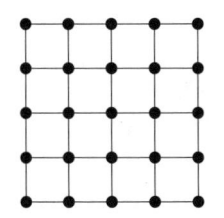

図 **11.4** $d = 2, L = 5$ の場合の格子。25 個の格子点のそれぞれにスピンがのっている。線分で結ばれた二つの格子点上のスピンが相互作用し合っている。離れたスピンは直接は相互作用しないが，間にあるスピンたちを介して，間接的に相互作用し合っている。

---

20) 鉄は導体なので，このモデルとはかなり異なっている。実は，絶縁性の強磁性体というのは，あまり多くはない。しかし，電気伝導の問題と切り離して，強磁性体の相転移の本質を研究するには，絶縁体を念頭におく方が有利なのだ。

$$E_{(\sigma_1,\ldots,\sigma_N)} = -J \sum_{\langle i,j \rangle} \sigma_i \sigma_j - \mu_0 H \sum_{i=1}^{N} \sigma_i \tag{11.2.1}$$

とする。第二項は，すでに (5.3.2), (5.3.4), (5.3.23) でお馴染みの，外部磁場 H とスピン磁気モーメントの相互作用を表す項である。$\mu_0 > 0$ はスピン一つの磁気モーメントを表す定数。第一項は，(5.3.23) の第一項と同様，スピン間の交換相互作用を表している。ただし，ここでの和は，互いに隣り合う格子点の組 i, j すべてについてとる。図 11.4 で線分で結ばれているのが隣り合う格子点である。

ここでは，交換相互作用定数 J は正とする。5-3-3 節でも見たことだが，(11.2.1) から隣り合う格子点の組 i, j に関わる相互作用を取り出すと，

$$-J\sigma_i \sigma_j = \begin{cases} -J, & \sigma_i = \sigma_j \text{ のとき} \\ J, & \sigma_i \neq \sigma_j \text{ のとき} \end{cases} \tag{11.2.2}$$

となる。つまり，隣り合う格子点のスピンが揃う方がエネルギーは下がる。このように互いにスピンを揃えようとする相互作用を，強磁性的相互作用という。

このモデルでは，互いに隣り合ったスピンが相互作用し，少し離れたスピンどうしは直接には相互作用しない。しかし，あるスピンは隣のスピンと相互作用し，その隣のスピンはそのまた隣のスピンと相互作用し，というように，相互作用は「伝言ゲーム」的にどんどん伝わっていく。間接的には，格子上のすべてのスピンが互いに何らかの相互作用を及ぼし合っていることになる。これまで本書で解析してきたモデルは，いずれも何らかの意味で独立な部分からなる系として扱うことができた。そういう意味で，これから扱うイジング模型はこれまでの問題とは根本的に異なっている。より難しいが，より興味深い物理を見せてくれるのである。

最後に，イジング模型をかならずしも磁性体のモデルとみなさなくてもよいことを注意しておこう。スピンにかぎらず大まかに二つの状態をとりうる自由度が空間にずらりと並んでおり，それら自由度どうしがお互いに同じ状態をとろうとする傾向があるとしよう。明らかに，そのような状況を記述するもっとも簡単なモデルはイジング模型である。そういう意味で，イジング模型は，強磁性体の物理という設定を離れても，互いに相互作用し合う多くの自由度が示す普遍的な物理を探索するための有力な舞台にな

11-2 強磁性イジング模型

るのである。

平衡状態での物理量

われわれは，イジング模型の逆温度 β での平衡状態を調べたい。カノニカル分布で平衡状態を記述するのが自然だ。

カノニカル分布の形式をそのまま適用するだけだが，念のため，だいじな量の定義をまとめておこう。なお，5-3 節と同様，交換相互作用 J と磁気モーメント μ_0 は物質固有の定数とみなし，逆温度 β と外部磁場 H を制御可能なパラメターとする。

まず，基本となる分配関数は，(5.1.1) のとおり，

$$Z_L(\beta, H) = \sum_{(\sigma_1, \ldots, \sigma_N)} \exp[-\beta E_{(\sigma_1, \ldots, \sigma_N)}] \tag{11.2.3}$$

である。和は 2^N 通りのスピン配位 $(\sigma_1, \ldots, \sigma_N)$ のすべてについてとる。後の便利のため，格子のサイズ L を明示しておいた。物理量 $\hat{g}$ の期待値は，(5.1.3) のとおり，

$$\langle \hat{g} \rangle_{\beta, H}^{\mathrm{can}} := \frac{1}{Z_L(\beta, H)} \sum_{(\sigma_1, \ldots, \sigma_N)} g_{(\sigma_1, \ldots, \sigma_N)} \exp[-\beta E_{(\sigma_1, \ldots, \sigma_N)}] \tag{11.2.4}$$

である（$g_{(\sigma_1, \ldots, \sigma_N)}$ は状態 $(\sigma_1, \ldots, \sigma_N)$ における物理量 $\hat{g}$ の値）。また，分配関数から (5.1.5) によってヘルムホルツの自由エネルギーが得られるが，ここでは，スピン一つあたりの自由エネルギー

$$f_L(\beta, H) := -\frac{1}{\beta N} \log Z_L(\beta, H) \tag{11.2.5}$$

を用いる。

(5.3.11) と全く同様に，物理量としての磁化を

$$\hat{m} := \frac{1}{N} \sum_{j=1}^{N} \mu_0 \, \hat{\sigma}_j \tag{11.2.6}$$

と定義し，その期待値を，

$$m_L(\beta, H) := \langle \hat{m} \rangle_{\beta, H}^{\mathrm{can}} = -\frac{\partial}{\partial H} f_L(\beta, H) \tag{11.2.7}$$

と書く。二つ目の関係は定義を素直に微分すれば得られるので，試してみよう。これ以降，期待値 $m_L(\beta, H)$ のことも，単に**磁化** (magnetization) と呼ぶ。磁化とは，「系がどの程度磁石になっているか」の目安である。それ

に対して,「系がどの程度磁石になりやすいか」の目安になるのが, ゼロ磁場での**磁化率** (magnetic susceptibility)

$$\chi_L(\beta) := \left.\frac{\partial m_L(\beta, H)}{\partial H}\right|_{H=0} \qquad (11.2.8)$$

である.

11-2-2 絶対零度

まず, もっとも基本となる絶対零度での系のふるまいを見ておこう. つまり, エネルギー (11.2.1) を最低にするような状態 $(\sigma_1, \ldots, \sigma_N)$ (つまり, 基底状態) を求めようということだ.

もしエネルギー (11.2.1) の和の各々の項を同時に最小化するような状態が存在すれば, それは明らかに基底状態だ. そのような状態が存在するかどうかは一般にはわからないが[21], ともかく探してみよう (今の場合は, 見つかる).

まず, 相互作用の項 $-J\sigma_i\sigma_j$ を最小化するには, (11.2.2) にあるように, $\sigma_i = \sigma_j$ としてやればよい. この条件がすべての隣り合う格子点の組 i, j について成り立たなくてはならない. この条件を「伝言ゲーム」的に次々と使っていけば, 結局, すべてのスピンを等しくする必要がある. つまり, エネルギー (11.2.1) の第一項を最小化する状態は, すべての i について $\sigma_i = 1$ とした状態か, すべての i について $\sigma_i = -1$ とした状態かのいずれかである.

一方, 外部磁場とスピンの相互作用 $-\mu_0 H\sigma_i$ を最小化する状態は, 磁場の符号によって変わってくる. エネルギー (11.2.1) の第二項を最小化するのは, もし $H > 0$ なら, すべての i について $\sigma_i = 1$ とした状態であり, $H < 0$ なら, すべての i について $\sigma_i = -1$ とした状態である. $H = 0$ のときは, (11.2.1) の第二項はつねに 0 だから, どんなスピン配位だろうと最小値を与える.

以上をまとめると, エネルギーを最小にする状態, つまり基底状態がわ

---

[21] そのような状態が存在しない簡単な例. $J > 0$ として $E = J\sigma_1\sigma_2 + J\sigma_2\sigma_3 + J\sigma_3\sigma_1$ というエネルギーを考える. $J\sigma_1\sigma_2$ を最小化するには, $\sigma_1 = -\sigma_2$ とすればよい. また, $J\sigma_2\sigma_3$ を最小化するには, $\sigma_2 = -\sigma_3$ とすればよい. ところが, 上の二つの条件を認めると自動的に $\sigma_1 = \sigma_3$ となってしまう. これでは, $J\sigma_3\sigma_1$ は最小化されない. この例のように, エネルギーの複数の項が「あちらを立てれば, こちらが立たず」の関係になっているとき, その系には**フラストレーション** (frustration) があるという.

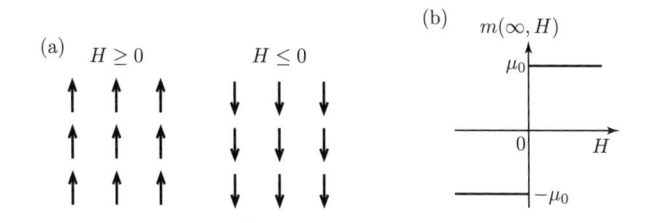

図 11.5 絶対零度でのイジング模型。(a) $H \geq 0$ と $H \leq 0$ での基底状態。すべてのスピンが，それぞれ，すべて上向き，すべて下向きに揃っている。(b) 対応する磁化のふるまい。$H = 0$ を境に，$-\mu_0$ から μ_0 に不連続に変化する。

かる。$H \geq 0$ なら，すべての i について $\sigma_i = 1$ としたものが基底状態である。また，$H \leq 0$ なら，すべての i について $\sigma_i = -1$ としたのが基底状態である。$H = 0$ のときには，これらの両方が基底状態である（図 11.5）。

これに基づいて，絶対零度での磁化 $m_L(\infty, H)$ のふるまいを見ておこう。すべてのスピンが $\sigma_i = 1$ の状態での磁化は μ_0，すべてのスピンが $\sigma_i = -1$ の状態での磁化は $-\mu_0$ だから，

$$m_L(\infty, H) = \begin{cases} -\mu_0, & H \leq 0 \text{ のとき} \\ \mu_0, & H \geq 0 \text{ のとき} \end{cases} \quad (11.2.9)$$

とわかる（図 11.5）。つまり，磁化は H の関数として不連続である。もちろん，これはエネルギーを最小化する状態が入れ替わったことの単純な反映にすぎない。これに対して，同じような不連続性が 0 でない温度で見られるかどうかは，本質的に難しい問題である。

11-2-3 無限体積の極限

有限系は相転移を示さないこと

有限温度での相転移や臨界現象を調べるには，11-2-1 節で定義した $f_L(\beta, H)$，$m_L(\beta, H)$ といった物理量を何らかの方法で計算し，それらのふるまいを見てやればいいように思える。しかし，このとき格子のサイズ L はどの程度の大きさにとればいいのだろうか？　たとえば，$L = 2$ や $L = 3$ では，スピンの総数も少なく，「無数の要素の協力現象」が生じるとは期待できない。少なくとも，「マクロな個数」のスピンがあると思える程度に L を大

きくする必要がありそうだ。

実際は，L が有限ならば，次のことが簡単に言えてしまう。

定理 11.1 (有限系は相転移を示さないこと) L を任意の（有限な）正整数とする。自由エネルギー $f_L(\beta, H)$ は β, H について何度でも微分できる。よって磁化 $m_L(\beta, H)$ は H の連続関数であり，特に $0 \leq \beta < \infty$ の任意の逆温度 β について $m_L(\beta, 0) = 0$ が成り立つ。

つまり，磁化が不連続に変化するような特異なふるまいは，あり得ないというのだ。この結果の物理的な意味を考える前に，証明を見ておこう。

証明：前半は当たり前だ。分配関数 (11.2.3) は，ややこしい形をしているが，結局は $e^{n\beta J + m\beta\mu_0 H}$ という形の項（n, m は整数）を有限個足し合わせたものにすぎない。これは，β, H について何度でも微分できる。これらの項はすべて正だから $Z_L(\beta, H)$ も正。よって対数をとって得られる $f_L(\beta, H)$ も，やはり β, H について何度でも微分できる性質のよい関数である。

最後の主張を示すために，系の対称性 (symmetry) を考える。あるスピン配位 $(\sigma_1, \ldots, \sigma_N)$ が与えられたとき，新しいスピン配位 $(\tilde{\sigma}_1, \ldots, \tilde{\sigma}_N)$ を，すべての i について $\tilde{\sigma}_i := -\sigma_i$ とすることで，定義する。すべてのスピンの向きを反転するので，$(\tilde{\sigma}_1, \ldots, \tilde{\sigma}_N)$ をスピン反転した配位と呼ぶ。さて，エネルギーの表式 (11.2.1) をスピン反転した変数を使って書き直せば，$\tilde{\sigma}_i \tilde{\sigma}_j = \sigma_i \sigma_j$ が成り立つことから，

$$E_{(\sigma_1, \ldots, \sigma_N)} = -J \sum_{\langle i,j \rangle} \tilde{\sigma}_i \tilde{\sigma}_j - \mu_0 (-H) \sum_{i=1}^{N} \tilde{\sigma}_i \tag{11.2.10}$$

のように，磁場の符号が反転するだけで，もとのエネルギーと同じ表式が得られる。つまり，すべてのスピンを反転することは（エネルギーの立場からいえば）磁場を反転することと等価なのである。すべての $(\sigma_1, \ldots, \sigma_N)$ について足し上げることは，すべてのスピン反転した配位 $(\tilde{\sigma}_1, \ldots, \tilde{\sigma}_N)$ について足し上げることと同じだから，分配関数の表式 (11.2.3) を，

$$Z_L(\beta, H) = \sum_{(\tilde{\sigma}_1, \ldots, \tilde{\sigma}_N)} \exp[-\beta E_{(\sigma_1, \ldots, \sigma_N)}]$$

$$= \sum_{(\tilde{\sigma}_1, \ldots, \tilde{\sigma}_N)} \exp\left[\beta J \sum_{\langle i,j \rangle} \tilde{\sigma}_i \tilde{\sigma}_j + \beta\mu_0 (-H) \sum_{i=1}^{N} \tilde{\sigma}_i\right]$$

11-2 強磁性イジング模型

と書くことができる。ここで，$\tilde{\sigma}_1, \ldots, \tilde{\sigma}_N$ は和をとるためのダミー変数だから，名前をつけ替えて $\sigma_1, \ldots, \sigma_N$ と呼んでもかまわない。すると，

$$= \sum_{(\sigma_1,\ldots,\sigma_N)} \exp\left[\beta J \sum_{\langle i,j \rangle} \sigma_i \sigma_j + \beta \mu_0(-H) \sum_{i=1}^{N} \sigma_i\right] = Z_L(\beta, -H) \tag{11.2.11}$$

となり，磁場を反転しても分配関数が変わらないことがわかる。自由エネルギーの定義 (11.2.5) から直ちに

$$f_L(\beta, H) = f_L(\beta, -H) \tag{11.2.12}$$

という自由エネルギーの対称性が示される。さらに磁化は (11.2.7) のように $f_L(\beta, H)$ の H 微分で書けるので，

$$m_L(\beta, H) = -m_L(\beta, -H) \tag{11.2.13}$$

のように，磁場の反転について反対称になる。

反対称性 (11.2.13) を使えば，定理 11.1 の最後の部分の証明が終わる。$f_L(\beta, H)$ が微分可能なので，$m_L(\beta, H)$ はすべての β, H において定義されている。よって (11.2.13) で $H = 0$ とすれば，$m_L(\beta, 0) = -m_L(\beta, 0)$ となり，$m_L(\beta, 0) = 0$ が得られる。∎

無限体積極限の必要性

定理 11.1 を見ると，カノニカル分布からは，磁化の不連続性に代表される相転移のふるまいは得られないと考えたくなる[22)]。しかし，そう簡単にあきらめてはいけない。

磁化 $m_L(\beta, H)$ が H の連続関数だといっても，L がきわめて大きいときには，それはきわめて複雑な関数になりうる。たとえば，大ざっぱに見れば，図 11.2 (b) のような「とび」のある関数に見えて，$H = 0$ のごくごく近辺だけをすさまじい倍率で拡大してやると，その部分だけで（きわめて急な傾きで）なめらかにつながっている，というような可能性もある。そのような関数は，実際問題としては，不連続な関数と変わらない。

---

22) 実際，1937 年に開かれた専門家の会議（ファンデルワールス（472 ページの脚注 63）を見よ）の生誕百年を記念する会議）の場で，はたして統計力学によって相転移に伴う特異性が記述できるかどうかが議論されたものの，明確な結論は出なかったという。討論の後で投票を行なったところ，記述できるという意見と記述できないという意見が，ほぼ同数だったと伝えられている（[9], p. 432)。

ここで，実験で相転移や磁化の不連続性が観測されるとき，われわれは何を見ているのかを反省する必要がある．現実の実験では，有限とはいえきわめて大きなサイズの系を扱い，マクロな物理量を有限の精度で観測している．その結果として，たとえば磁化の不連続性が（実験精度の範囲で）シャープに観察されるのだ．このような実験・観測は，系が十分にマクロなときに現れる普遍的なふるまいを抽出するプロセスだと考えることができる．

われわれがマクロな系の特異なふるまいを調べる理論をつくるときにも，何らかの方法でマクロな系の普遍的なふるまいを抽出する必要がある．その方法はいくつか考えられるが[23]，もっとも単純で明快なのは，系のサイズ L を無限に大きくする**無限体積極限** (infinite volume limit) あるいは**熱力学極限** (thermodynamic limit) をとることだ．本当に無限に大きい磁性体を作れというのではなく，理論物理ならではの理想化の一つとして，「きわめて大きいが有限の系」のかわりに「無限に大きい系」を考えようということだ．これによって，「サイズがきわめて大きいがあくまで有限」であるために生ずる様々な余分な現象にはとらわれず，マクロな系の相転移と臨界現象の本質を研究することができるのだ[24]．

無限体積極限

イジング模型の無限体積極限においてどのような量を考えるかをはっきりさせておく．分配関数 (11.2.3) の定義でそのまま $L \nearrow \infty$ としても，ただ発散するだけで，意味のある量は得られない．そこで，スピン一つあたりの自由エネルギー (11.2.5) に注目し，その無限体積極限

$$f(\beta, H) := \lim_{L \nearrow \infty} f_L(\beta, H) \qquad (11.2.14)$$

を考える．本書では立ち入らないが，この極限が存在することは比較的簡単に証明できる[25]．これまでと同様，$f(\beta, H)$ が熱力学的な自由エネルギーに対応するとみなす．

---

23) たとえば，あくまで有限の L の系だけを考え，サイズ L を徐々に大きくしていったとき，どのようなふるまいが現れてくるかに着目して，相転移や臨界現象を議論するという方法もある．スピン系の数値計算では，これが常套手段である．

24) 「有限系では相転移が生じないから，無限体積極限をとる」という説明に出会うことがある．言うまでもないだろうが，そんなご都合主義的な理由で理論物理を進めてはいけない．

25) 厳密な結果について詳しく知りたい読者には，[4] をすすめる．

そして，無限体積極限での磁化を，(11.2.7) の最後の書き方を拡張して，
$$m(\beta, H) := -\frac{\partial}{\partial H}f(\beta, H) \tag{11.2.15}$$
と定義し，無限体積極限での磁化率を，
$$\chi(\beta) := \left.\frac{\partial m(\beta, H)}{\partial H}\right|_{H=0} \tag{11.2.16}$$
と定義する．

これからは，こうして定義した無限体積極限での理論が相転移や臨界現象を示すかを調べていく．特に，$m(\beta, H)$ が図 11.2 (a), (b) のようなふるまいを示すかどうかが重要な問題だ．もちろん，無限個のスピンが互いに相互作用し合っている系を扱おうというのだから簡単な話ではない．それでも，11-5-3 節で述べるように，これら無限体積極限の量について，相転移・臨界現象に関わるいくつかの重要な結果が厳密に示されているのだ．

11-3　一次元イジング模型

まず，もっとも簡単な一次元の問題を考えてみよう．現実の世界には，一次元のスピン系など存在しない．ただ，三次元の系ではあるが，ある特定の方向に隣り合ったスピン間の相互作用だけが強く，残りの方向の相互作用が弱いような系はたくさんある．そういった系はかなりの精度で一次元のスピン系として扱うことができる．

一次元系では，$L = N$ であり，エネルギー (11.2.1) は，
$$E_{(\sigma_1,\ldots,\sigma_L)} = -J\sum_{i=1}^{L}\sigma_i\sigma_{i+1} - \mu_0 H\sum_{i=1}^{L}\sigma_i \tag{11.3.1}$$
と書ける．計算が簡単になるよう周期的境界条件を採用したので，式の中に σ_{L+1} が現れたら σ_1 と読み替える[26]．

逆温度 β, 外部磁場 H の平衡状態を考えよう．計算すべき分配関数 (11.2.3) の定義を書き下してみると，
$$Z_L(\beta, H) = \sum_{(\sigma_1,\ldots,\sigma_L)}\exp\left[\beta J\sum_{i=1}^{L}\sigma_i\sigma_{i+1} + \beta\mu_0 H\sum_{i=1}^{L}\sigma_i\right] \tag{11.3.2}$$

---

[26]　周期的境界条件を課すということは，一次元格子全体が輪になっているとみなすことだ．ただし，現実に輪になった格子を考えたいというわけではない．周期的境界条件というのは，境界の影響を取り除いて，系の内部で起きることだけに注目するために導入する，理想化した境界条件なのである．

となる。読者は，たとえば σ_1 についての和を先にとるといった工夫をしてこの和を評価できないかと考えるだろう。だが，それは無理だ。ここでは，隣り合うスピンどうしが相互作用し合っているので，和をバラバラにとることはできないのだ（ただし，$H=0$ の場合は例外であることを問題 11.1 で見る）。変数 σ_i の動く範囲が ± 1 だから，フーリエ変換なども無力である。

転送行列

面白いことに，行列の知識を使うと，(11.3.2) の和を比較的簡単に評価することができる。計算を能率的にするため，まずエネルギー (11.3.1) を，

$$E_{(\sigma_1,\ldots,\sigma_L)} = -\sum_{i=1}^{L}\left\{J\sigma_i\sigma_{i+1} + \mu_0 H \frac{\sigma_i + \sigma_{i+1}}{2}\right\} \quad (11.3.3)$$

と書き換えておく。磁場の項の書き換えには，$\sigma_{L+1} = \sigma_1$ と約束したことで成り立つ関係 $\sum_{i=1}^{L}\sigma_{i+1} = \sum_{i=1}^{L}\sigma_i$ を使った。この形を使えば，分配関数 (11.2.3) は，

$$Z_L(\beta, H) = \sum_{(\sigma_1,\ldots,\sigma_L)}\prod_{i=1}^{L}\exp\left[\beta J\sigma_i\sigma_{i+1} + \beta\mu_0 H \frac{\sigma_i + \sigma_{i+1}}{2}\right]$$

$$= \sum_{\sigma_1=\pm 1}\sum_{\sigma_2=\pm 1}\cdots\sum_{\sigma_L=\pm 1}\prod_{i=1}^{L}(\mathsf{M})_{\sigma_i,\sigma_{i+1}} \quad (11.3.4)$$

と書ける。すべての $(\sigma_1,\ldots,\sigma_L)$ について足し上げるのは，各々の $i=1,\ldots,L$ で $\sigma_i = \pm 1$ について足すのと同じであることを用いた。また，$\sigma,\sigma' = \pm 1$ について，

$$(\mathsf{M})_{\sigma,\sigma'} := \exp\left[\beta J\sigma\sigma' + \beta\mu_0 H \frac{\sigma + \sigma'}{2}\right] \quad (11.3.5)$$

という量を定義した。

σ と σ' はそれぞれ二つの値をとるから，(11.3.5) では四つの量が定義されている。これで 2×2 行列 M が定義されたと考えるのが自然だ。つまり，行列の成分を 1 と 2 で表すかわりに，ここでは，1 と -1 で表していると考えるのだ。すると，M は，

$$\mathsf{M} = \begin{pmatrix} e^{\beta J + \beta\mu_0 H} & e^{-\beta J} \\ e^{-\beta J} & e^{\beta J - \beta\mu_0 H} \end{pmatrix} \quad (11.3.6)$$

という実対称行列になる。

行列を持ち出したのは，単に四つの量をまとめて書くためではない。

11-3 一次元イジング模型

(11.3.4) の最右辺から，たとえば σ_2 を含む部分だけを取り出してみると，

$$\sum_{\sigma_2=\pm 1}(\mathsf{M})_{\sigma_1,\sigma_2}(\mathsf{M})_{\sigma_2,\sigma_3} = (\mathsf{M}^2)_{\sigma_1,\sigma_3} \tag{11.3.7}$$

のように行列の積を使って和を表すことができる．これは有望だ．

分配関数の表式 (11.3.4) の中で和の順番を変えて (11.3.7) を使うと，

$$\begin{aligned}Z_L(\beta,H) &= \sum_{\sigma_1=\pm 1}\sum_{\sigma_3=\pm 1}\cdots\sum_{\sigma_L=\pm 1}\sum_{\sigma_2=\pm 1}(\mathsf{M})_{\sigma_1,\sigma_2}(\mathsf{M})_{\sigma_2,\sigma_3}\prod_{i=3}^{L}(\mathsf{M})_{\sigma_i,\sigma_{i+1}} \\ &= \sum_{\sigma_1=\pm 1}\sum_{\sigma_3=\pm 1}\cdots\sum_{\sigma_L=\pm 1}(\mathsf{M}^2)_{\sigma_1,\sigma_3}\prod_{i=3}^{L}(\mathsf{M})_{\sigma_i,\sigma_{i+1}}\end{aligned}$$

となり，さらに σ_3 についても同様に扱えば，

$$\begin{aligned}&= \sum_{\sigma_1=\pm 1}\sum_{\sigma_4=\pm 1}\cdots\sum_{\sigma_L=\pm 1}\sum_{\sigma_3=\pm 1}(\mathsf{M}^2)_{\sigma_1,\sigma_3}(\mathsf{M})_{\sigma_3,\sigma_4}\prod_{i=4}^{L}(\mathsf{M})_{\sigma_i,\sigma_{i+1}} \\ &= \sum_{\sigma_1=\pm 1}\sum_{\sigma_4=\pm 1}\cdots\sum_{\sigma_L=\pm 1}(\mathsf{M}^3)_{\sigma_1,\sigma_4}\prod_{i=4}^{L}(\mathsf{M})_{\sigma_i,\sigma_{i+1}}\end{aligned}$$

が得られる．明らかに，この計算は次々とくり返すことができて，最後まで行なえば，

$$= \sum_{\sigma_1=\pm 1}(\mathsf{M}^L)_{\sigma_1,\sigma_1} = \mathrm{Tr}[\mathsf{M}^L] \tag{11.3.8}$$

のように，分配関数を行列のトレースで表すことができる．行列 M は，この系でのスピン間の相互作用を「隣りに伝える」役割を果たしていることから，**転送行列** (transfer matrix) と呼ばれる．

初等的な線形代数の知識を使えば，このトレースを簡単に計算できる．まず行列 (11.3.6) は実対称だから，ある直交行列 O を使って，

$$\mathsf{O}^{\mathrm{t}}\mathsf{M}\mathsf{O} = \begin{pmatrix} \lambda_+ & 0 \\ 0 & \lambda_- \end{pmatrix} \tag{11.3.9}$$

と対角化できる．O^{t} は O の転置である．ここで，

$$\lambda_\pm = e^{\beta J}\left\{\cosh(\beta\mu_0 H) \pm \sqrt{\{\sinh(\beta\mu_0 H)\}^2 + e^{-4\beta J}}\right\} \tag{11.3.10}$$

は M の固有値である．

$\mathsf{O}^{\mathrm{t}}\mathsf{O} = \mathsf{O}\mathsf{O}^{\mathrm{t}} = \mathsf{I}$ が成り立つから，(11.3.9) より

$$\mathsf{M} = \mathsf{O} \begin{pmatrix} \lambda_+ & 0 \\ 0 & \lambda_- \end{pmatrix} \mathsf{O}^t \qquad (11.3.11)$$

で，これを使えば，(11.3.8) の分配関数の表式は，

$$Z_L(\beta, H) = \mathrm{Tr}\left[\left\{\mathsf{O}\begin{pmatrix}\lambda_+ & 0 \\ 0 & \lambda_-\end{pmatrix}\mathsf{O}^t\right\}^L\right] = \mathrm{Tr}\left[\mathsf{O}\begin{pmatrix}\lambda_+ & 0 \\ 0 & \lambda_-\end{pmatrix}^L \mathsf{O}^t\right]$$

$$= \mathrm{Tr}\left[\begin{pmatrix}\lambda_+ & 0 \\ 0 & \lambda_-\end{pmatrix}^L\right] = (\lambda_+)^L + (\lambda_-)^L \qquad (11.3.12)$$

となる。二行目に移るところでトレースの性質 $\mathrm{Tr}[\mathsf{A}\,\mathsf{B}] = \mathrm{Tr}[\mathsf{B}\,\mathsf{A}]$ を用いた。

よって自由エネルギー (11.2.5) は，

$$\begin{aligned}f_L(\beta, H) &= -\frac{1}{\beta L}\log\{(\lambda_+)^L + (\lambda_-)^L\} \\ &= -\frac{1}{\beta L}\log\left[(\lambda_+)^L\left\{1 + \left(\frac{\lambda_-}{\lambda_+}\right)^L\right\}\right] \\ &= -\frac{1}{\beta}\log \lambda_+ - \frac{1}{\beta L}\log\left\{1 + \left(\frac{\lambda_-}{\lambda_+}\right)^L\right\}\end{aligned} \qquad (11.3.13)$$

と表される。$\lambda_-/\lambda_+ < 1$ に注意して，$L \nearrow \infty$ とすれば，

$$\begin{aligned}f(\beta, H) &= \lim_{L \nearrow \infty} f_L(\beta, H) = -\frac{1}{\beta}\log \lambda_+ \\ &= -J - \frac{1}{\beta}\log\left\{\cosh(\beta\mu_0 H) + \sqrt{\{\sinh(\beta\mu_0 H)\}^2 + e^{-4\beta J}}\right\}\end{aligned}$$
$$(11.3.14)$$

と，無限体積極限での自由エネルギーが正確に計算できる。

無数のスピンが互いに相互作用し合う系での自由エネルギーが，閉じた形で厳密に計算できたのである。これは驚くべきことだ。上の計算はさほど煩雑ではないが，行列の対角化の知識を用いたことで，非自明な計算が圧倒的に能率化されたことに注意しよう。

磁化と磁化率

自由エネルギーが (11.3.14) のように求められたので，これを適切に微分すれば，熱力学的な量を求めることができる。ここでは，特に強磁性と直接の関わりのある磁化と磁化率を求めておこう。

無限系での磁化を (11.2.15) に従って計算すると，

11-3 一次元イジング模型

$$m(\beta, H) = -\frac{\partial}{\partial H}f(\beta, H) = \frac{\mu_0 \sinh(\beta\mu_0 H)}{\sqrt{\{\sinh(\beta\mu_0 H)\}^2 + e^{-4\beta J}}} \quad (11.3.15)$$

となる.この表式で $J=0$ とすれば,$m(\beta,H) = \mu_0 \tanh(\beta\mu_0 H)$ となり,相互作用のない系の磁化 (5.3.13) と一致する.(11.3.15) の磁化の表式には,確かに相互作用 J の効果が含まれている.しかし,残念ながら,これは明らかに β と H について連続な関数である.特に,$H=0$ とすれば $m(\beta,0)=0$ となる.つまり,有限温度の一次元のイジング模型での自発磁化は 0 である.この系は相転移を示さないのだ.

この結果を使って,さらに磁化率 (11.2.16) を求めると,

$$\chi(\beta) = \frac{\partial}{\partial H}\frac{\mu_0 \sinh(\beta\mu_0 H)}{\sqrt{\{\sinh(\beta\mu_0 H)\}^2 + e^{-4\beta J}}}\bigg|_{H=0} = (\mu_0)^2 \beta\, e^{2\beta J}$$
$$(11.3.16)$$

となる.$\beta J \ll 1$ が成り立つ高温の領域では,この磁化率も $\chi(\beta) \simeq (\mu_0)^2 \beta$ となり,キュリーの法則 (5.3.18) が成り立つ.一方,温度が 0 になるときには,$\exp[2J/(kT)]$ という項がきわめて大きくなる.これは,キュリーの法則による $(\mu_0)^2/(kT)$ の発散をはるかにしのぐ実に大きな発散である.

5-3-3 節で扱った二つずつのスピンが相互作用し合う系での低温での磁化率が,(5.3.36) のように,$(\mu_0)^2/(kT)$ を 2 倍したものに等しかったことを思い出そう.この 2 という因子は二つずつのスピンが揃い合っていることを反映していた.ここでは,因子 2 のかわりに,$\exp[2J/(kT)]$ という因子がかかっている.これは,低温で,おおよそ $\exp[2J/(kT)]$ 個のスピンが互いに揃い合っていることを意味している.この $\exp[2J/(kT)]$ という量が $T \searrow 0$ で限りなく大きくなることに注意しよう.

つまり,一次元イジング模型は,有限温度では相転移を示さないが,温度が絶対零度に近づくときに,無限個のスピンが揃い合おうとして特異なふるまいを見せてくれるのだ.そういう意味で,一次元イジング模型の相転移温度は $T_c = 0$ だということがある.

「イジング模型」という呼び名のきっかけとなった 1924 年の学位論文で,イジング[27]は,一次元のイジング模型に相転移がないことを示した.彼は,転送行列の方法は用いず,一定のエネルギーをもつスピン配位を数え上げる方針で評価を行なったので,その計算はかなり面倒なものだった.

---

[27] 428 ページの脚注 17) を見よ.

11-4 イジング模型の平均場近似

一次元のイジング模型に相転移が存在しないことを見たので、ここからは、二次元以上のモデルを考察したい。実は二次元イジング模型も $H=0$ のときには厳密に解けるのだが、解法はかなり複雑なので本書で紹介する余裕はない。ここでは、モデルを厳密に解くのとは全く別の立場をとり、平均場近似 (mean field approximation) と呼ばれる大胆な近似理論を紹介する。平均場近似は、何らかの小さな量を無視するといった素直な近似ではなく、多くのスピンの問題を大らかな議論でスピン一つの問題に焼き直してしまうという、一種の魔術のような近似である。それでも、この近似によってイジング模型の相転移と臨界現象の大まかな性質を知ることができるのだ。単純すぎるが、本質をついた近似だといってよい。物理学における多体系の理論的な研究の初期段階では、かならず何らかの平均場近似が用いられる。もっとも基本であるイジング模型で、近似の精神を身につけておくのがよいだろう。平均場近似は、1907年にワイス[28])が強磁性体の相転移を研究するなかで導入した。物質の磁性の起源が電子の磁気モーメントであることさえ知られていなかった時代に、ワイスはきわめて現代的な統計力学の理論をつくっていたのである。

11-4-1節で平均場近似の基本的なアイディアを説明し、基本となる自己整合方程式を導出する。11-4-2節では自己整合方程式の解を調べ、確かにこの近似が相転移を記述することを見る。11-4-3節では上で求めた解を吟味し、臨界現象を議論する。最後に11-4-4節では長距離相互作用するモデルと平均場近似の関係について述べる。

11-4-1 自己整合方程式の導出

ここでは、もっとも直観的な「平均場」のアイディアを使って平均場近似を導入する。平均場近似は理論的には自然な近似であり、あとで11-4-4節や問題11.6で見るように、別のより抽象的な方法で導出することもできる。

d 次元の立方格子を考え、格子の中央付近の格子点に着目する。格子点の番号を適当につけ直して、着目した格子点を 0 と呼び、0 に隣り合う格子点を $1, 2, \ldots, z$ と呼ぶ。z は 0 に隣り合う格子点の個数で、今の場合は

---

28) Pierre Ernest Weiss (1865–1940) フランスの物理学者。自発磁化や磁区の概念を提唱し、磁性の物理学の誕生に大きな寄与をした。

11-4 イジング模型の平均場近似

$z = 2d$ である．これからの大らかな近似には格子の大きさは直接は現れないが，格子は無限に大きいと思っているのがいいだろう．逆温度 β，外部磁場 H の平衡状態を考えて，カノニカル分布での期待値を $\langle \cdots \rangle_{\beta,H}^{\mathrm{can}}$ と書く．

系のエネルギー (11.2.1) の中から，着目した格子点のスピン変数 σ_0 を含んでいる部分だけを抜き出して，

$$E^{(0)}_{(\sigma_0,\sigma_1,\ldots,\sigma_z)} = -J\sum_{i=1}^{z}\sigma_0\sigma_i - \mu_0 H\,\sigma_0 = -\left(J\sum_{i=1}^{z}\sigma_i + \mu_0 H\right)\sigma_0 \tag{11.4.1}$$

と書こう．ここで，$J\sum_{i=1}^{z}\sigma_i$ という量が，磁場によるエネルギーの $\mu_0 H$ という項と似た働きをしていることに注目する．とはいっても，$\mu_0 H$ は定数だが，$J\sum_{i=1}^{z}\hat{\sigma}_i$ はスピン配位に応じて値が変わる，ゆらぎをもった量だ．

平均場近似の第一歩では，大胆にも，この量のゆらぎを無視してしまって，

$$J\sum_{i=1}^{z}\sigma_i \longrightarrow \left\langle J\sum_{i=1}^{z}\hat{\sigma}_i\right\rangle_{\beta,H}^{\mathrm{can}} = J\sum_{i=1}^{z}\langle\hat{\sigma}_i\rangle_{\beta,H}^{\mathrm{can}} = zJ\psi \tag{11.4.2}$$

というように，期待値で置きかえてしまうのだ．ここで，$\psi = \langle\hat{\sigma}_i\rangle_{\beta,H}^{\mathrm{can}}$ はスピン変数の期待値である．系が十分に大きいので，この期待値は i によらないとした．もちろん ψ の値はわからない．

2-2-1 節で見たように，きわめて多くの（互いに独立な）物理量の和の（相対的な）ゆらぎは小さくなる．そこで，d が十分に大きければ，$J\sum_{i=1}^{z}\hat{\sigma}_i$ という量のゆらぎを無視できるのではないかと漠然と期待される．とはいえ，もっとも重要な $d=3$ の場合には，物理量 $\hat{\sigma}_i$ の個数はたった六個だし，そもそも，これらの物理量は互いに独立ではない．(11.4.2) の置きかえは，何らかの意味で正当化が可能な近似というよりは，系の性質を調べるための大胆な置きかえ（あるいは，問題の再定義）と思うべきである．

さて，大胆な置きかえ (11.4.2) を，エネルギー (11.4.1) に適用すると，

$$E^{(0)}_{(\sigma_0,\sigma_1,\ldots,\sigma_z)} \longrightarrow \tilde{E}^{(0)}_{\sigma_0} = -(zJ\psi + \mu_0 H)\sigma_0 \tag{11.4.3}$$

という形になる．このエネルギーの形を見ると，周囲のスピンの期待値からくる $zJ\psi$ という量が，外部磁場による $\mu_0 H$ と全く対等な働きをしている．そこで，$zJ\psi$ のことを，**平均場** (mean field) あるいは**分子場** (molecular field) と呼ぶ[29]．

---

29) 「分子場」というのはワイスが（当時のミクロな物理の理解に基づいて）名づけた用

(11.4.3) のエネルギー $\tilde{E}_{\sigma_0}^{(0)}$ で記述される系の平衡状態を調べてみよう。これは，単に一定の外部磁場の中にあるスピン一つの問題だから，5-3-2 節の冒頭で見たように，ごく簡単に解析できる。たとえば，スピン変数の期待値は，

$$\langle \hat{\sigma}_0 \rangle_{\beta,H}^{\mathrm{can}} = \tanh(\beta z J \psi + \beta \mu_0 H) \tag{11.4.4}$$

となる。何か計算が進んだような気になるが，もちろん，そんなことはない。ψ という未知の量を使って期待値を表しただけのことだから，何も情報は得られていないのだ。

平均場近似の次のステップは，一種の「開き直り」だ。これまで格子の中央付近の格子点 0 の上のスピン σ_0 だけを特別扱いしてきた。しかし，もともとは 0 は何ら特別な格子点ではなかったはずだ。だから，スピン変数の期待値についても，他のスピンたちと同じにならなければならない。先ほど 0 のまわりのスピンの期待値を ψ とおいたが，$\hat{\sigma}_0$ の期待値についても $\langle \hat{\sigma}_0 \rangle_{\beta,H}^{\mathrm{can}} = \psi$ が成り立たなければならないはずだ。これを (11.4.4) に代入すると，

$$\psi = \tanh(\beta z J \psi + \beta \mu_0 H) \tag{11.4.5}$$

という等式が得られる。

等式 (11.4.5) の中で，z, J, μ_0 は系に固有の定数，β, H は外から与えるパラメターであり，未知の量は ψ だけである。ということは，等式 (11.4.5) を，β, H を与えて ψ を決める方程式とみなすことができる。ψ はスピン変数の期待値だったから，なんと，非線形の方程式 (11.4.5) を解きさえすればスピン変数の期待値が求められるということになってしまった！ もちろん，これは，「置きかえ」と「開き直り」という二つの大胆なステップの後で得られた近似理論にすぎない。それでも，無限系での期待値を方程式の解として表現できるという思想は実に魅力的だ。(11.4.5) のような方程式を，一般に**自己整合方程式** (self-consistent equation) と呼ぶ[30]。上の

---

30) self-consistent equation の定訳は自己無撞着方程式だが，無撞着というのは「矛盾がない」という二重否定的な表現なので，consistent とは雰囲気が違うように思う（ただし，「自己整合」も完璧な訳語というわけではない）。英語では，self-consistent equation を bootstrap equation という洒落た名前で呼ぶ（対応して，平均場近似を bootstrap approximation と呼ぶ）ことがある。bootstrap というのは，軍用の長靴 (boot) などに（履くときに引っ張り上げるために）ついている「つまみ (strap)」のことである。泥沼などに沈みそうになったとき，自分の履いている長靴の「つまみ」をつまんで引っ張り上げることで脱出するという（実

「開き直り」によって，以前の近似と「つじつま」を合わせることで得られた方程式だからである．

β, H を与えたときの自己整合方程式 (11.4.5) の解を $\psi(\beta, H)$ とする．磁化とスピン変数の期待値が $m(\beta, H) = \mu_0 \langle \hat{\sigma}_i \rangle_{\beta, H}^{\text{can}}$ で結ばれていることから，

$$m_{\text{mf}}(\beta, H) := \mu_0 \psi(\beta, H) \qquad (11.4.6)$$

によって平均場近似での磁化 $m_{\text{mf}}(\beta, H)$ を定義する．これから，$m_{\text{mf}}(\beta, H)$ のふるまいを調べていく．

先に進む前に，平均場近似の本性についての重要な注意を．平均場近似の最大のポイントは，もっともらしく話を進めたうえで自分自身との「つじつま」を合わせることだ．だから，近似に基づいて計算や考察を進めていったときに全く「ぼろ」が出ずに話がうまく進んだとしても，それは近似が正当だという証拠にはならない．単に上手に「つじつま」を合わせたから「ぼろ」が出なかっただけで，実際にはモデルの本当のふるまいとは似ても似つかない結果を議論している可能性もつねにつきまとう[31]．もちろん，どんな近似でも正当性をきちんと調べるのは難しいことだ．しかし，平均場近似の場合は「つじつま合わせ」こそが本質なので，(摂動など) 通常の近似に比べても，より正当性の判断が難しいということは認識しておくべきだろう．標語的に言えば，**平均場近似の正当性をその近似自身の中で示すことは決してできないのだ**[32]．

11-4-2　自己整合方程式の解と相転移

自己整合方程式 (11.4.5) は非線形の方程式なので，解を即座に書き下すことはできない．しかし，グラフを描くことで，解の定性的なふるまいを調べることができる．つまり，(ψ, y) を座標にもつ二次元の平面に，$y = \psi$ と $y = \tanh(\beta z J \psi + \beta \mu_0 H)$ の二つのグラフを描き，それらの交点が解 $\psi(\beta, H)$ であることを利用するのだ（図 11.6, 11.7 を参照）．

際には不可能な）方法が命名の由来．コンピュータを起動することを「ブートする」というが，この語源も同じらしい．
　31) イジング模型の場合，1 次元の系では平均場近似の結果は全く信頼できないが，高次元ではある程度信頼できる．11-5 節を見よ．
　32) 複雑な多体問題を扱うと，たとえ平均場近似といっても，ものものしい理論的道具を使い「高級な理論」の様相を呈してくる．そのような理論に接するときにも，平均場近似は本質的な弱点をもっていることを忘れるべきではない．

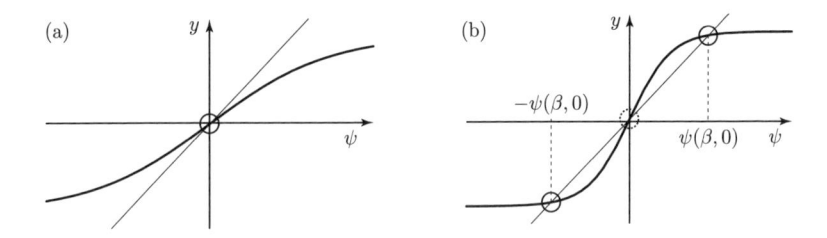

図 11.6 $H=0$ での自己整合方程式 $\psi = \tanh(\beta z J \psi)$ の解をグラフで求める。横軸を ψ, 縦軸を y にして, $y=\psi$ と $y=\tanh(\beta z J \psi)$ のグラフを描いた。(a) $\beta z J \leq 1$ であれば，二つのグラフの交点は原点のみ。解は $\psi=0$ の一つだけである。(b) $\beta z J > 1$ であれば，グラフの交点は三カ所ある。点線の丸で囲んだ解は非物理的なので，実線の丸で囲んだ $\psi = \pm\psi(\beta,0)$ の二つの解を選ぶ。

$H=0$ の場合

まず $H=0$ としよう。$y=\psi$ と $y=\tanh(\beta z J \psi)$ のグラフの交点を調べることになる。$\tanh(0)=0$ だから, $\psi=0$ はつねに解になっている。問題は，これが唯一の解か，他にも解が存在するかである。

他の解の存在を決めるのは，$y=\tanh(\beta z J \psi)$ のグラフの原点での傾き $\beta z J$ だ。この傾きが1以下なら，図 11.6 (a) のように，二つのグラフの交点は $(0,0)$ だけだが，傾きが1より大きいときには，図 11.6 (b) のように，$(0,0)$ 以外に二つの交点が現れる[33]。二つのふるまいの境目になる逆温度 β_{mf} を $z\beta_{\mathrm{mf}}J=1$ によって定義する。こうして決まる

$$\beta_{\mathrm{mf}} = \frac{1}{zJ}, \qquad T_{\mathrm{mf}} = \frac{zJ}{k} \tag{11.4.7}$$

が，平均場近似での転移点と対応する転移温度である。

さて $H=0$ で $\beta \leq \beta_{\mathrm{mf}}$ ならば，上で見たように，自己整合方程式 (11.4.5) の解は $\psi=0$ 一つだけだから，$\psi(\beta,0)=0$ である。

一方，$H=0$ で $\beta > \beta_{\mathrm{mf}}$ ならば，自己整合方程式 (11.4.5) の解は，$\psi=0$ 以外に，正負の二つがある。解が三つもあるのだが，その中で $\psi=0$ の解は物理的に意味がないことがわかっているので[34]，これは考えない。統計

---

[33] $\psi \geq 0$ の範囲では $y=\tanh(\psi)$ のグラフが上に凸であることを使えば，二つのグラフの交わり方には，これら二通りのパターンしかないことが証明できる。

[34] たとえば，この解を採用すると磁化は磁場 H の減少関数になることが示される。これは強磁性の系ではあり得ないふるまいである。解の選択については，11-4-4 節も参照。

11-4 イジング模型の平均場近似

力学の処方箋に従った堅実な計算をするかぎりは，非物理的な解に出合うことはあり得ないのだが，今はきわめて大胆な近似をしているので，妙な解も出てきてしまうのだ．残る二つの物理的に意味のある解は，ψ が正負の部分に対称に現れるので，これらを $\pm\psi(\beta,0)$ と書く（ここで $\psi(\beta,0) > 0$ に選ぶ）．

(11.4.6) に注意して，以上の結果をまとめると，

$$m_{\mathrm{mf}}(\beta,0) = \begin{cases} 0, & \beta \leq \beta_{\mathrm{mf}} \text{ のとき} \\ \pm m_{\mathrm{mf,s}}(\beta), & \beta > \beta_{\mathrm{mf}} \text{ のとき} \end{cases} \quad (11.4.8)$$

となる．ただし，平均場近似での自発磁化を

$$m_{\mathrm{mf,s}}(\beta) := \mu_0\,\psi(\beta,0) \quad (11.4.9)$$

と定義した．つまり，系が十分に低温にある $\beta > \beta_{\mathrm{mf}}$ では，$H=0$ での磁化は正負の二つの値をとるのだ．これは，$\beta = \beta_{\mathrm{mf}}$ で相転移がおき，低温側では自発磁化が生じていることを示唆している．

434 ページの定理 11.1 の証明の中で見たように，イジング模型では，すべてのスピンを反転することは，磁場の反転に対応する．よって磁場が 0 のとき，モデルはすべてのスピンの反転について対称（あるいは，不変）になる．スピンの反転について対称な状態での磁化は 0 のはずだから，対称性を重視すれば，磁場が 0 のときの磁化はつねに 0 だと結論される．実際，これが（有限系についての）定理 11.1 の証明の骨格だった．しかし，上で見たように，平均場近似での磁化は $\beta > \beta_{\mathrm{mf}}$ の領域では $\pm m_{\mathrm{mf,s}}(\beta)$ という 0 でない値をとる．これは，対称性の論法が成立していないこと，つまり，すべてのスピンの反転についての系の対称性を破る状態が出現したことを意味する．

定理 11.1 が示すように，温度が 0 でない限り，有限の格子上のイジング模型でスピン反転の対称性が破られることはない．平均場近似で見たような対称性の破れは，無限個のスピンが互いに相互作用し合う系でのみ現れうるのだ．この現象は，系が（外部磁場の助けを借りず）自ら対称性を破るという意味で，**対称性の自発的な破れ** (spontaneous symmetry breaking)，あるいは，**自発的対称性の破れ**と呼ばれている[35]．対称性の自発的な破れ

[35) 進んだ注：11-5-3 節で見るように，（平均場近似ではなく）実際のイジング模型でも，次元が 2 以上なら，十分低温で対称性の自発的な破れがあることが厳密に示されている．

は，現代物理学におけるもっとも重要な概念の一つで，素粒子論（場の量子論）や物性理論など幅広い分野で重要な役割を果たす．

$H \neq 0$ の場合

磁場 H が 0 でない状況を考えよう．今度は，$y = \psi$ と $y = \tanh(\beta zJ\psi + \beta\mu_0 H)$ のグラフの交点を調べることになる．

もし H が正で十分に大きければ，ψ が 1 のオーダーの範囲では $\tanh(\beta zJ\psi + \beta\mu_0 H) \simeq 1$ となるので，図 11.7 (a) のように，交点は $\psi \simeq 1$ の付近に一つだけ現れる．もちろん，これが自己整合方程式 (11.4.5) の解 $\psi(\beta, H)$ である．

そこから H を徐々に下げていくと，解 $\psi(\beta, H)$ は単調に減少していく．H が正の範囲では，この解と連続につながる解を自己整合方程式 (11.4.5) の解 $\psi(\beta, H)$ だとしよう．実は，$\beta > \beta_{\mathrm{mf}}$ のときは，H が正で十分に小さいと，図 11.7 (b) のように，三つの解が現れてしまう．これらのうち，上

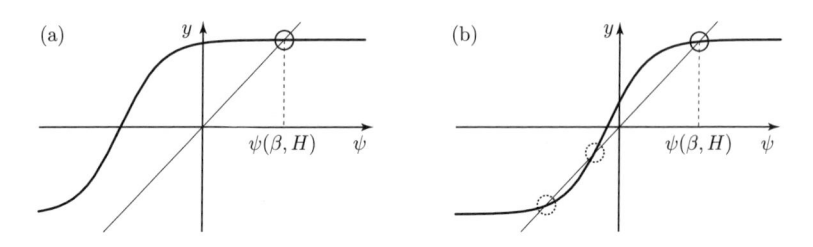

図 **11.7** $H > 0$ での自己整合方程式 $\psi = \tanh(\beta zJ\psi + \beta\mu_0 H)$ の解．(a) H が正で大きければ，解はただ一つである．(b) H を正の範囲で徐々に小さくしていき，上の解と連続につながるような解を選ぶ．

つまり，$H = 0$ のときには，（十分に低い）温度 T を指定しても，平衡状態は一つには定まらないのだ．さらに，スピンが全体として上向きに揃っているか下向きに揃っているかを指定して，ようやく平衡状態が一つに定まる．この事実は，4-1-2 節で「マクロな量子系の基本的な性質」を述べる際に導入したエネルギー殻の定義を再検討する必要があることを意味している．簡単に言えば，対称性の自発的な破れがあるときには，対称性の破れ方も含めてエネルギー殻を定義すべきなのである．ただし，だからといって，対称性の自発的な破れがあるときに，これまで展開してきた統計力学の枠組みが破綻してしまうと考える必要はない．実際問題としては，通常の統計力学を用いて平衡状態の性質を解析し，対称性の自発的な破れに出合ったら，そのことも取り入れて（十分に注意が必要なのだが）系の状態を適切に定義してやれば，正確な扱いができる．なお，無限系の平衡状態をきちんと定式化する数理物理的な扱いをすれば，対称性の自発的な破れのある系も（原理的には）何の問題もなく扱うことができる．466 ページの脚注 53）も参照．

の解とつながらない左の二つは非物理的だと考えるのだ[36]。

H が負の場合についても，同様に，H が負で絶対値が大きい状況（解は $\psi(\beta, H) \simeq -1$ になる）から始めて，H を徐々に 0 に近づけたとき，連続につながる解を選び出す。

こうすると，$\beta \leq \beta_{\mathrm{mf}}$ のときは，$H \to 0$ で $\psi(\beta, H) \to 0$ となる。そして，$\beta > \beta_{\mathrm{mf}}$ のときには，正の側から $H = 0$ に近づけば $\psi(\beta, H) \to \psi(\beta, 0) > 0$ となり，負の側から $H = 0$ に近づけば $\psi(\beta, H) \to -\psi(\beta, 0) < 0$ となる。

以上の結果を，平均場近似での磁化 (11.4.6) について書き直す。まず，系が高温側にあれば（$\beta \leq \beta_{\mathrm{mf}}$），$H \to 0$ とすれば，

$$m_{\mathrm{mf}}(\beta, H) \to 0 \tag{11.4.10}$$

が成り立つ。系が低温側にあれば（$\beta > \beta_{\mathrm{mf}}$），

$$m_{\mathrm{mf}}(\beta, H) \to \begin{cases} m_{\mathrm{mf,s}}(\beta) > 0, & H \searrow 0 \text{ としたとき} \\ -m_{\mathrm{mf,s}}(\beta) < 0, & H \nearrow 0 \text{ としたとき} \end{cases} \tag{11.4.11}$$

が成り立つ。つまり，β を一定に保ったときの磁化 $m_{\mathrm{mf}}(\beta, H)$ の H の関数としてのふるまいは，$\beta \leq \beta_{\mathrm{mf}}$ では図 11.2 (a) のような形をしており，$\beta > \beta_{\mathrm{mf}}$ では図 11.2 (b) のような形をしている。期待していた相転移のふるまいが導出された。平均場近似は，きわめて大胆な論法だが，強磁性体の相転移の本質をみごとにとらえているのだ。

11-4-3　平均場近似での臨界現象

平均場近似でも，転移点 β_{mf} の近傍で様々な臨界現象が見られる。以下では，代表的な二つの臨界現象を見ておこう。

自発磁化のふるまい

転移点よりもわずかに低温側では自発磁化 $m_{\mathrm{mf,s}}(\beta)$ はごく小さな値を

---

36) 中央の解は前と同じ理由で非物理的。左側の解を排除する理由は，平均場近似の範囲ではそれほどはっきりしない（これについては，11-4-4 節も参照）。しかし，磁場が正のときは正の磁化が出現することが（平均場近似ではなく）厳密にわかっているので，左側の解はあり得ないとしてよい。この左側の解を，磁場が負の側から徐々に増してきて 0 を越えて正になったときの準安定状態（図 11.2 (c) を見よ）とみなそうというアイディアがある。残念ながら，左側の解は平均場近似を行なったために現れた人工的な解にすぎず，そこから平衡統計力学を越える結果を読み取ろうという考えは虫がよすぎる。詳しくは，456 ページの脚注 43) を見よ。

とるはずだ．これを評価してみよう．

$\delta > 0$ を微小な量として逆温度を $\beta = (1+\delta)\beta_{\mathrm{mf}}$ と書く．自己整合方程式 (11.4.5) で $H = 0$ とした $\psi = \tanh(\beta z J \psi)$ の解を調べよう．解を与える ψ は小さいはずだから，$\tanh(x) \simeq x - x^3/3$ という展開を用い，$\beta z J = 1+\delta$ に注意して，自己整合方程式を書き直すと，

$$\psi \simeq (1+\delta)\psi - \frac{1}{3}\{(1+\delta)\psi\}^3 \tag{11.4.12}$$

となる．これを解いて，δ について最低次までを残せば，$\psi = 0, \psi \simeq \pm\sqrt{3\delta}$ という解が得られる．0 は非物理的で，正負のペアの解のうち正のほうを $\psi(\beta, 0)$ としたので，

$$\psi(\beta, 0) \simeq \sqrt{3\delta} = \sqrt{3\frac{\beta - \beta_{\mathrm{mf}}}{\beta_{\mathrm{mf}}}} \tag{11.4.13}$$

である．

こうして，平均場近似での自発磁化は，$\beta \searrow \beta_{\mathrm{mf}}$ あるいは $T \nearrow T_{\mathrm{mf}}$ のとき

$$m_{\mathrm{mf,s}}(\beta) \approx (\beta - \beta_{\mathrm{mf}})^{1/2} \approx (T_{\mathrm{mf}} - T)^{1/2} \tag{11.4.14}$$

のようにふるまうことがわかる[37]．$\beta \searrow \beta_{\mathrm{mf}}$ あるいは $T \nearrow T_{\mathrm{mf}}$ で，関数 $m_{\mathrm{mf,s}}(\beta)$ の傾きが無限大になることに注意しよう．物理の問題で，何らかの関数がこのように変数に特異に依存することは珍しい．臨界現象ならではのふるまいだと言っていい．

(11.4.14) は，一般論を述べたときの自発磁化の臨界現象 (11.1.3) と同じ形をしている．ただし，ここでは臨界指数は β = 1/2 という簡単な値をとる．

磁化率のふるまい

次に高温領域 $\beta < \beta_{\mathrm{mf}}$ で磁場が小さいときの，磁化と磁化率のふるまいを見よう．

高温領域で $H = 0$ であれば，$\psi = 0$ が自己整合方程式 (11.4.5) の唯一の解である．よって H が小さいときには，解を与える ψ は小さいはずだ．自己整合方程式 (11.4.5) の右辺で，$\tanh(x) \simeq x$ と近似すれば，

$$\psi = \beta z J \psi + \beta \mu_0 H + O(H^3) \tag{11.4.15}$$

---

[37] $\approx$ は，両辺の主要な項が比例することを意味する．

が得られる．これは簡単に解けて，$\psi(\beta, H) = \beta\mu_0 H/(1-\beta zJ) + O(H^3)$ となるから，(11.4.6) と合わせて

$$m_{\mathrm{mf}}(\beta, H) = \frac{\beta(\mu_0)^2 H}{1 - \beta zJ} + O(H^3) \tag{11.4.16}$$

となる．

これを微分すれば，

$$\chi_{\mathrm{mf}}(\beta) := \left.\frac{\partial}{\partial H} m_{\mathrm{mf}}(\beta, H)\right|_{H=0} = \frac{\beta(\mu_0)^2}{1 - \beta zJ} \tag{11.4.17}$$

のように磁化率が正確に求められる．$\beta_{\mathrm{mf}} = 1/(zJ)$ を使えば，これは，

$$\chi_{\mathrm{mf}}(\beta) = \frac{\beta(\mu_0)^2}{zJ} \frac{1}{\beta_{\mathrm{mf}} - \beta} \approx (T - T_{\mathrm{mf}})^{-1} \tag{11.4.18}$$

と書くことができる．つまり，$\beta \nearrow \beta_{\mathrm{mf}}$ あるいは $T \searrow T_{\mathrm{mf}}$ で，平均場の磁化率は発散する．これまで，温度が絶対零度に近づくときに磁化率が発散する例は見てきたが，このように，中間的な温度で発散が見られる例は初めてだ．これも，臨界現象ならではのふるまいである．

11-4-4 長距離相互作用するモデルと平均場近似

ここでは，長距離相互作用 (long-range interaction) をもつイジング模型という，かなり特殊なモデルから，平均場近似と等価な結果が厳密に導かれることを見よう[38]．そう聞くと，何か立派な話になったように思うかもしれないが，モデルは人工的だし，平均場近似が出てくる「からくり」も単純だ．それでも，「置きかえ」や「開き直り」といった感覚的な「近似」なしで全く同じ理論が導出できるというのは，面白いことだ．

モデルの定義

このモデルでも，系のエネルギー固有状態をスピン配位 $(\sigma_1, \ldots, \sigma_N)$ で指定する．ただし，$(\sigma_1, \ldots, \sigma_N)$ に対応するエネルギーを，

$$E^{\mathrm{LR}}_{(\sigma_1, \ldots, \sigma_N)} := -\frac{zJ}{N} \sum_{i<j} \sigma_i \sigma_j - \mu_0 H \sum_{i=1}^{N} \sigma_i \tag{11.4.19}$$

と定める（LR は，long-range の頭文字）．一つ目の和は互いに異なる i, j すべてについてとる．つまり，このモデルでは，すべてのスピンどうしが

---

[38] この節の計算はかなり煩雑である．平均場近似の心はすでに述べたので，初めて学ぶ読者はこの節をとばしてもよいだろう．

互いに相互作用し合っているのだ。ここで，相互作用の定数が zJ/N というややこしい形をしているが，こうしておくと，ある一つのスピンに関わる相互作用定数の総和が $(N-1)zJ/N \simeq zJ$ となる。通常のイジング模型の場合，対応する総和は $2dJ$ なので，$z=2d$ とすれば，通常のモデルと（なんとなく）似ていることになる。定数 z は，この対応関係をつけるためだけに導入した。

すべてのスピンの総和を $\Psi = \sum_{i=1}^{N} \sigma_i$ とすると，$\Psi^2 = N + 2\sum_{i<j} \sigma_i \sigma_j$ である。よって，エネルギー (11.4.19) は，

$$E^{\mathrm{LR}}_{(\sigma_1,\ldots,\sigma_N)} := -\frac{zJ}{2N}\Psi^2 + \frac{zJ}{2} - \mu_0 H \Psi \tag{11.4.20}$$

と書ける。

分配関数の評価

分配関数を定義に従って書き下すと，

$$\begin{aligned}
Z_N^{\mathrm{LR}}(\beta, H) &= \sum_{(\sigma_1,\ldots,\sigma_N)} \exp[-\beta E^{\mathrm{LR}}_{(\sigma_1,\ldots,\sigma_N)}] \\
&= e^{-\beta zJ/2} \sum_{(\sigma_1,\ldots,\sigma_N)} \exp\left[\frac{\beta zJ}{2N}\Psi^2 + \beta\mu_0 H\Psi\right] \\
&= e^{-\beta zJ/2} \sum_{\Psi=-N}^{N} W(\Psi) \exp\left[\frac{\beta zJ}{2N}\Psi^2 + \beta\mu_0 H\Psi\right]
\end{aligned} \tag{11.4.21}$$

となる。$W(\Psi)$ は，条件 $\sum_{i=1}^{N} \sigma_i = \Psi$ を満たすスピン配位 $(\sigma_1,\ldots,\sigma_N)$ の総数である。上向きスピンが $(N+\Psi)/2$ 個，下向きスピンが $(N-\Psi)/2$ 個あれば，与えられた Ψ が得られることから，

$$W(\Psi) = \begin{cases} \dfrac{N!}{\left(\dfrac{N+\Psi}{2}\right)!\left(\dfrac{N-\Psi}{2}\right)!}, & N\pm\Psi \text{ がいずれも 0 以上の偶数のとき} \\ 0, & \text{それ以外} \end{cases} \tag{11.4.22}$$

であることがわかる。スターリングの公式 (A.2.2) を使って少し計算すると，$W(\Psi)$ は，0 でないとき，

$$W(\Psi) \simeq \sqrt{\frac{2N}{\pi(N^2-\Psi^2)}}\, 2^N \left(1+\frac{\Psi}{N}\right)^{-(N+\Psi)/2} \left(1-\frac{\Psi}{N}\right)^{-(N-\Psi)/2} \tag{11.4.23}$$

11-4 イジング模型の平均場近似

と評価できる。ここで，$\psi = \Psi/N$ とし，

$$\sigma(\psi) := \log 2 - \frac{1}{2}\{(1+\psi)\log(1+\psi) + (1-\psi)\log(1-\psi)\} \tag{11.4.24}$$

と定義すれば，

$$\log W(\Psi) = N\sigma(\psi) + o(N) \tag{11.4.25}$$

と書ける。

さて，N が大きいときには，$(2/N)\sum_{\Psi=-N}^{N} \to \int_{-1}^{1} d\psi$ のように和を積分で置き換えられる[39]。さらに (11.4.25) を使えば，N が大きいときの分配関数は，

$$\begin{aligned}Z_N^{\text{LR}}(\beta, H) \\ = \frac{N}{2}e^{-\beta zJ/2}\int_{-1}^{1} d\psi \exp\Big[N\Big\{\frac{\beta zJ}{2}\psi^2 + \beta\mu_0 H\psi + \sigma(\psi)\Big\} + o(N)\Big] \\ = \int_{-1}^{1} d\psi \exp[-N\beta\{\tilde{f}(\beta,\psi) - \mu_0 H\psi\} + o(N)] \end{aligned} \tag{11.4.26}$$

と書ける（積分の前の係数は $o(N)$ に吸収した）。ここで，

$$\tilde{f}(\beta,\psi) = -\frac{zJ}{2}\psi^2 - \frac{\sigma(\psi)}{\beta} \tag{11.4.27}$$

は一種の自由エネルギーのようだが，熱力学関数が満たすべき凸性をもっていないので，擬似自由エネルギー (pseudo free energy) と呼ぶ[40]。

自由エネルギーの評価

さて，(11.4.26) の積分は，9-3 節で異なった分布の同値性を調べる際に出合った式と本質的に同じである。N が大きいときには，9-3-1 節の (9.3.7) で用いたラプラスの方法を使って積分を評価できる。その結果，指数関数の中身の最大値を使って，

$$Z_N^{\text{LR}}(\beta, H) \sim \exp[-N\beta \min_{\psi}\{\tilde{f}(\beta,\psi) - \mu_0 H\psi\}] \tag{11.4.28}$$

となる。(11.4.28) から，$N \nearrow \infty$ での自由エネルギーは，

---

39) 左辺の和の前の微小区間が $1/N$ でないのは，Ψ が 2 ずつ変化するから。
40) $\varphi(\beta, H, \psi) := \tilde{f}(\beta,\psi) - \mu_0 H\psi$ を擬似自由エネルギーと呼ぶ流儀もある。「自由エネルギー」$\varphi(\beta, H, \psi)$ は変数が多すぎる（この系なら，独立な熱力学変数は二つ）ので，見るからに「擬似」である。

$$f^{\mathrm{LR}}(\beta, H) := -\lim_{N \nearrow \infty} \frac{1}{\beta N} \log Z_N^{\mathrm{LR}}(\beta, H) = \min_{\substack{\psi \\ (-1 \le \psi \le 1)}} \{\tilde{f}(\beta, \psi) - \mu_0 H \psi\}$$
(11.4.29)

と書けることがわかる．9 章と同様，極限についての (11.4.29) の結果は（この人工的なモデルの範囲で，ではあるが）厳密である．自由エネルギー $f^{\mathrm{LR}}(\beta, H)$ が擬似自由エネルギー $\tilde{f}(\beta, \psi)$ のルジャンドル変換であることに注意しよう[41]．

図 11.8 に，(11.4.29) で最小化される量 $\tilde{f}(\beta, \psi) - \mu_0 H \psi$ を ψ の関数としてグラフに描いた．(a) のように，β が小さく $H = 0$ のときには，この関数は唯一の最小値をもつ．(b) のように，β が大きく $H = 0$ のときには，二つの最小値が現れる．(c) は，β を (b) と同じ（大きな）値にとり，$H > 0$ とした場合である．関数は三つの極値をもつが，最小値を与える ψ は一つに決まる．

(11.4.29) の最右辺で最小値を与える ψ を $\psi(\beta, H)$ と書こう．$\psi(\beta, H)$ を決めるには，(11.4.29) の最右辺で最小化すべき量を ψ で微分して 0 となるべきことから，

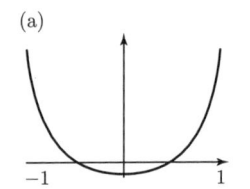

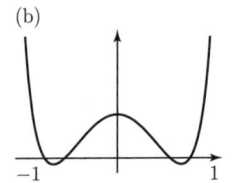

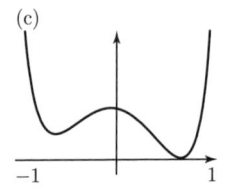

図 **11.8** 三組の β, H の値について，(11.4.28), (11.4.29) で最小化すべき量 $\tilde{f}(\beta, \psi) - \mu_0 H \psi$ を ψ の関数としてグラフに描いた．横軸は ψ で，縦軸の範囲はそれぞれ適当にとった．(a) $\beta = 0.8 \beta_{\mathrm{mf}}$, $H = 0$ のときには，$\psi = 0$ で唯一の最小値をとる．(b) $\beta = 1.2 \beta_{\mathrm{mf}}$, $H = 0$ のときには，ψ の正負の値で二つの最小値をとる．(c) $\beta = 1.2 \beta_{\mathrm{mf}}$, $H = 0.01/(\mu_0 \beta_{\mathrm{mf}})$ のときには，正の ψ で唯一の最小値をとる．自己整合方程式 (11.4.5) を解く方法とは違って，物理的な解が議論の余地なく定まる．

---

[41] そういう意味では，どちらにも f という文字を使っているのは，あまり適切ではない．流体の熱力学との対応を考えると，$\tilde{f}(\beta, \psi)$ がヘルムホルツの自由エネルギーに類似し，$f^{\mathrm{LR}}(\beta, H)$ がギブスの自由エネルギーに類似していると考えるのが自然だ．[5] の 10 章では，そういう記号を用いている．特に，ここでの計算と [5] の 10.3 章を比べて読むと有益だろう．

11-4 イジング模型の平均場近似

$$\frac{\partial}{\partial \psi}\tilde{f}(\beta,\psi) - \mu_0 H = 0 \tag{11.4.30}$$

という式を ψ について解けばよい．ただし，これは極値を決めるための条件だから，場合によっては，最小値ではない極値に対応する解が出てくることもある（図 11.8 を見よ）．本当に最小値になっているかどうかは，あくまで (11.4.29) に戻ってチェックする必要がある．定義 (11.4.24), (11.4.27) を思い出して，ψ を決める条件 (11.4.30) を詳しく書くと，

$$-zJ\psi - \mu_0 H + \frac{1}{2\beta}\log\frac{1+\psi}{1-\psi} = 0 \tag{11.4.31}$$

となる．これを整理すれば[42]，

$$\tanh[\beta z J \psi + \beta \mu_0 H] = \psi \tag{11.4.32}$$

という条件が得られる．これは，自己整合方程式 (11.4.5) そのものである．

上のようにして $\psi(\beta,H)$ が求められれば，自由エネルギーは，

$$f^{\mathrm{LR}}(\beta,H) = \tilde{f}(\beta,\psi(\beta,H)) - \mu_0 H \psi(\beta,H) \tag{11.4.33}$$

と表される．さらに (11.2.15) を使えば，自由エネルギーから磁化が決まる．(11.4.33) を微分し，(11.4.30) を使えば，

$$m_{\mathrm{LR}}(\beta,H) = -\frac{\partial}{\partial H}f^{\mathrm{LR}}(\beta,H)$$

$$= -\frac{\partial \psi(\beta,H)}{\partial H}\frac{\partial}{\partial \psi}\tilde{f}(\beta,\psi(\beta,H)) + \mu_0 \psi(\beta,H) + \mu_0 H \frac{\partial \psi(\beta,H)}{\partial H}$$

$$= \mu_0 \, \psi(\beta,H) \tag{11.4.34}$$

という簡単な形が得られる（この関係は，ルジャンドル変換に慣れていれば，すぐにわかる）．(11.4.6) と比較すると，$\psi(\beta,H)$ が平均場近似での $\psi(\beta,H)$ と完全に同じ役割をもっていることがわかる．

こうして，(11.4.32) と (11.4.34) が得られたことで，長距離相互作用をもつイジング模型の $N \nearrow \infty$ 極限は，平均場近似と全く同じ理論になることがわかった．しかも，自己整合方程式の解をさがした場合とちがって，$\psi(\beta,H)$ を決める方程式 (11.4.32) に複数の解があっても，もとの最小化問題 (11.4.29) に戻れば，どれが物理的な解かが定まる．11-4-2 節で自己整合方程式の解を求めた際に（歯切れの悪い議論の末に）選び出したのは，

---

[42] $\log\{(1+\psi)/(1-\psi)\} = 2A$ ならば $\psi = \tanh A$ となることを使う．

(11.4.29) の最小値を与える解だったのである[43]。

熱力学的な量

方程式 (11.4.32) と磁化の表式 (11.4.34) が、平均場近似と同じだから、このモデルでの磁化や磁化率のふるまいは、すでに見た平均場近似のとおりになる。このモデルについては、さらに自由エネルギーが (11.4.33) のように求められているので、磁化以外の熱力学的な量のふるまいを調べることができる。

まず、自由エネルギー (11.4.33) を β で微分すると、

$$\begin{aligned}\frac{\partial f^{\mathrm{LR}}(\beta, H)}{\partial \beta} &= \left.\frac{\partial \tilde{f}(\beta, \psi)}{\partial \beta}\right|_{\psi=\psi(\beta,H)} + \frac{\partial \psi(\beta, H)}{\partial \beta}\left.\frac{\partial \tilde{f}(\beta, \psi)}{\partial \psi}\right|_{\psi=\psi(\beta,H)} \\ &\quad - \mu_0 H \frac{\partial \psi(\beta, H)}{\partial \beta} \\ &= \left.\frac{\partial \tilde{f}(\beta, \psi)}{\partial \beta}\right|_{\psi=\psi(\beta,H)} = \frac{\sigma(\psi(\beta, H))}{\beta^2}\end{aligned} \quad (11.4.35)$$

となる。三行目に移るところで、$\psi(\beta, H)$ の条件 (11.4.30) を用い、最後は $\tilde{f}(\beta, \psi)$ の定義 (11.4.27) を用いた。これを使えば、スピン一つあたりのエントロピーが、

$$s_{\mathrm{LR}}(\beta, H) := -\frac{\partial}{\partial T} f^{\mathrm{LR}}(\beta, H) = k\beta^2 \frac{\partial f^{\mathrm{LR}}(\beta, H)}{\partial \beta} = k\,\sigma(\psi(\beta, H)) \quad (11.4.36)$$

と評価できる。右辺は状態数 $W(\Psi)$ を使って $N^{-1}k\log W(\Psi)$ と書けるから、ボルツマンのエントロピーの表式 (9.2.6) そのものである[44]。

---

[43] 進んだ注：図 11.8 (c) の状況では、「擬似自由エネルギー」$\tilde{f}(\beta, \psi) - \mu_0 H \psi$ は、ある負の ψ で（最小値ではなく）極小値をとる。この極小値は、図 11.2 (c) にあるような、（磁場が正のとき）負の磁化をもつ準安定状態に対応するのではないかと期待される。これは、おそらく、正しい解釈だと思う。しかし、このような準安定状態に対応する「解」が出てくるのは、長距離相互作用のあるモデル（あるいは、平均場近似）の特殊性であり、現実的な短距離相互作用のモデルでは、これに対応する「解」は存在しないことがわかっている。「準安定状態を擬似自由エネルギーの極小値ととらえる」というのは、自然にみえるアイディアであり、平均場近似では（おそらく）正しいのだが、現実のモデルでは決して役に立たないのだ。

この事実は、自由エネルギーの解析性から明確にわかる。長距離相互作用のあるモデルの自由エネルギー $f^{\mathrm{LR}}(\beta, H)$ は、低温領域では $H = 0$ で微分不可能になる。しかし、H が正の側から解析接続していけば、$H = 0$ を越えて、H が負の側まで解析接続することができる。ここで得られる「自由エネルギー」が、上の準安定な解に相当する。ところが、本当のイジングモデルでは、低温で、自由エネルギー $f(\beta, H)$ を $H = 0$ を越えて解析接続するのは不可能であることが厳密に示されている。

[44] この表式が現れたのは、異なった分布（今の場合は、カノニカル分布とミクロカノニ

さらにスピン一つあたりのエネルギーは，(4.3.27) より

$$u_{\text{LR}}(\beta, H) := \frac{\partial}{\partial \beta}(\beta f^{\text{LR}}(\beta, H))$$
$$= f^{\text{LR}}(\beta, H) + \beta \frac{\partial f^{\text{LR}}(\beta, H)}{\partial \beta}$$
$$= -\frac{zJ}{2}\{\psi(\beta, H)\}^2 - \mu_0 H \psi(\beta, H) \qquad (11.4.37)$$

となる．特に，$H = 0$ でのエネルギーのふるまいを見よう．$\beta \leq \beta_{\text{mf}}$ では $\psi(\beta, 0) = 0$ である．$0 < \beta - \beta_{\text{mf}} \ll \beta_{\text{mf}}$ のとき（つまり，臨界点よりも低温側だが，臨界点にきわめて近いということ．この条件を $\beta \gtrsim \beta_{\text{mf}}$ または $T \lesssim T_{\text{mf}}$ と書く）には，(11.4.13) より $\{\psi(\beta, 0)\}^2 \simeq 3\delta = 3\{(T_{\text{mf}}/T) - 1\}$ となる．よって，これらをまとめて (11.4.37) に代入すれば，

$$u_{\text{LR}}(\beta, 0) \begin{cases} = 0, & T \geq T_{\text{mf}} \text{ のとき} \\ \simeq -\frac{3zJ}{2}\left(\frac{T_{\text{mf}}}{T} - 1\right), & T \lesssim T_{\text{mf}} \text{ のとき} \end{cases} \qquad (11.4.38)$$

となる．高温側でエネルギーがちょうど 0 になっているのは，スピンが上向きと下向きを半々にとるために，相互作用エネルギー $\sigma_i \sigma_j$ の正負が打ち消してしまったからである．これは，長距離相互作用するモデルの特殊性で，本当のイジング模型では，たとえ高温領域でもエネルギーが一定値をとるようなことはない．

比熱はエネルギーを温度で微分したものだから，

$$c_{\text{LR}}(T, 0) \begin{cases} = 0, & T \geq T_{\text{mf}} \text{ のとき} \\ \simeq \frac{3zJ}{2} \frac{T_{\text{mf}}}{T^2}, & T \lesssim T_{\text{mf}} \text{ のとき} \end{cases} \qquad (11.4.39)$$

のようにふるまう．つまり，臨界点で比熱は有限の値にとどまり，不連続に変化するのである．

11-5　イジング模型における相転移と臨界現象

平均場近似からは，イジング模型は望みどおりの相転移を示すという結論が得られた．しかし，平均場近似がきわめて大胆な理論的アクロバットだったことを思えば，この結果を素直に信じてしまっていいものか疑問が

カル分布）の同値性のためである．

残るだろう．ここでは，実際のイジング模型の相転移・臨界現象について知られていることを簡潔にまとめておこう．結論からいうと，二次元以上では，平均場近似の予言は定性的には信頼してよいことがわかる．

11-5-1 節では一次元のモデルの特殊性を調べ，なぜ一次元では相転移が見られないかを議論する．その議論をふまえ，11-5-2 節では二次元イジング模型の低温展開を扱う．11-5-3 節では，二次元以上でのイジング模型の相転移と臨界現象について数学的に厳密に示されている結果のごく一部を紹介する．最後の 11-5-4 節では臨界現象の研究がなぜ重要なのかを述べたい[45]．

11-5-1 一次元の特殊性

平均場近似は，(11.4.7) で定まる転移点 β_{mf} で相転移が起きることを予言する．しかし，この結論が全面的に信頼できるものでないことは明らかだ．11-3 節で見たように，$d=1$ の系では相転移は起きない．だが，平均場近似は，$\beta_{\mathrm{mf}} = 1/(2J)$ で相転移が起きるという完全に誤った結論を出す．もっとも簡単な一次元で誤った結果を出すような近似を信頼していいのだろうか？

11-5-3 節でも述べるが，相転移を示さないのは実は一次元系の特殊性であり，二次元以上の系は相転移を示すことが厳密に知られている．一次元系と二次元以上の系の本質的な相違を最初に明らかにしたのは，パイエルス[46]のようだ．これは 1930 年代の研究であり，この時期から相転移の研究が徐々に本格化してきたことがうかがわれる．

パイエルスの議論の中心となるアイディアは簡単だ．きわめて低温で磁場がないときのスピン配位について考えてみよう．絶対零度ではすべてのスピンが揃った基底状態が出現するから，それが出発点になるはずだ．仮に，すべてのスピンが上を向いた状態を考える．そこに，温度が 0 でないためのゆらぎの結果として，スピンが下向きの小さな領域が出現したとしよう．このスピンが下向きの領域が，大きく成長できるかどうかを考えてみたい．

図 11.9 (a) は，一次元系での，そのような領域の模式図である．上向き

---

[45] より詳しくは，[3] などを見よ．
[46] Sir Rudolf Ernst Peierls (1907—1995) ドイツに生まれたユダヤ人で，ナチスが台頭した後，英国に渡った．原爆の基礎となる連鎖反応の研究や，物性論におけるパイエルス不安定性など，多くの一流の研究で知られる理論物理学者．

11-5 イジング模型における相転移と臨界現象

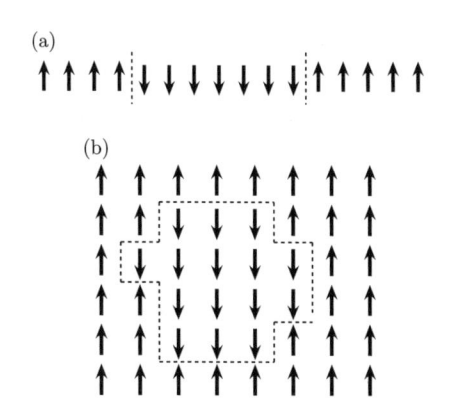

(a) ↑↑↑↑↓↓↓↓↓↓↓↑↑↑↑

(b)

図 11.9 すべてのスピンが上向きの状態の中に，スピンが下を向いた領域をつくると，一次元と二次元のイジング模型の本質的な相違がわかる。(a) 一次元では，スピンが下向きの領域がどんなに大きくなっても，相互作用のエネルギーを損するのは点線の二カ所だけである。(b) 二次元では，スピンが下向きの領域の周囲の点線の部分で相互作用エネルギーを損する。よって領域が大きくなるほど，エネルギーの損は大きくなる。

スピンがずっと続いている一部に，下向きスピンのかたまりができている。もちろん，エネルギー (11.2.1) はすべてのスピンが揃ったときに最低になるのだから，スピンが逆向きのこのような領域が出現すると，エネルギーは高くなるはずだ。この一次元のスピン配位の場合，点線で示した二カ所でスピンが揃っていないので，その分だけエネルギーが高くなる。一カ所でのエネルギーの上昇は $J-(-J)=2J$ だから，この図のスピン配位のエネルギーは，基底エネルギーよりも $4J$ だけ高い。ここで注目すべきなのは，この $4J$ という余分なエネルギーが，スピンが下向きの領域の大きさに依存しないことだ。もし，このような領域がいったんつくられてしまえば，領域を大きくしていくために，余分なエネルギーは必要ないといえる。つまり，すべてのスピンが揃った配位につくられた小さな乱れは，いくらでも成長して，結局は，系全体として見たとき，スピンをバラバラにしてしまうと想像される。これは，温度が 0 でなければ，一次元イジング模型が自発磁化をもたないことと対応している。

二次元で同じ問題を考えると，全く事情がちがってくる。図 11.9 (b) に，二次元系で，すべてのスピンが上向きの配位の中にスピンが下向きの領域

ができた様子を描いた．ここでも，図の点線の部分でスピンが揃わないので，エネルギーが $2J$ ずつ上昇する．全体としてのエネルギーの増加は，$2J \times$ (領域の周の長さ) であることがわかる．問題は，領域の周の長さだ．たとえば，下向きのスピンが n 個あれば，その領域の周の長さは，最低でも $4\sqrt{n}$ 程度である．よって，下向きスピン n 個の領域をつくるには，最低でも $8J\sqrt{n}$ のエネルギーを「支払わなくては」ならないことになる．このエネルギーは，n が大きくなるほど大きくなるので，スピンが下向きの領域を大きく育てるには，それだけ大きなエネルギーのゆらぎが必要だということがわかる．きわめて低温ではエネルギーのゆらぎは小さいので，スピンが下向きの領域が（小さいものは存在しうるが）大きく成長することは，ほとんどないと考えられる．つまり，スピンが上向きに揃った状態は安定なのだ．十分低温にある二次元イジング模型では自発磁化が見られる（つまり，二次元イジング模型は相転移をおこす）と結論できる．

言うまでもないだろうが，三次元（あるいは，それ以上の次元）でも，スピンが上向きに揃った背景の中で，スピンが下向きの領域を大きくするには，（領域の表面積に比例する）大きなエネルギーが必要になる．つまり，系の次元が 2 以上ならば，イジング模型の低温でのふるまいは同じであり，十分低温では自発磁化が出現するのである．このようなアイディアを精密化することで，二次元以上でのイジング模型において，十分に低温で自発磁化がゼロでないことを，厳密に証明することもできる（11-5-3 節を見よ）．また，続く 11-5-2 節では，以上の考察をふまえ，二次元イジング模型の低温でのふるまいを近似的に調べる．

以上の議論で，一次元と二次元以上の相違が，境界の大きさという幾何学的な性質の相違からきていることに注意しよう．様々な物理が次元に本質的に依存するのが，相転移や臨界現象の面白いところである．

11-5-2 二次元での低温展開

前節で，二次元以上のイジング模型が十分に低温にあれば，スピンがすべて同じ向きに揃った基底状態が安定であることを見た．この描像をふまえて，そのような状況での自由エネルギーを近似的に計算してみよう．これは，統計力学における低温展開のもっとも基本的な例といっていいだろう．ごく簡単な計算なのだが，多体問題の摂動展開の重要な特徴を垣間見ることもできる．二次元以上の任意の次元で同様の計算ができるが，ここ

11-5 イジング模型における相転移と臨界現象

ではもっとも簡単な二次元系だけを扱うことにする。

一辺の格子点の個数が L の二次元正方格子を考える（図 11.4）。格子点の総数は $N = L^2$ である。ここではスピン系のバルク（境界から離れた内部）でのふるまいにのみ興味があるので，境界の影響のない周期的境界条件をとる[47]。スピン配位 $(\sigma_1, \ldots, \sigma_N)$ に対応するエネルギー $E_{(\sigma_1,\ldots,\sigma_N)}$ は (11.2.1) である。

ここでは，$H > 0$ の場合を考えよう。11-2-2 節でも見たように，基底状態（最低エネルギーの状態）では全ての i について $\sigma_i = 1$ であり，そのエネルギーは $E_{\mathrm{GS}} = -2NJ - N\mu_0 H$ である（周期的境界条件をとったため，隣り合う格子点のペアは全体で $2N$ 個ある）。計算を見通しよく行なうために，エネルギーから基底状態のエネルギーを引いた励起エネルギー

$$\tilde{E}_{(\sigma_1,\ldots,\sigma_N)} = E_{(\sigma_1,\ldots,\sigma_N)} - E_{\mathrm{GS}} = J \sum_{\langle i,j \rangle} (1 - \sigma_i \sigma_j) + \mu_0 H \sum_{i=1}^{N} (1 - \sigma_i) \tag{11.5.1}$$

を定義しておく。そして，分配関数 (11.2.3) を

$$Z_L(\beta, H) = e^{-\beta E_{\mathrm{GS}}} \sum_{(\sigma_1,\ldots,\sigma_N)} \exp[-\beta \tilde{E}_{(\sigma_1,\ldots,\sigma_N)}] \tag{11.5.2}$$

と書こう。

もちろん，(11.5.2) の和を一般の L について正確に計算するのは（今の人類には）不可能である。ここでは，$\beta J \gg 1$ となる低温で有効な近似をつくろう。それには，(11.5.2) の和を，励起エネルギー $\tilde{E}_{(\sigma_1,\ldots,\sigma_N)}$ が小さいスピン配位について足していけばいいだろう。励起エネルギー $\tilde{E}$ がもっとも小さいのは，明らかに，すべてのスピンが上向きに揃った基底状態だ。このときは $\tilde{E} = 0$ なので，$e^{-\beta \tilde{E}} = 1$ である。

これから，図 11.10 のように，上向きのスピンの中に少数の下向きのスピンがある配位について考えていこう。下向きスピンの数を n とし，上向きと下向きが隣り合っている箇所（図中の点線）の個数を m とする。励起エネルギー (11.5.1) のスピン配位に依存する部分について，

---

[47] 境界上にあって互いに向き合っている格子点を「隣り合っている」とみなすということ。たとえば，図 11.4 で，左端の一番上の格子点と右端の一番上の格子点は隣り合っており，左端の上から二番目の格子点と右端の上から二番目の格子点は隣り合っており…，上端の一番右の格子点と下端の一番右の格子点は隣り合っており…という具合。境界条件は，計算の些細な部分に影響するだけなので，それほど気にしなくてよい。

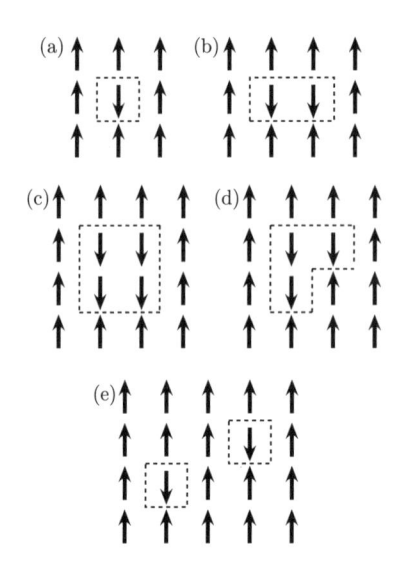

図 11.10 すべてのスピンが上向きの配位の中の，スピンが下向きの小さな領域の例。これらが低温展開の低次の項に寄与する。(a) スピン一つが下向きの配位，(b) 隣り合う二つのスピンが下向きの配位，(c) 正方形状の四つのスピンが下向きの配位，(d) 三つのスピンが下向きの配位，そして，(e) 離れた二つのスピンが下向きの配位。

$$1 - \sigma_i \sigma_j = \begin{cases} = 0, & \sigma_i \sigma_j = 1 \text{ のとき} \\ = 2, & \sigma_i \sigma_j = -1 \text{ のとき} \end{cases}$$
$$1 - \sigma_i = \begin{cases} = 0, & \sigma_i = 1 \text{ のとき} \\ = 2, & \sigma_i = -1 \text{ のとき} \end{cases} \quad (11.5.3)$$

となることを考えれば，このスピン配位の励起エネルギーは $\tilde{E}_{(\sigma_1,\ldots,\sigma_N)} = m \times 2J + n \times 2\mu_0 H$ となる。よって，これに対応する (11.5.2) の重みは，

$$e^{-\beta \tilde{E}_{(\sigma_1,\ldots,\sigma_N)}} = \delta^m \kappa^n \quad (11.5.4)$$

と書ける。ここで，展開を整理するために，

$$\delta = e^{-2\beta J}, \qquad \kappa = e^{-2\beta \mu_0 H} \quad (11.5.5)$$

というパラメターを定義した。$\beta J \gg 1$ という仮定より $0 < \delta \ll 1$ なの

で，δ が展開の収束を保証する「小さなパラメター」の役割を果たす。一方，$H > 0$ はいくらでも小さくなるので，κ は必ずしも小さくはない（もちろん $0 < \kappa < 1$ である）。

以下，図に従って，具体的なスピン配位について考えていこう。基底状態の次に $\tilde{E}$ が小さいのは，図 11.10 (a) のように，スピンが一つだけ下を向いた配位だ。つまり，ある格子点 i について $\sigma_i = -1$ であり，それ以外の $j(\neq i)$ については $\sigma_j = 1$ である。$n = 1, m = 4$ だから，この配位の重みは $e^{-\beta \tilde{E}} = \kappa \delta^4$ となる。また，このような配位は，i をどこにとるかによって，全部で N 通りある。

次に $\tilde{E}$ が小さいのは，図 11.10 (b) のように，隣り合うスピン二つが下を向いた配位。つまり，隣り合う i, j について $\sigma_i = \sigma_j = -1$ で，それ以外の $k(\neq i, j)$ については $\sigma_k = 1$ である。$n = 2, m = 6$ だから，$e^{-\beta \tilde{E}} = \kappa^2 \delta^6$ である。また，このような配位の数は，隣り合う格子点のペアの選び方の個数である。まず格子点を一つ選ぶやり方が N 通りあり，その右の格子点を選ぶか上の格子点を選ぶかで二通り。全部で $2N$ 通りの配位がある。

次は，図 11.10 (c) のように，四つの正方形状に並んだスピンが下を向いた配位。$n = 4, m = 8$ なので $e^{-\beta \tilde{E}} = \kappa^4 \delta^8$ であり，全部で N 通りの配位がある。図 11.10 (d) のように，三つの連なったスピンが下を向いた配位もある。$n = 3, m = 8$ なので $e^{-\beta \tilde{E}} = \kappa^3 \delta^8$ となる。ここでは，三つのスピンの並び方（縦並び，横並び，L 字型など）を考えると，全部で $6N$ 通りの配位がある。

そろそろ飽きる頃なので終わりにしたいのだが，実は δ^8 の寄与をもった配位は他にもある。図 11.10 (e) のように，隣り合わない二つのスピンが下向きの配位では，$n = 2, m = 8$ だから，重みは $e^{-\beta \tilde{E}} = \kappa^2 \delta^8$ である。このような配位は全部で $N(N-5)/2$ 通りある[48]。

以上の評価を (11.5.2) に代入すると，

$$Z_L(\beta, H) = e^{-\beta E_{\mathrm{GS}}} \left\{ 1 + N \kappa \delta^4 + 2N \kappa^2 \delta^6 + N \kappa^4 \delta^8 + 6N \kappa^3 \delta^8 \right.$$
$$\left. + \frac{N(N-5)}{2} \kappa^2 \delta^8 + O(\delta^{10}) \right\} \qquad (11.5.6)$$

---

[48] まず一つの格子点を選ぶやり方が N 通り。次に，二つ目の格子点を選ぶのだが，ここで一つ目の格子点およびそれに隣接する四つの格子点を選んではいけないので，選択肢は $N - 5$ 通り。かけ合わせれば $N(N-5)$ 通りになるが，このままでは各々の配位を二度ずつ数えているので，2 で割る。

となる。確かに「小さなパラメータ」δについてのべき展開になっているが、大きな数である $N = L^2$ の入り方がいかにも具合が悪い。そもそも $\{\cdots\}$ の中の初項が 1 なのに第二項が $O(N\delta^4)$ という時点でバランスが悪い。ただ，第三項が $O(N\delta^6)$，第四項と第五項が $O(N\delta^8)$ だから，ひょっとすると N をくくり出せばまともな級数になるのではないかという期待が残る。しかし，第六項が $O(N^2\delta^8)$ だから，それは甘かった。この先の項を考えると，N のより高次のべきが出現するのは明らかである。

N をくくり出すのが不可能なら，展開 (11.5.6) が意味をもつためには，$N\delta^4 \ll 1$ でなくてはならないことになる。つまり，$\beta J \gg \log N$ ということだ。しかし，格子点の総数の N は，最終的には無限に大きくしたい量である。βJ をどんなに大きくしようと展開 (11.5.6) は意味をもたないということになってしまう。

しかし，ここであきらめてしまわず，物理的に重要な自由エネルギーを計算してみよう。スピン一つあたりの自由エネルギーの定義 (11.2.5) に，展開 (11.5.6) をそのまま代入すれば，

$$f_L(\beta, H) = -2J - \mu_0 H - \frac{1}{\beta N}\log\{1 + N\kappa\delta^4 + \cdots\} \qquad (11.5.7)$$

となる。テイラー展開 $\log(1+x) = x - (x^2/2) + O(x^3)$ を使って，対数を形式的に評価してみよう。$O(\delta^8)$ までを計算することにすると，

$$\log\{1+\cdots\} = N\kappa\delta^4 + 2N\kappa^2\delta^6 + N\kappa^4\delta^8 + 6N\kappa^3\delta^8 + \frac{N(N-5)}{2}\kappa^2\delta^8$$
$$- \frac{1}{2}\{N\kappa\delta^4 + O(\delta^6)\}^2 + O(\delta^{10})$$

となる。すなおに計算を進めると，ちょっとした奇跡が起こる！

$$= N\left\{\kappa\delta^4 + \kappa^4\delta^8 + 2\kappa^2\delta^6 + 6\kappa^3\delta^8 - \frac{5}{2}\kappa^2\delta^8 + O(\delta^{10})\right\} \qquad (11.5.8)$$

のように，N^2 を含んだ項はみごとにキャンセルし，（少なくとも，この次数まででは）N に比例する項だけが残るのだ。(11.5.7) に戻せば，

$$f_L(\beta, H) = -2J - \mu_0 H - \frac{1}{\beta}\left\{\kappa\delta^4 + \kappa^4\delta^8 + 2\kappa^2\delta^6 + 6\kappa^3\delta^8 \right.$$
$$\left. - \frac{5}{2}\kappa^2\delta^8 + O(\delta^{10})\right\} \qquad (11.5.9)$$

11-5 イジング模型における相転移と臨界現象

となり，なんと N を全く含まない展開が得られる．これは，「小さなパラメター」δ についての健全なべき展開である．展開に $N = L^2$ が現れないから，ここで $L \nearrow \infty$ として，(11.5.9) を無限体積極限の自由エネルギー $f(\beta, H)$ の近似式とみなすことさえできる．

分配関数の展開 (11.5.6) のように，どう見ても的を外した展開計算に見えたものが，対数をとって N で割ることで，(11.5.9) のようなきれいな展開に化けてしまった．これだけを見るとだまされた気がするだろうが，上で見た $O(N^2 \delta^8)$ の項のキャンセルは偶然ではない．高次の計算を進めても，つねに同様のキャンセルが生じ，$f_L(\beta, H)$ の展開の各項は N に依存しないことがわかっている（問題 11.7 を解けば，このキャンセルの気分がかなりわかるはずだ）．このようなキャンセルが生じるおかげで，無限に大きな系での展開計算（あるいは，摂動計算）が可能になるのだ．これは，イジング模型に限らず，固体物理や素粒子物理に題材をとった多くの大自由度のモデルの展開計算に共通することである．また，イジング模型については，無限体積極限において (11.5.9) をすべての次数にわたって足し上げた級数が十分に低温で収束することも，数学的に厳密に証明されている[49]．

せっかく展開が得られたので，(11.5.9) を最低次で止めた近似式

$$f(\beta, H) \simeq -2J - \mu_0 H - \frac{1}{\beta} e^{-8\beta J - 2\beta \mu_0 H} \qquad (11.5.10)$$

を使って，$H \searrow 0$ での磁化 $m(\beta, +0) = -\partial f(\beta, H)/\partial H|_{H \searrow 0}$ を評価すると，

$$m(\beta, +0) \simeq \mu_0 \{1 - 2 e^{-8\beta J}\} \qquad (11.5.11)$$

となる．これが，$\beta J \gg 1$ つまり $kT \ll J$ となる低温での，二次元イジング模型の磁化の形だ．明らかに正で大きな自発磁化がある[50]．また，温度が 0 でなければ，熱的なゆらぎの効果で磁化が最大値の μ_0 よりも少し小さくなっていることも見てとれる．

11-5-3 相転移と臨界現象についての厳密な結果

イジング模型の定義は，物理における主流のモデルとしては珍しいほど

---

[49] このような級数の処理の一般論を，数理物理の分野ではクラスター展開 (cluster expansion) と呼んでいる．たとえば，[4] の付録を見よ．
[50] もちろん，$H < 0$ について同じ計算をすれば，負の自発磁化 $m(\beta, -0) \simeq -\mu_0 \{1 - 2 e^{-8\beta J}\}$ が得られる．

単純である．しかし，すでに強調したように，定義が単純だからといってふるまいが自明というわけではなく，単純な定義からは想像もつかない様々な非自明な物理現象を示す．そういう意味で，数学の問題としてみてもイジング模型は魅力的な難問だといえる．イジング模型を数学的な立場から研究し，物理的に意味のある結果を導こうという研究の流れがあり，はなばなしい成功を収めている．その方向で重要な出発点になったのは，1944年にオンサーガー[51)]が見いだした $H = 0$ の二次元イジング模型の厳密解である．この厳密解によって，二次元イジング模型が（無限体積の極限で）相転移をおこすことが疑いの余地なく示された．

しかし，モデルを厳密に解くことができるのは，おそらく二次元までである．物理的に重要な三次元の系を厳密に扱うには，厳密解に依存せずに，物理的に意味のある結果を証明する必要がある．そのような方向での研究は 1960 年代から活発になり，1970 年代から 1980 年代にピークを迎えた．以下では，導出法や歴史などには触れず，イジング模型の数理物理学的な研究の成果のごく一部を紹介しておく[52)]．

$d = 2, 3, 4, \ldots$ という一般の次元を考える．すると，次元 d に依存する転移点あるいは臨界点 β_c が存在する．β_c は $0 < \beta_c < \infty$ を満たす．

無限体積極限での磁化 (11.2.15) を使って，自発磁化を

$$m_s(\beta) := \lim_{H \searrow 0} m(\beta, H) \tag{11.5.12}$$

と定義すると，

$$m_s(\beta) \begin{cases} = 0, & \beta < \beta_c \text{ のとき} \\ > 0, & \beta > \beta_c \text{ のとき} \end{cases} \tag{11.5.13}$$

が厳密に成り立つ．低温での自発磁化が 0 でないということは，対称性の自発的な破れが起きていることの現れである[53)]．また，$m_s(\beta)$ が β の連続関数であり，特に $m_s(\beta_c) = 0$ であることも証明されている（これは難問で，$m_s(\beta_c) = 0$ が一般的に示されたのは 2013 年である）．

さらに，$d = 1$ を含む任意の次元 d について，イジング模型の磁化と対

[51)] 95 ページの脚注 23) を見よ．

[52)] 厳密な結果について詳しく知りたい読者には，[4] をすすめる．

[53)] いったん外部磁場をかけておき，それを 0 にした極限でのふるまいから対称性の破れの有無をみるのは明快な考え方だが，数学としてはあまりエレガントとはいえない．より進んだ理論を展開すれば，無限系の平衡状態を直接定義できる．すると，初めから磁場が 0 の系の平衡状態を調べ，それが一意的かどうかで対称性の自発的な破れの有無が判定できる [4]．

11-5 イジング模型における相転移と臨界現象

応する平均場近似の磁化の間にはきれいな関係がある。$0 \leq \beta < \infty$ を満たす任意の β と任意の $H \geq 0$ について，

$$0 \leq m(\beta, H) \leq m_{\mathrm{mf}}(\beta, H) \tag{11.5.14}$$

という不等式が成り立つ。つまり，平均場近似は，いつでも磁化を大きめに見積もってしまうのだ。ここで，$H \searrow 0$ とすれば，直ちに自発磁化について，$0 \leq m_{\mathrm{s}}(\beta) \leq m_{\mathrm{mf,s}}(\beta)$ が示される。よって，任意の $d = 2, 3, \ldots$ について，転移点は，

$$\beta_{\mathrm{c}} \geq \beta_{\mathrm{mf}} = \frac{1}{2dJ} \tag{11.5.15}$$

という不等式を満たすことになる。つまり，平均場近似で求めた転移点は，真の転移点の厳密な下界になっているのだ（よって，平均場の転移温度は真の転移温度の上界）。

不等式 (11.5.14), (11.5.15) を見ると，平均場近似が正確という可能性も残されているようにも見えるが，もちろん，実際はそこまで単純ではない。より詳しい評価をすれば，(11.5.14), (11.5.15) での等号は成立しないことも示される。ちなみに，$d = 2$ については，オンサーガーの厳密解などから，転移点が

$$\beta_{\mathrm{c}} = \frac{1}{2J} \log(\sqrt{2} + 1) \simeq \frac{0.44}{J} \tag{11.5.16}$$

となることが知られている。

さらに，無限体積極限の磁化率 (11.2.16) に関しては，$\beta < \beta_{\mathrm{c}}$ を満たす任意の β について，$\chi(\beta) < \infty$ であること，そして，

$$\chi(\beta) \geq \frac{\beta(\mu_0)^2}{2dJ} \frac{1}{\beta_{\mathrm{c}} - \beta} \tag{11.5.17}$$

という不等式が成立することが証明されている。(11.5.17) の右辺は平均場近似での磁化率の表式 (11.4.18) によく似ていることに注意しよう（ただし，ここに現れた β_{c} は真の転移点だ！）。よって，β を小さいほうから（つまり，高温側から）β_{c} に近づけたとき，

$$\chi(\beta) \nearrow \infty \tag{11.5.18}$$

のように磁化率が発散することが厳密にいえる。臨界現象の存在も厳密に証明されているのである。

たとえば三次元のイジング模型では，転移点 β_{c} の値は正確に求められていない。にもかかわらず，(11.5.13) や (11.5.18) は，完全に厳密に示さ

れているのだ．これは，「正確に計算できるものだけが厳密に評価できる」という通常の理論物理の技術だけでは達成できない，重要な結果である．

11-5-4　臨界現象の普遍性

臨界現象は，軽く考えてしまうと，相転移という重要な問題を調べているときについてきた「おまけ」のようにみえる．実際，図 11.1 や図 11.3 (a) の二次元的な相図の中のたった一点にすぎない臨界点の近傍でのできごとなのだから，かなり特殊な研究対象であることは確かだ．

しかし，読者は，臨界現象というのが「ただ者」でなさそうなことをすでに感じていると思う．気体・液体の臨界点における臨界現象 (11.1.1) と，強磁性体における臨界現象 (11.1.3) が，どちらも (11.1.2) の臨界指数 $\beta \simeq 0.325$ に支配されているという予想は，まるで魔法のように響く．実際，臨界現象を支配する臨界指数には，現代の「魔法の数」とでもいうべき趣がある．1960 年代以降，イジング模型をはじめとしたスピン系の臨界指数をめぐって，膨大な理論的な研究が行なわれ，いくつかの本質的な進歩が得られた．本書では臨界現象の研究に深入りする余裕はないが，これらの研究の下地となった臨界現象と臨界指数の普遍性についてのごく基礎的な事実を述べておきたい．

臨界指数の定義

臨界点の近傍では様々な物理量が特異なふるまいを示すので，それに対応する多くの臨界指数が定義されている．ここでは，ごく代表的な臨界指数を紹介する．

以下では，つねに $H = 0$ とする．β が大きい側（低温側）から臨界点に近づくときの自発磁化のふるまいを，

$$m_{\mathrm{s}}(\beta) \approx (\beta - \beta_{\mathrm{c}})^{\beta} \tag{11.5.19}$$

とし，臨界指数 β を定義する．また，β が小さい側（高温側）から臨界点に近づくときの比熱 $c(\beta)$ と磁化率のふるまいを，

$$c(\beta) \approx (\beta_{\mathrm{c}} - \beta)^{-\alpha}, \qquad \chi(\beta) \approx (\beta_{\mathrm{c}} - \beta)^{-\gamma} \tag{11.5.20}$$

とし，臨界指数 α と γ を定義する[54]．

---

[54] 厳密にいうと，一般に (11.5.19) や (11.5.20) のふるまいがあることは証明されていない．

11-5 イジング模型における相転移と臨界現象

平均場近似でこれらの臨界指数を求めると，

$$\alpha = 0, \quad \beta = \frac{1}{2}, \quad \gamma = 1 \tag{11.5.21}$$

となる。これらのうち，β と γ については，(11.4.14) と (11.4.18) で見た。α は，(11.4.39) で見たように，臨界点での比熱が有限の値に留まることを意味している。

ところが，二次元イジング模型の厳密解によると，これらの臨界指数は

$$\alpha = 0, \quad \beta = \frac{1}{8}, \quad \gamma = \frac{7}{4} \tag{11.5.22}$$

という値をとる[55]。これは，平均場の結果 (11.5.21) とは明らかに異なっている。三次元イジング模型については，厳密な値は知られていないが，大規模な高温展開の計算の結果，

$$\alpha = 0.1103(6), \quad \beta = 0.3263(4), \quad \gamma = 1.2371(1) \tag{11.5.23}$$

という近似値が得られている[56]。

こうしてみると，臨界指数は気紛れに値を変えるように思えるかもしれない。しかし，実は，臨界指数はきわめて強力な定量的普遍性をもっているのだ。たとえば，三次元の格子といっても，これまで考えてきた立方格子だけでなく，体心立方格子，面心立方格子，あるいは，もっと複雑な様々な格子がある。格子を変えれば，もちろん，臨界点 β_c の値はいろいろに変わる。ところが，それでも臨界指数の値は全く変わらないようなのである。これは，考えてみるとずいぶんと不思議な話だ。系に逆温度というパラメターがあり，それを変化させたとき相転移現象が現れる。そして，その相転移が生じるぎりぎりの逆温度での系のふるまいに注目したとき，臨界現象が見られるのだ。二つの格子で臨界点がずれていれば，その時点で二つのモデルの類似性は終わってしまいそうな気がする。ところが，臨界点の値という大きな性質が異なっているにもかかわらず，臨界指数という一見するとより些末そうな量は変わらないというのだ。平たく言えば，臨界指数には一種不可思議な「根性」がある。

---

[55] ここでは $\alpha = 0$ ではあるが，比熱は対数的に発散する。
[56] 括弧の中の数は末尾の桁に含まれると考えられる誤差を表している。ただし，これはあくまで高温展開の範囲で得られた近似的な見積もりであり，臨界指数の厳密な上界・下界が得られたわけではない。人々がこれらの指数はきれいな分数で表せるという漠然とした期待を抱いた時期もあるが，最近では，これらは複雑な無理数だという意見が支配的だ。もちろん，本当の答えは誰も知らないし，人類がその答えを知る日が来ない可能性も高い。

様々な状況証拠によると、強磁性スピン系の臨界指数は、格子の次元とスピンの対称性[57]を決めれば、それだけで完全に決定されてしまうようだ。格子の構造やスピンの微妙な構造、あるいは、相互作用がどの範囲にまで及ぶかといった、モデルの様々な詳細は、臨界点の値には大きく影響するが、臨界指数の値には全く影響しないのである。つまり、**臨界指数は、モデルの詳細に依存せず、モデルの普遍的な性質を直接に反映する量**なのだ。

これが、臨界指数の研究が重要であり、多くの研究者を引きつけてきた理由である。臨界指数を研究することは、目の前のイジング模型を越えて、その背後にある、より普遍的で深い意義をもった「何者か」を研究することだと言ってもいい[58]。

臨界指数の背後に何らかの非自明な数理的構造があるだろうということは、臨界指数がいくつかの関係を満たすことからも示唆される。たとえば、上で定義した三つの臨界指数は、

$$\alpha + 2\beta + \gamma = 2 \tag{11.5.24}$$

という**スケーリング等式** (scaling equality) を満たすことが知られている[59]。実際、(11.5.21), (11.5.22), (11.5.23) の三つの臨界指数の組は、この等式を満たしている。

最後に臨界指数の次元依存性について興味深い結果を述べておこう。イジング模型を定義するための格子の次元として意味があるのは、三次元、あるいはそれ以下の次元だが、数学的にはより高い次元 $d = 4, 5, \ldots$ のモデルを考えることもできる。そのような高次元では、臨界指数は平均場近似の予言と完全に等しい (11.5.21) の値をとると考えられており、$d \geq 5$ については数学的に完全に厳密な証明もある[60]。これは、高次元では、臨界現象の背後にある「何者か」が、比較的扱いやすい数学的対象[61]になっていることの反映である。三次元の臨界現象の背後にある構造については、今のところ、何かがわかりそうな手がかりさえも得られていない。三次元の

---

[57] イジング模型の場合なら、スピンを反転する対称性がある。同じ対称性をもった、より複雑なスピンの構造を考えることもできる。あるいは、スピンを長さ 1 の三次元的な矢印とすると、この場合には、スピンは三次元的な回転対称性という別の対称性をもつ。

[58] 二次元の臨界現象については、この「何者か」が共形不変な場の量子論と呼ばれる数理的な構造であることが、ほぼ明らかになっている。

[59] ただし、一般の場合の厳密な証明はない。

[60] この場合も、臨界点 β_c の値は正確には知られていないが、それでも、臨界指数は厳密に評価できるのだ。

[61] ガウス場の理論という名前のついた、場の理論である。

臨界現象を理解し，臨界指数を決定することは，現代の理論物理学の最大級の難問の一つなのである．

演習問題 11.

11.1 [一次元イジング模型の分配関数]　$H=0$ であれば，一次元イジング模型の分配関数を簡単な計算で求められることを見よう．格子点を $i=1,2,\ldots,L$ とし，スピン配位 $(\sigma_1,\ldots,\sigma_L)$ に対応するエネルギーを，$E_{(\sigma_1,\ldots,\sigma_L)} = -J\sum_{i=1}^{L-1}\sigma_i\sigma_{i+1}$ とする．ここでは自由境界条件を課した．
(a) σ_L についての和を先にとることで，$Z_L(\beta,0)$ を $Z_{L-1}(\beta,0)$ で表せ．
(b) $Z_L(\beta,0)$ を求めよ．

11.2 [排他的相互作用のある表面吸着]　8-2-2 節と同様の表面吸着の問題を扱う．ここでは，吸着サイト $i=1,2,\ldots,N_s$ が一列に並んでいる（周期境界をとる）とし，隣り合う吸着サイト（つまり i と $i+1$）の両方に分子が吸着することはないとする（分子が大きくて邪魔をする）．逆温度 β，化学ポテンシャル μ の平衡状態での被覆率 $\Theta(\beta,\mu)$ を求め，$\beta(v+\mu) \ll -1$ の場合と，$\beta(v+\mu) \gg 1$ の場合のふるまいを調べよ．

11.3 [相互作用のある表面吸着とイジング模型]　8-2-2 節と同様の表面吸着の問題を扱う．吸着サイトは正方格子をなしており（周期的境界条件を課す），互いに隣り合った吸着サイトの両方に分子が吸着するとエネルギーが g だけ下がるとする（分子間の引力がある）．この系の逆温度 β，化学ポテンシャル μ の平衡状態が正方格子上のイジング模型の平衡状態と関係づけられることを示し，この系での相転移について議論せよ．

11.4 [平均場近似における臨界現象]　イジング模型で逆温度を臨界点 β_c に固定し，磁場 H を小さくしていくときにも臨界現象が見られる．たとえば，磁化は $m(\beta_c, H) \approx H^{1/\delta}$ のように，H に特異な依存性を示して 0 に近づく．平均場近似の範囲でこの臨界現象を議論し，臨界指数 δ を求めよ．

11.5 [$S=1$ の強磁性スピン模型の平均場近似]　立方格子上の $S=1$ の強磁性スピン模型を考える（問題 5.1, 5.2 を参照）．格子点に $i=1,2,\ldots,N$ と名前をつけ，格子点 i 上のスピンのスピン変数を S_i とする．スピン変数は $S_i = 1, 0, -1$ と三つの値をとる．スピン配位 $(S_1,\ldots,S_N)$ に対応するエネルギー固有値を $E_{(S_1,\ldots,S_N)} = -\sum_{\langle i,j \rangle} JS_iS_j + \sum_i D(S_i)^2$ とする．J, D はともに正のパラメターであり，和はすべての隣り合う格子点についてとる．この系の平衡状態での相転移を平均場近似で議論せよ．D が微小なときの相転移点を評価せよ．

11.6 [平均場近似の変分法的な導出]　平均場近似を自由エネルギーについての

変分原理から導くこともできる．問題 4.4 で見たように，カノニカル分布は（一般の確率分布に関する）ヘルムホルツの自由エネルギーを最小にするような確率分布としても特徴づけられる．本来の変分原理では，あらゆる確率分布についての最小を考えなくてはならないのだが，ここでは限定された形の確率分布の範囲での最小化を考える．$-1 \leq \psi \leq 1$ の範囲をとるパラメター ψ について，イジング模型の確率分布 $p^{(\psi)}$ を，$p^{(\psi)}_{(\sigma_1,\ldots,\sigma_N)} := \prod_{i=1}^{N} (1+\psi\sigma_i)/2$ と定義する．各々のスピンが独立に，確率 $(1+\psi)/2$ で上向き，確率 $(1-\psi)/2$ で下向きをとる分布なので，かなり貧弱な近似である．この確率分布とイジング模型のエネルギー (11.2.1) について，問題 4.4 のヘルムホルツの自由エネルギーを求め，それを最小化することで平均場近似が得られることを示せ[62]（周期的境界条件をとれ）．

11.7 [低温展開の高次の計算] 11-5-2 節の計算を進めて，$f(\beta, H)$ の低温展開を δ^{12} のオーダーまで計算し，やはり N が残らないことを確かめよ（本質的に難しくはないが計算の手間は大変）．

11.8 [ファンデルワールス流体] 体積 V の容器に N 個の質量 m の単原子分子が入った系を古典統計力学で扱う．ここでは理想気体を越えて，(i) 遠距離で分子間に働く弱い引力，(ii) 異なった分子がある距離以上接近できないという剛体的相互作用の効果を平均場近似で取り入れよう．α, b を正の定数とする．(i) の引力相互作用のポテンシャルを $U = -N\alpha\rho$（ただし $\rho = (N/V)$）とする．これは各々の分子が，近辺にある粒子たちの密度に比例する相互作用エネルギーを感じることを意味している．(ii) の「排除体積効果」については（たとえば，(5.6.13) のすぐ下の計算に現れる）各々の分子が動き回れる体積を V から $V-bN$ に変更することで，取り入れる．

(a) 以上の近似によって分配関数 $Z_{V,N}(\beta)$ と $P(T, V)$ を求めよ（結果はファンデルワールス[63]の状態方程式と一致）．$P(T, V)$ はある領域では V について増加することを見よ．つまり，この状態方程式は非物理的である[64]．

(b) 物理的な結果を得るため，同じ問題を T-P 分布（問題 9.2）で扱う．体積 $V(T, P)$ のふるまいを調べ，この近似で液体・気体の相転移が記述されることを見よ（これはファンデルワールスの状態方程式にマクスウェルの等面積則を適用した結果と同じ[65]）．

---

62) 平均場近似のこのような導出は，ブラッグとウィリアムズによって合金の理論として提唱された．

63) Johannes Diderik van der Waals (1837–1923) オランダの物理学者．1910 年にノーベル物理学賞．

64) ファンデルワールスの状態方程式については，たとえば [2] 1 章の例題 8, [5] 問題 3.4 を参照．非物理的な結果が出たのは平均場近似の弊害である．まっとうな相互作用の系をきちんと扱うことができれば，$P(T, V)$ は相共存領域で V に依存しなくなるはずだ．[5] 7.6 節，[7] 15.7 節を見よ．

65) マクスウェルの等面積則については，たとえば [5] 問題 7.8 を参照．T-P 分布を使うと，たまたま平均場近似の弊害が隠されて見えなくなるのである．

付録 B. 凸関数とルジャンドル変換

この付録では，凸関数とルジャンドル変換に関わることがらをまとめる。記述はコンパクトだが，定義や基本的なアイディアを順序立てて述べるので，初学者にも読めるはずだ。一変数の凸関数とそのルジャンドル変換の理論は初等的だが，多変数の扱いは少し複雑になる。ここでは，多変数関数の扱いも詳しく述べて必要な定理はすべて証明した[1]。一変数の凸関数とルジャンドル変換については，[5] の付録 G, H や [7] の 10 章の解説も参照するといいだろう。

B-1 凸関数

n を正整数とする。n 次元ユークリッド空間 $\mathbb{R}^n$ の元を $\boldsymbol{x}, \boldsymbol{y}, \ldots$ と表す。成分表示するときは $\boldsymbol{x} = (x_1, \ldots, x_n)$ と書く。議論を $n = 1$ に限るときは，$x, y \ldots \in \mathbb{R}$ と書く。

B-1-1 凸集合と凸関数

集合 $C \subset \mathbb{R}^n$ が凸集合 (convex set) であるとは，任意の $\boldsymbol{x}, \boldsymbol{y} \in C$ と $0 < \lambda < 1$ について $\lambda \boldsymbol{x} + (1-\lambda) \boldsymbol{y} \in C$ が成り立つことである。λ を動かせば，$\lambda \boldsymbol{x} + (1-\lambda) \boldsymbol{y}$ は $\boldsymbol{x}$ と $\boldsymbol{y}$ を結ぶ線分の上を動く。上の条件は，この線分が必ず C に含まれているということだ。直観的にいえば，凸集合とは

---

[1] 興味のある読者は，本格的な凸解析の一般論の中で，ここに書かれた定理がどのように位置づけられ証明されるかを学んでみるのもいいだろう。標準的なテキストとして，R. T. Rockafellar : *Convex Analysis* (Princeton University Press, 1996) がある。とはいえ，Rockafellar のテキストでの，たとえば本書の定理 B.7 に相当する Theorem 23.3 の証明は，それまでの一般論に基づいているので，そう簡単には理解できない（私も理解していない）。

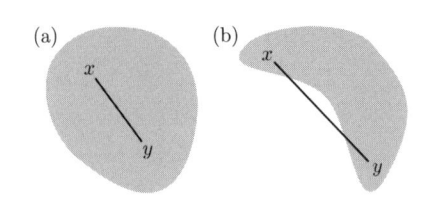

図 B.1 2次元での凸集合 (a) と，凸でない集合 (b) の例。集合の中の任意の二点を結ぶ線分が，その集合に含まれていれば，それは凸集合である。右のように「くびれた」集合は凸ではない。

「くびれ」のない集合である。また，凸集合は必ず弧状連結である[2]。図 B.1 を見よ。

以下では，$C \subset \mathbb{R}^n$ を凸集合かつ開集合[3]とする。たとえば，$C = \mathbb{R}^n$ や $C = \{(x_1, \ldots, x_n) \mid x_i > 0\}$ などが許される。1次元であれば，単に $C = (x_{\min}, x_{\max})$ という開区間をとるということである（$x_{\min} < x_{\max}$ とし，$x_{\min}$ は $-\infty$ でもよく，$x_{\max}$ は ∞ でもよい）。

関数 $f : C \to \mathbb{R}$ が下に凸（あるいは，単に凸 (convex)）であるとは，任意の $\boldsymbol{x}, \boldsymbol{y} \in C$ と $0 < \lambda < 1$ について

$$f(\lambda \boldsymbol{x} + (1-\lambda) \boldsymbol{y}) \leq \lambda f(\boldsymbol{x}) + (1-\lambda) f(\boldsymbol{y}) \tag{B.1.1}$$

が成り立つことである。下に凸な関数を凸関数 (convex function) と呼ぶ。また，関数 $-g(\boldsymbol{x})$ が下に凸であるとき，$g(\boldsymbol{x})$ は上に凸（あるいは，凹 (concave)）であるという。

関数が凸である条件 (B.1.1) の意味を見るため，まず1次元の場合を考えよう。関数 $f(\cdot)$ を図 B.2 のようにグラフに表す。$x < y$ を固定し，λ を $0 < \lambda < 1$ の範囲で動かすと，点 $(\lambda x + (1-\lambda)y, \lambda f(x) + (1-\lambda)f(y))$ は $f(\cdot)$ のグラフ上の二点 $(x, f(x))$ と $(y, f(y))$ を結んだ線分上を動く。不等式 (B.1.1) は，図 B.2 のように，$f(\cdot)$ のグラフがこの線分よりも下にあることを意味する。$f(\cdot)$ のグラフが「下向きに丸まっていれば」確かにこの性質は満たされる[4]。

[2) $C \subset \mathbb{R}^n$ が弧状連結とは，任意の $\boldsymbol{x}, \boldsymbol{y} \in C$ に対して，$\varphi(1) = \boldsymbol{x}, \varphi(0) = \boldsymbol{y}$ を満たす連続関数 $\varphi : [0, 1] \to C$ が存在することをいう。今の場合は，$\varphi(\lambda) = \lambda \boldsymbol{x} + (1-\lambda) \boldsymbol{y}$ と選べばよい。

3) $C \subset \mathbb{R}^n$ が開集合とは，任意の $\boldsymbol{x} \in C$ に対して $\delta > 0$ が存在し，$|\boldsymbol{x} - \boldsymbol{y}| < \delta$ を満たす全ての $\boldsymbol{y}$ が C に属することをいう。

4) よって1次元の凸関数のグラフは漢字の凸ではなく凹の形をしている。これは不便な

B-1 凸関数

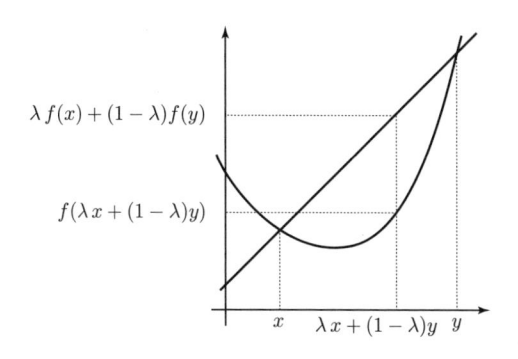

図 **B.2** 一変数の凸関数 $f(\cdot)$ のグラフ。グラフ上の任意の二点を結ぶ線分を引くと，グラフの曲線は線分よりも下にくる。

一般の n 次元の場合も事情はほとんど同じである。$(n+1)$ 次元の空間を用意して，図 B.2 のように $f(\cdot)$ のグラフを描く（これは n 次元の超曲面になる）。λ を動かすと，$(\lambda \boldsymbol{x} + (1-\lambda) \boldsymbol{y}, \lambda f(\boldsymbol{x}) + (1-\lambda) f(\boldsymbol{y}))$ は，やはりグラフ上の二点 $(\boldsymbol{x}, f(\boldsymbol{x}))$ と $(\boldsymbol{y}, f(\boldsymbol{y}))$ を結ぶ線分上を動く。不等式 (B.1.1) は，$f(\cdot)$ のグラフの n 次元曲面がこの線分よりも下にある（上下は $(n+1)$ 番目の座標の正負で判定する）ことを意味している。

興味深いことに，以下の定理が述べるように凸関数は自動的に連続になる。定理の証明は，劣グラディエントという道具を整備してから行なう。

定理 B.1 (凸関数の連続性) $f(\cdot)$ を C 上の凸関数とする。$f(\cdot)$ は C 上で連続である。

$f(\boldsymbol{x})$ が微分可能なら，凸性は二階の導関数で完全に特徴づけられることがわかっている。

定理 B.2 (二回微分可能な凸関数) $f(\boldsymbol{x})$ を二回微分可能（すべての変数についての二階の導関数が存在して連続）な C 上の関数とする。$f(\boldsymbol{x})$ が凸関数であるための必要十分条件は，任意の $\boldsymbol{x} \in C$ において，ヘッセ[5] 行列

$$\mathsf{H}(\boldsymbol{x}) := \left(\frac{\partial^2 f(\boldsymbol{x})}{\partial x_i \partial x_j} \right)_{i,j=1,\ldots,n} \tag{B.1.2}$$

話だが数学の定義を変えるわけにはいかない。

[5] Ludwig Otto Hesse (1811-1874) ドイツの数学者。

が非負である[6]ことである ($n=1$ なら，この条件は単に $f''(x) \geq 0$ ということ)．

証明：最初に $n=1$ について示す．まず，$f(\cdot)$ が二回微分可能で下に凸とする．任意の $x \in C$ と $x \pm \varepsilon \in C$ となる ε について，(B.1.1) より $f(x) \leq \{f(x+\varepsilon)+f(x-\varepsilon)\}/2$. よって $f''(x) = \lim_{\varepsilon \searrow 0} \varepsilon^{-2}\{f(x+\varepsilon) - 2f(x)+f(x-\varepsilon)\} \geq 0$ が言える．

逆に，任意の $x \in C$ について $f''(x) \geq 0$ とする．任意の $x_0, x_1 \in C$ について $f(x_1) = f(x_0)+(x_1-x_0)f'(x_0)+\int_{x_0}^{x_1} du \int_{x_0}^{u} dw\, f''(w)$ である[7]．この積分は x_0, x_1 の大小に関らず非負なので，$f(x_1) \geq f(x_0)+(x_1-x_0)f'(x_0)$ である．任意の $x, y \in C$ と $0 < \lambda < 1$ をとり，$x_0 = \lambda x + (1-\lambda) y$ とする．上の不等式で $x_1 = x$ とすると，$f(x) \geq f(x_0) + (1-\lambda)(x-y)f'(x_0)$，$x_1 = y$ とすると，$f(y) \geq f(x_0) + \lambda(y-x) f'(x_0)$. 一つ目に λ をかけたものと二つ目に $1-\lambda$ をかけたものを足し合わせれば (B.1.1) が得られる．

$n > 1$ では，$f(\boldsymbol{x})$ が下に凸であることは，任意の $\boldsymbol{x}_0 \in C$ と任意の単位ベクトル $\boldsymbol{e} \in \mathbb{R}^n$ に対して，$\xi \in \mathbb{R}$ の関数 $g(\xi) = f(\boldsymbol{x}_0 + \xi \boldsymbol{e})$ が下に凸であることと同値．$g''(\xi) = \boldsymbol{e} \cdot \{\mathsf{H}(\boldsymbol{x}_0 + \xi \boldsymbol{e})\boldsymbol{e}\}$ に注意すれば，$n=1$ についての結果から定理が示される．∎

B-1-2　一変数凸関数の右微分と左微分

凸関数は連続だが必ずしも微分可能ではない．ただし，微分可能でなくても微分係数に近いものが定まっている．高次元の扱いは少し難しいので，まず1次元（つまり一変数関数）の場合を丁寧に見よう．

$f(\cdot)$ を $C = (x_{\min}, x_{\max})$ 上の凸関数とし，$a < b$ となる $a, b \in C$ について，

$$\gamma(a,b) := \frac{f(b)-f(a)}{b-a} \tag{B.1.3}$$

とする．これは，$(a, f(a))$ と $(b, f(b))$ を結ぶ直線の傾きである．$\gamma(a,b)$ は a, b それぞれについて非減少である．これを見るには，$a < b < b'$ として，

---

[6] エルミート行列 A が非負（あるいは，正半定値）であるとは，任意のベクトル $\boldsymbol{v}$ に対して，$\boldsymbol{v}^\dagger \cdot (\mathsf{A}\boldsymbol{v}) \geq 0$ となることをいう．これは A の全ての固有値が非負ということと同値である．たとえば，[8] の 6.5.5 節を見よ．

[7] まず，$x_0 = x_1$ としたとき両辺が等しいことを確認．つぎに，任意の x_0, x_1 について，両辺を x_1 で微分したものが等しいことを見ればよい．あるいは，微分と積分の関係 $\int_a^b ds\, g'(s) = g(b) - g(a)$ をくり返し使っても導ける．

(B.1.1) より

$$\gamma(a,b') - \gamma(a,b) = \frac{\lambda f(b') + (1-\lambda) f(a) - f(b)}{b-a} \geq 0 \quad \text{(B.1.4)}$$

となることを見ればよい。ただし，$\lambda = (b-a)/(b'-a)$ とし，$b = \lambda b' + (1-\lambda)a$ となることを使った。同様にして，$a < a' < b$ について，$\gamma(a',b) - \gamma(a,b) \geq 0$ を示すことができる。

任意の $x \in C$ を固定する。$y < x$ なる $y \in C$ を一つとり，$\bar{\gamma} = \gamma(y,x)$ と書く。$x + \varepsilon \in C$ を満たす $\varepsilon > 0$ について，$\gamma(x, x+\varepsilon)$ を ε の関数とみなす。$\gamma(a,b)$ の非減少性から，$\gamma(x, x+\varepsilon)$ は ε の非減少関数である。また，同じく $\gamma(a,b)$ の非減少性から，$\gamma(x, x+\varepsilon) \geq \gamma(y, x+\varepsilon) \geq \gamma(y,x) = \bar{\gamma} > -\infty$ である。よって，単調有界関数の収束についての定理から，極限 $\lim_{\varepsilon \searrow 0} \gamma(x, x+\varepsilon)$ が存在することが示される。全く同様にして，極限 $\lim_{\varepsilon \searrow 0} \gamma(x-\varepsilon, x)$ の存在も示される。明らかに $\gamma(x, x+\varepsilon) \geq \gamma(x-\varepsilon, x)$ だから，一つ目の極限は二つ目の極限より小さくはない。こうして，以下の定理が証明された。

定理 B.3 (一変数凸関数の右微分と左微分の存在) $f(\cdot)$ を $C = (x_{\min}, x_{\max})$ 上の凸関数とする。任意の $x \in C$ に対して，右微分（あるいは，右微分係数）

$$f'_+(x) := \lim_{\varepsilon \searrow 0} \frac{f(x+\varepsilon) - f(x)}{\varepsilon} \quad \text{(B.1.5)}$$

と，左微分（あるいは，左微分係数）

$$f'_-(x) := \lim_{\varepsilon \searrow 0} \frac{f(x) - f(x-\varepsilon)}{\varepsilon} \quad \text{(B.1.6)}$$

が存在する。これらは，$f'_+(x) \geq f'_-(x)$ を満たす。

ちなみに，$f'_+(x) = f'_-(x)$ となることが，$f(\cdot)$ が x において微分可能ということだった。さらに，凸関数の接線についての以下の重要な定理を示しておこう。

定理 B.4 (一変数凸関数の接線) $f(\cdot)$ を $C = (x_{\min}, x_{\max})$ 上の凸関数とし，任意の $x \in C$ を固定する。実数 α について，

$$f'_+(x) \geq \alpha \geq f'_-(x) \quad \text{(B.1.7)}$$

であることと，任意の $y \in C$ について

$$f(y) \geq f(x) + \alpha (y - x) \quad \text{(B.1.8)}$$

が成り立つことは，同値である。

証明：(B.1.7) を満たす任意の α をとる。$y > x$ なる任意の $y \in C$ について，$\gamma(a,b)$ の非減少性から，$\gamma(x,y) \geq \lim_{\varepsilon \searrow 0} \gamma(x, x+\varepsilon) = f'_+(x) \geq \alpha$ である。これを変形すれば，$f(y) - f(x) \geq \alpha(y-x)$ となる。同様に，$y < x$ なる任意の $y \in C$ について，$\gamma(y,x) \leq \lim_{\varepsilon \searrow 0} \gamma(x-\varepsilon, x) = f'_-(x) \leq \alpha$ である。これも（量の正負に注意して）変形すると，上と同じ $f(y) - f(x) \geq \alpha(y-x)$ となり，(B.1.8) が示された。逆は簡単。任意の $y \in C$ について (B.1.8) を仮定する。$y = x + \varepsilon$ と書けば，$f(x+\varepsilon) - f(x) \geq \alpha\varepsilon$ である。$\varepsilon \searrow 0$ とすれば $f'_+(x) \geq \alpha$ となる。$\alpha \geq f'_-(x)$ も同様に言える。∎

もし $f(\cdot)$ が x において微分可能なら $\alpha = f'(x)$ となり，(B.1.8) は

$$f(y) \geq f(x) + f'(x)(y-x) \tag{B.1.9}$$

となる。右辺は x のまわりでの $f(y)$ の線形近似（テイラー展開の一次）とみることができる。再び $f(\cdot)$ のグラフを考えると，(B.1.8) は，図 B.3 のように，点 x におけるグラフの接線がつねに $f(\cdot)$ のグラフよりも下にあることを意味している。

B-1-3　多変数の凸関数の劣グラディエント

さて，以上の議論と結果を一般の多変数の凸関数に拡張することを考えよう。$f(\cdot)$ を $C \subset \mathbb{R}^n$ 上の凸関数とする。

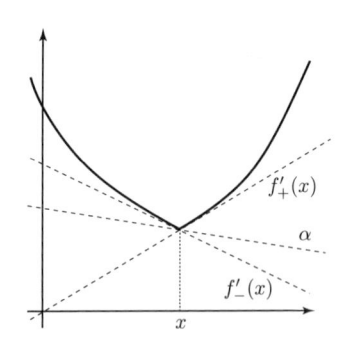

図 **B.3**　x において微分不可能な一変数の凸関数 $f(\cdot)$ の例。x を通過する傾き $f'_+(x), f'_-(x), \alpha$ の直線を引いた。どの直線も $f(\cdot)$ のグラフに接して，かつ下側にある。

B-1 凸関数

右微分と左微分の存在についての定理 B.3 に相当する結果を示すには，「右か左」だったものを「任意の単位ベクトル e の方向」に置き換えればいい。上の証明のくり返しになるが（記号を整理する意味でも）きちんと見ていこう。

任意の $\bm{x} \in C$ と任意の単位ベクトル $\bm{e} \in \mathbb{R}^n$ を選び固定する。$a < b$ で $\bm{x} + a\bm{e} \in C$, $\bm{x} + b\bm{e} \in C$ を満たす $a, b \in \mathbb{R}$ について，

$$\gamma(a, b) := \frac{f(\bm{x} + b\bm{e}) - f(\bm{x} + a\bm{e})}{b - a} \tag{B.1.10}$$

と定義すると，$\gamma(a, b)$ は a, b それぞれについて非減少である。これを示すには，$a < b < b'$ として，(B.1.1) より

$$\gamma(a, b') - \gamma(a, b) = \frac{\lambda f(\bm{x} + b'\bm{e}) + (1 - \lambda) f(\bm{x} + a\bm{e}) - f(\bm{x} + b\bm{e})}{b - a} \geq 0 \tag{B.1.11}$$

となることを見ればよい。ただし，$\lambda = (b - a)/(b' - a)$ とし，$\bm{x} + b\bm{e} = \lambda(\bm{x} + b'\bm{e}) + (1 - \lambda)(\bm{x} + a\bm{e})$ となることを使った。同様にして，$a < a' < b$ について，$\gamma(a', b) - \gamma(a, b) \geq 0$ を示すことができる。

$\bm{x} + \delta \bm{e} \in C$ となる $\delta < 0$ を選び，固定する。$\gamma(a, b)$ の非減少性から，$\bm{x} + \varepsilon \bm{e} \in C$ となる任意の $\varepsilon > 0$ について $\gamma(0, \varepsilon) \geq \gamma(\delta, 0) > -\infty$ が言える。また，$\gamma(0, \varepsilon)$ は ε について非減少だから，単調有界関数の収束定理から，極限 $\lim_{\varepsilon \searrow 0} \gamma(0, \varepsilon)$ の存在が言える。つまり，次の定理が言えた。

定理 B.5 (凸関数の e 方向の微分) $f(\cdot)$ を凸な開集合 $C \subset \mathbb{R}^n$ 上の凸関数とする。任意の $\bm{x} \in C$ と単位ベクトル $\bm{e} \in \mathbb{R}^n$ に対して，

$$D_{\bm{e}}(\bm{x}) := \lim_{\varepsilon \searrow 0} \frac{f(\bm{x} + \varepsilon \bm{e}) - f(\bm{x})}{\varepsilon} \tag{B.1.12}$$

が存在する。$D_{\bm{e}}(\bm{x})$ を $f(\cdot)$ の $\bm{x}$ における $\bm{e}$ 方向の微分（正確には微分係数）という。

一変数のときと同様，凸性の仮定だけから任意の方向での微分の存在が保証されるのが，凸関数の強力な性質である。

さらに，一変数の場合にならって話を進めよう。まず，

$$\lim_{\varepsilon \searrow 0} \gamma(-\varepsilon, 0) = -\lim_{\varepsilon \searrow 0} \frac{f(\bm{x} + \varepsilon(-\bm{e})) - f(\bm{x})}{\varepsilon} = -D_{-\bm{e}}(\bm{x}) \tag{B.1.13}$$

であることに注意する。$\varepsilon > 0$ なら $\gamma(0, \varepsilon) \geq \gamma(-\varepsilon, 0)$ だから，$D_{\bm{e}}(\bm{x}) \geq -D_{-\bm{e}}(\bm{x})$ が成り立つ。これが，一変数の場合の $f'_+(x) \geq f'_-(x)$ に相当す

る不等式だ。ここでも $D_e(\bm{x}) \geq \alpha \geq -D_{-\bm{e}}(\bm{x})$ を満たす任意の α をとる。ξ を $\bm{x} + \xi \bm{e} \in C$ を満たす任意の実数とする。$\xi > 0$ なら,

$$\frac{f(\bm{x}+\xi\bm{e}) - f(\bm{x})}{\xi} = \gamma(0,\xi) \geq \lim_{\varepsilon \searrow 0}\gamma(0,\varepsilon) = D_e(\bm{x}) \geq \alpha \quad \text{(B.1.14)}$$

が成り立つ。また, $\xi < 0$ なら

$$\frac{f(\bm{x}+\xi\bm{e}) - f(\bm{x})}{\xi} = \gamma(\xi,0) \leq \lim_{\varepsilon \searrow 0}\gamma(-\varepsilon,0) = -D_{-\bm{e}}(\bm{x}) \leq \alpha \quad \text{(B.1.15)}$$

が成り立つ。これらを合わせれば, $\bm{x} + \xi\bm{e} \in C$ を満たす任意の ξ について,

$$f(\bm{x}+\xi\bm{e}) \geq f(\bm{x}) + \alpha\xi \quad \text{(B.1.16)}$$

が成り立つことがわかる。つまり, $(n+1)$ 次元空間での $f(\cdot)$ のグラフを考えたとき, $\bm{x}$ における $\bm{e}$ 方向の接線は $f(\cdot)$ のグラフよりも下にある。これは, 一変数の (B.1.8) の素直な一般化の一つである。

しかし, $f(\cdot)$ のグラフは n 次元超曲面なのだから, いちいち接線で下から押さえるのではなく, n 次元超平面を使って一網打尽に押さえられそうなものである。一般の場合を考える前に, $f(\cdot)$ が $\bm{x}$ において一回微分可能だとしよう。すると, 微分の定義 (B.1.12) から明らかに, グラディエント $\operatorname{grad} f(\bm{x}) := (\partial f(\bm{x})/\partial x_1, \ldots, \partial f(\bm{x})/\partial x_n)$ を使って, 任意の $\bm{e}$ について

$$D_e(\bm{x}) = (\operatorname{grad} f(\bm{x})) \cdot \bm{e} \quad \text{(B.1.17)}$$

と表すことができる。任意の $\bm{y} \in C$ を, 単位ベクトル $\bm{e}$ と係数 ξ を用いて $\bm{y} = \bm{x} + \xi\bm{e}$ と書こう。(B.1.16) で $\alpha = D_e(\bm{x}) = (\operatorname{grad} f(\bm{x})) \cdot \bm{e}$ とした不等式に以上を代入すると, 任意の $\bm{y} \in C$ についての不等式

$$f(\bm{y}) \geq f(\bm{x}) + (\operatorname{grad} f(\bm{x})) \cdot (\bm{y}-\bm{x}) \quad \text{(B.1.18)}$$

が得られる。つまり, $n+1$ 次元空間に表した $f(\cdot)$ のグラフが, 傾き $\operatorname{grad} f(\bm{x})$ の接 (n 次元) 超平面よりも上にあるということである。これが, 一変数の場合の接線についての不等式 (B.1.9) の多変数への望ましい拡張である。(B.1.18) の特別な場合として得られる次の結果は, 熱力学における変分原理で重要な役割を果たす。

系 B.6 (凸関数の最小値) $f(\cdot)$ を凸な開集合 $C \subset \mathbb{R}^n$ 上の凸関数とする。$\bm{x}_0 \in C$ において $f(\cdot)$ が微分可能で $\operatorname{grad} f(\bm{x}_0) = (0,\ldots,0)$ ならば,

任意の $x \in C$ について $f(x) \geq f(x_0)$ が成り立つ。つまり，$f(\cdot)$ の極値は $f(\cdot)$ の最小値である。

一変数の場合の接線についての不等式 (B.1.8) は微分可能性がなくても成立した。多変数の場合にも，微分可能性を仮定せずに (B.1.18) に類似した不等式が導けると期待される。実際，次の定理がこの重要な事実を保証してくれる。興味深いことに，一変数の場合の対応する定理 B.4 の証明はきわめて簡単だったが，多変数についての定理の証明は一筋縄ではいかない。一変数の場合は，微分の方向が「右と左」の二つしかなかったのに対し，多変数では無限個の単位ベクトル e の方向の微分が登場するからである[8]。

定理 B.7 (凸関数の劣グラディエントの存在) $f(\cdot)$ を凸な開集合 $C \subset \mathbb{R}^n$ 上の凸関数とする。任意の $x \in C$ に対して少なくとも一つの $g \in \mathbb{R}^n$ がとれて，
$$f(y) \geq f(x) + g \cdot (y - x) \tag{B.1.19}$$
が任意の $y \in C$ に対して成立する。

証明：$n = 1$ の場合は，定理 B.4 に登場する (B.1.7) を満たす α が g に相当するので，証明は終わっている。$n-1$ 次元での定理の主張を仮定し，n 次元での主張を導く。

適切に平行移動することで，$x = \mathbf{0} := (0, \ldots, 0) \in \mathbb{R}^n$, $f(\mathbf{0}) = 0$ としてよい。$e = (0, \ldots, 0, 1) \in \mathbb{R}^n$ について $g_n = D_e(\mathbf{0})$ とする。(B.1.16) で $\alpha = g_n$ とすれば，
$$f(0, \ldots, 0, y_n) \geq g_n y_n \tag{B.1.20}$$
が，$(0, \ldots, 0, y_n) \in C$ を満たす y_n について成り立つ。

ここで，C を $\mathbb{R}^{n-1}$ に射影した集合
$$\hat{C} := \left\{ (y_1, \ldots, y_{n-1}) \,\middle|\, (y_1, \ldots, y_{n-1}, y_n) \in C \text{ となる } y_n \in \mathbb{R} \text{ が存在する} \right\} \tag{B.1.21}$$
を定義しておく。$\hat{C} \subset \mathbb{R}^{n-1}$ が凸な開集合であることは簡単にわかる。$\hat{y} \in \hat{C}$ に対して，

---

[8] 進んだ注：それならば，各々の座標軸の正負の方向を向いた $2n$ 個の単位ベクトルだけを考えればいいだろうと思うかもしれない。しかし，それでは情報不足で，一般には関数 $f(\cdot)$ を下から押さえることはできない。

$$h(\hat{\boldsymbol{y}}) := \inf \left\{ f(\hat{\boldsymbol{y}}, y_n) - g_n y_n \,\middle|\, y_n \in \mathbb{R} \text{ は } (\hat{\boldsymbol{y}}, y_n) \in C \text{ を満たす} \right\} \tag{B.1.22}$$

と定義する[9]。$f(\boldsymbol{0}) = 0$ と (B.1.20) から $h(0, \ldots, 0) = 0$ である。定義 (B.1.22) には inf が入っているので，ある $\hat{\boldsymbol{y}}$ において $h(\hat{\boldsymbol{y}}) = -\infty$ となってしまう可能性がある。そうならないことを言おう。$f(\cdot)$ の凸性から，$(\hat{\boldsymbol{y}}, y_n), (\hat{\boldsymbol{y}}', y_n') \in C$ と $0 < \lambda < 1$ について，

$$\begin{aligned}&\lambda \{f(\hat{\boldsymbol{y}}, y_n) - g_n y_n\} + (1-\lambda)\{f(\hat{\boldsymbol{y}}', y_n') - g_n y_n'\} \\ &\geq f(\lambda \hat{\boldsymbol{y}} + (1-\lambda)\hat{\boldsymbol{y}}', \lambda y_n + (1-\lambda) y_n') - g_n (\lambda y_n + (1-\lambda) y_n')\end{aligned} \tag{B.1.23}$$

が成り立つ。任意の $\hat{\boldsymbol{y}} \in \hat{C}$ に対して，$\lambda \hat{\boldsymbol{y}} + (1-\lambda)\hat{\boldsymbol{y}}' = (0, \ldots, 0)$ となるような $0 < \lambda < 1$ と $\hat{\boldsymbol{y}}' \in \hat{C}$ をとることができる[10]。これを (B.1.23) に代入すれば，

$$\begin{aligned}&\lambda \{f(\hat{\boldsymbol{y}}, y_n) - g_n y_n\} + (1-\lambda)\{f(\hat{\boldsymbol{y}}', y_n') - g_n y_n'\} \\ &\geq f(0, \ldots, 0, \lambda y_n + (1-\lambda) y_n') - g_n (\lambda y_n + (1-\lambda) y_n') \\ &\geq h(0, \ldots, 0) = 0\end{aligned} \tag{B.1.24}$$

を得る。よって

$$f(\hat{\boldsymbol{y}}, y_n) - g_n y_n \geq -\frac{1-\lambda}{\lambda}\{f(\hat{\boldsymbol{y}}', y_n') - g_n y_n'\} \tag{B.1.25}$$

が $(\hat{\boldsymbol{y}}, y_n), (\hat{\boldsymbol{y}}', y_n') \in C$ を満たす任意の $y_n, y_n' \in \mathbb{R}$ について言えた。y_n と y_n' は独立に動かせるから，左辺で y_n について inf をとれば，

$$h(\hat{\boldsymbol{y}}) \geq -\frac{1-\lambda}{\lambda}\{f(\hat{\boldsymbol{y}}', y_n') - g_n y_n'\} \tag{B.1.26}$$

となり，$h(\hat{\boldsymbol{y}}) > -\infty$ が示される。

$h(\cdot)$ の定義より，(B.1.23) の最右辺は $h(\lambda \hat{\boldsymbol{y}} + (1-\lambda)\hat{\boldsymbol{y}}')$ 以上である。(B.1.23) の最左辺で y_n と y_n' について inf をとれば，

---

[9] 集合 $X \subset \mathbb{R}$ の任意の元 $x \in X$ に対して $a \leq x$ を満たす a を X の下界という。X に下界が存在するとき，全ての下界の中で最大のものを X の下限と呼び $\inf X$ と書く。X に下界が存在しないときは $\inf X = -\infty$ と定める。開区間 (a, b) について $\inf(a, b) = a$ であるように，X に最小値が存在しなくても下限は存在する。上では y_n を許される範囲で動かしたとき，$f(\hat{\boldsymbol{y}}, y_n) - g_n y_n$ が動く範囲についての下限をとる。

[10] $\boldsymbol{y}$ から $(0, \ldots, 0)$ に向かう線分を，$(0, \ldots, 0)$ を越えて延長した先に $\hat{\boldsymbol{y}}' \in \hat{C}$ をとればよい。$\hat{C}$ が凸な開集合なので，これは常に可能。

B-1 凸関数

$$\lambda h(\hat{\boldsymbol{y}}) + (1-\lambda) h(\hat{\boldsymbol{y}}') \geq h(\lambda \hat{\boldsymbol{y}} + (1-\lambda) \hat{\boldsymbol{y}}') \tag{B.1.27}$$

となり，$h(\cdot)$ が $\hat{C}$ 上の凸関数であることがわかる．帰納法の仮定から $\hat{\boldsymbol{g}} \in \mathbb{R}^{n-1}$ があって，任意の $\hat{\boldsymbol{y}} \in \hat{C}$ に対して $h(\hat{\boldsymbol{y}}) \geq \hat{\boldsymbol{g}} \cdot \hat{\boldsymbol{y}}$ が成り立つ．(B.1.22) より $(\hat{\boldsymbol{y}}, y_n) \in C$ を満たす任意の y_n について

$$f(\hat{\boldsymbol{y}}, y_n) \geq \hat{\boldsymbol{g}} \cdot \hat{\boldsymbol{y}} + g_n y_n \tag{B.1.28}$$

となるが，これは望む不等式 (B.1.19) に他ならない．■

こうして，多変数の凸関数も，微分可能でなくても，微分係数に近いものをもつことが明確になった．(B.1.19) の性質をもつ $\boldsymbol{g}$ を，$\boldsymbol{x}$ における $f(\cdot)$ の**劣グラディエント** (subgradient) あるいは**劣勾配**と呼ぶ．もちろん，$f(\cdot)$ が $\boldsymbol{x}$ において一回微分可能なら，$\boldsymbol{x}$ における $f(\cdot)$ の劣グラディエントは一意に定まり $\boldsymbol{g} = \mathrm{grad}\, f(\boldsymbol{x})$ である．$\boldsymbol{x}$ における $f(\cdot)$ の劣グラディエントすべての集合を $\partial f(\boldsymbol{x}) \subset \mathbb{R}^n$ と書き，$\boldsymbol{x}$ における $f(\cdot)$ の**劣微分**と呼ぶ．定理 B.7 は，任意の $\boldsymbol{x} \in C$ について劣微分 $\partial f(\boldsymbol{x})$ が空集合ではないことを保証している．この事実は，次にルジャンドル変換を考察する際に本質的である．なお $n=1$ のときは，477 ページの定理 B.4 より，劣微分は閉区間 $\partial f(x) = [f'_-(x), f'_+(x)]$ であることがわかる．

さらに，劣グラディエントの存在が保証されたことで，先延ばしにしていた連続性の定理が証明できる（もちろん，劣グラディエントの存在証明に連続性は使っていない）．

定理 B.1（475 ページ）**の証明**：任意の $\boldsymbol{x} \in C$ を固定し，$\boldsymbol{x}$ において $f(\cdot)$ が連続であることを示そう．$\boldsymbol{e}_1, \ldots, \boldsymbol{e}_n$ を各座標軸方向の単位ベクトルとし，$i = 1, \ldots, n$ について $\boldsymbol{e}_{n+i} := -\boldsymbol{e}_i$ とする．$\boldsymbol{x}$ の近傍の点を $\boldsymbol{x} + \varepsilon \sum_{i=1}^{2n} \lambda_i \boldsymbol{e}_i$ と表す．ただし，$\lambda_i \geq 0$ で $\sum_{i=1}^{2n} \lambda_i < 1$ とする．係数をすべて非負にとったことに注意．$\varepsilon > 0$ を十分小さい値に固定し，この形の点はすべて C に入っているとしよう．凸性 (B.1.1) をくり返し用いて[11]，

$$f\left(\boldsymbol{x} + \varepsilon \sum_{i=1}^{2n} \lambda_i \boldsymbol{e}_i\right) = f\left(\left(1 - \sum_{i=1}^{2n} \lambda_i\right) \boldsymbol{x} + \sum_{i=1}^{2n} \lambda_i (\boldsymbol{x} + \varepsilon \boldsymbol{e}_i)\right)$$

---

[11] 凸関数 $f(\cdot)$ について，$\sum_{i=1}^{k} \lambda_i = 1$，$\lambda_i \geq 0$ なら $f\left(\sum_{i=1}^{k} \lambda_i \boldsymbol{x}_i\right) \leq \sum_{i=1}^{k} \lambda_i f(\boldsymbol{x}_i)$ が言える（定義を使って帰納法で示す）．

$$\leq \left(1 - \sum_{i=1}^{2n} \lambda_i\right) f(\boldsymbol{x}) + \sum_{i=1}^{2n} \lambda_i f(\boldsymbol{x} + \varepsilon \boldsymbol{e}_i)$$

$$= f(\boldsymbol{x}) + \sum_{i=1}^{2n} f_i \lambda_i \quad (\text{B.1.29})$$

を得る。ただし，$f_i = f(\boldsymbol{x} + \varepsilon \boldsymbol{e}_i) - f(\boldsymbol{x})$ である。また $\boldsymbol{g}$ を $\boldsymbol{x}$ における $f(\cdot)$ の劣グラディエントとし，$g_i = \varepsilon \boldsymbol{g} \cdot \boldsymbol{e}_i$ とすれば，(B.1.19) より

$$f\left(\boldsymbol{x} + \varepsilon \sum_{i=1}^{2n} \lambda_i \boldsymbol{e}_i\right) \geq f(\boldsymbol{x}) + \sum_{i=1}^{2n} g_i \lambda_i \quad (\text{B.1.30})$$

上界 (B.1.29)，下界 (B.1.30) ともに，すべての i について $\lambda_i \searrow 0$ とすれば，$f(\boldsymbol{x})$ に収束するから，$f(\cdot)$ は $\boldsymbol{x}$ において連続である[12]。∎

B-2　ルジャンドル変換

熱力学と統計力学で重要な役割を果たすルジャンドル変換についてまとめる。設定や記号は前節と同じである。

B-2-1　一変数の凸関数のルジャンドル変換

まず，図を描いて考えやすい一変数の場合を議論しよう。証明は多変数を扱うときにまとめて行なうので，ここでは気楽に話を進める。

$f(\cdot)$ を $C = (x_{\min}, x_{\max})$ 上の凸関数とする。x を C の中で動かしたとき，劣微分 $\partial f(x) = [f'_-(x), f'_+(x)]$ が動く範囲の全体を $C^* \subset \mathbb{R}$ とする。C^* は，$f(\cdot)$ の接線の傾きとして許される値すべての集まりで，$\mathbb{R}$ の中の単一の区間になる[13]。

任意の $u \in C^*$ を固定する。図 B.4 のように，x を横軸，y を縦軸を表す変数として $y = f(x)$ のグラフを描く。任意の $x_0 \in C$ について，$(x_0, f(x_0))$ を通る傾き u の直線を引こう。方程式は，$y = u(x - x_0) + f(x_0)$ である。この直線が y 軸（つまり $x = 0$ の直線）と交わる切片は $y_0 = f(x_0) - u x_0$

---

[12] 拙著 [5] の定理 G.9（定理 B.1 と同じもの）への説明として，連続性の証明は「簡単なので，興味をもった読者にまかせる」と書いた。たしかに上の証明は簡単だが，そのベースになる定理 B.7 の証明は（私には）簡単とは言えないので，この記述は勇み足だった。

[13] 証明：任意の $\alpha_1, \alpha_2 \in C^*$, $\alpha_1 < \alpha_2$ について，$\alpha_1 < \alpha < \alpha_2$ なら $\alpha \in C^*$ となることを言えばよい。まず，$\alpha_i \in \partial f(x_i)$ $(i = 1, 2)$ となる x_1, x_2 を選んでおく（$x_1 < x_2$ である）。$g(x) = f(x) - \alpha x$ は，$x < x_1$ では減少し，$x > x_2$ では増加する連続関数なので，$x_1 \leq x_0 \leq x_2$ なる x_0 で最小値をとる。よって，任意の $x \in C$ について，$g(x) \geq g(x_0)$，つまり $f(x) \geq f(x_0) + \alpha(x - x_0)$ となり，これは $\alpha \in \partial f(x_0)$ を意味する。

B-2 ルジャンドル変換

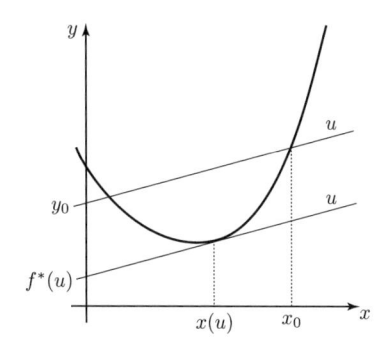

図 **B.4** $y = f(x)$ のグラフ。u を固定する。$(x_0, f(x_0))$ を通る傾き u の直線を引き，それが y 軸と交わる切片 y_0 を求める。x_0 を動かして切片の最小値を求め，それを $f^*(u)$ と呼ぶ。

となる。

ここで u を固定したまま $x_0 \in C$ を動かして，対応する切片 y_0 をできるだけ小さくすることを考える。図 B.4 から明らかなように，直線がちょうど $f(\cdot)$ のグラフの接線になるとき切片 y_0 の最小値が得られる。傾き $u \in C^*$ を決めると切片の最小値が決まるから，これを u の関数とみて

$$f^*(u) = \min_{x \in C}\{f(x) - ux\} \tag{B.2.1}$$

のように書こう（今まで x_0 と呼んでいたものを単に x とした）。$f^*(\cdot)$ を $f(\cdot)$ のルジャンドル[14]変換 (Legendre transformation)，あるいは，単に共役 (conjugate) と呼ぶ。(B.2.1) は通常の文献にあるルジャンドル変換の定義とは符号が反対なので注意してほしい。通常の定義は数学的には美しいが，（多変数の）熱力学への応用を考えると，ここで採用した符号のほうが都合がよいのである。

$u \in C^*$ が与えられれば，C^* の定義から，少なくとも一つの $x \in C$ について $u \in \partial f(x)$ となる。言い換えれば，傾き u の接線が引けるような点 x が存在する。このような x を $x(u)$ と書けば，(B.2.1) は

$$f^*(u) = f(x(u)) - ux(u) \tag{B.2.2}$$

と書ける。一般には u を決めても $x(u)$ は一意には定まらないが，(B.2.2) の

---

[14] 314 ページの脚注 15) を見よ。

右辺が $x(u)$ の選び方によらないことが言える（定理 B.8）。よって，(B.2.1) より簡単な (B.2.2) をルジャンドル変換と呼んでもいい。

具体例を一つだけ。$p > 1$ を定数とし，$x \in (0, \infty)$ の凸関数 $f(x) = x^p/p$ を考える。$f'(x) = x^{p-1}$ より $C^* = (0, \infty)$ である。$x(u) = u^{1/(p-1)}$ より $f^*(u) = -u^q/q$ となる。ただし，q は $(1/p) + (1/q) = 1$ で決まる定数。

上の例を見ると凸関数 $f(x)$ のルジャンドル変換 $f^*(u)$ は u について上に凸な関数になっている（つまり $-f^*(u)$ が凸関数）。これが一般に正しいことを定理 B.9 で見る。

$-f^*(u)$ が凸関数だから，これをさらにルジャンドル変換することができる。実は，その結果は，元に戻って $-f(x)$ になる。マイナスを使わずに書けば，

$$f(x) = \max_{u \in C^*} \{f^*(u) + u\,x\} \tag{B.2.3}$$

となる。これがルジャンドル変換の逆変換である（定理 B.10）。

変数が x の世界から接線の傾き u を変数にした新しい世界に移り，$f(x)$ を $f^*(u)$ に対応させるのがルジャンドル変換 (B.2.1) である。さらに，逆変換 (B.2.3) を使えば，$f^*(u)$ をもとにして $f(x)$ を完全に再現できる。つまり，ルジャンドル変換によって，$f(x)$ についての情報は過不足なく新しい関数 $f^*(u)$ に「書き込まれる」といえる。熱力学では，このような性質をフルに活用して，完全な熱力学関数の変数を変換しているのだ。

B-2-2　多変数の凸関数のルジャンドル変換

上の一変数についての考察を多変数の凸関数に拡張し，さらに，すべての主張を証明しよう。重要な劣グラディエントの存在が定理 B.7 として証明されているので，以下の証明はやさしい。

$f(\cdot)$ を凸な開集合 C 上の凸関数とする。$\mathbb{R}^n$ の部分集合

$$C^* := \bigcup_{\boldsymbol{x} \in C} \partial f(\boldsymbol{x}) = \left\{\boldsymbol{u} \,\middle|\, \text{ある } \boldsymbol{x} \in C \text{ について } \boldsymbol{u} \in \partial f(\boldsymbol{x})\right\} \tag{B.2.4}$$

は，許される接超平面の「傾き」の集まりである。任意の $\boldsymbol{u} \in C^*$ について，$f(\cdot)$ のルジャンドル変換を，

$$f^*(\boldsymbol{u}) := \min_{\boldsymbol{y} \in C} \{f(\boldsymbol{y}) - \boldsymbol{u} \cdot \boldsymbol{y}\} \tag{B.2.5}$$

とする。これで $f^*(\cdot)$ がきちんと定義されていることをまず確認しておこう。

B-2 ルジャンドル変換

定理 B.8 ($f^*(\cdot)$ がきちんと定義されていること) $u \in C^*$ について，(B.2.5) の最小値が存在する。つまり，C^* 上の関数 $f^*(\cdot)$ が定義される。

証明：$u \in C^*$ に対して，$u \in \partial f(x)$ を満たすような $x \in C$ をとり，$x(u)$ と書く（ただし u に対して $x(u)$ が一通りに定まるわけではないので注意）。劣グラディエントの性質 (B.1.19) より $f(y) \geq f(x(u)) + u \cdot (y - x(u))$ なので，これを (B.2.5) に代入すれば，

$$f^*(u) \geq \min_{y \in C} \{f(x(u)) + u \cdot (y - x(u)) - u \cdot y\} = f(x(u)) - u \cdot x(u) \tag{B.2.6}$$

である。最小化するために動かす y が消えてしまったので，min は自明になった。一方，(B.2.5) 右辺で最小化を行なわず $y = x(u)$ とおけば，上界が得られるので，$f^*(u) \leq f(x(u)) - u \cdot x(u)$. 上界と下界が一致したので，最小値が存在し，

$$f^*(u) = f(x(u)) - u \cdot x(u) \tag{B.2.7}$$

である。∎

さらに，$f^*(u)$ の凸性について次の定理を示す。

定理 B.9 ($f^*(\cdot)$ は（ほぼ）上に凸である) $u, v \in C^*, 0 < \lambda < 1$ とする。$\lambda u + (1-\lambda) v \in C^*$ ならば，

$$f^*(\lambda u + (1-\lambda) v) \geq \lambda f^*(u) + (1-\lambda) f^*(v) \tag{B.2.8}$$

が成り立つ。

証明：定義より，

$$f^*(\lambda u + (1-\lambda) v) = \min_{y \in C} \{f(y) - \lambda u \cdot y - (1-\lambda) v \cdot y\}$$

だが，一般に $\min_y \{A(y) + B(y)\} \geq \{\min_y A(y)\} + \{\min_y B(y)\}$（別々に最小化するほうが小さくなる）だから，

$$\geq \lambda \min_{y \in C} \{f(y) - u \cdot y\} + (1-\lambda) \min_{y \in C} \{f(y) - v \cdot y\}$$

$$= \lambda f^*(u) + (1-\lambda) f^*(v) \tag{B.2.9}$$

が言える。∎

定理 B.9 によって $f^*(\boldsymbol{u})$ が上に凸な関数であることが示されたように思えるが，そう言うためにはさらに C^* が凸集合である必要がある．$n = 1$ の場合はすでに見たように C^* は $\mathbb{R}$ の区間だから必然的に凸集合になるが，一般の n では集合 C^* は凸集合とはかぎらない[15]．よって，$f^*(\boldsymbol{u})$ は必ずしも上に凸な関数とは言えない．

数学の凸解析では，関数 $f(\boldsymbol{x})$ と共役 $-f^*(\boldsymbol{u})$ の対称性（双対性）を重んじるので，$-f^*(\boldsymbol{u})$ が凸関数になるように設定を工夫するのが普通である[16]．しかし，熱力学や統計力学への応用を考える際には，こういった対称性にこだわる必要はない．変数 $\boldsymbol{x}$ は示量変数に対応し，変数 $\boldsymbol{u}$ は示強変数に対応するので，関数 $f(\boldsymbol{x})$ と共役 $f^*(\boldsymbol{u})$ は全く別のカテゴリーに属する関数なのだ．よって，熱力学，統計力学について考えるかぎりは，「$f^*(\boldsymbol{u})$ が C^* の範囲だけで上に凸な関数と同じ不等式を満たす」ことを示す定理 B.9 で十分である．もし対称性のよい理論がほしければ，C^* を含む最小の凸集合 $\mathrm{conv}[C^*] \subset \mathbb{R}^n$ 上に $f^*(\cdot)$ を拡張すれば，$f^*(\cdot)$ は上に凸になる[17]．

最後に，ルジャンドル変換の逆変換についての定理を示そう．

定理 B.10（逆変換） $\boldsymbol{x} \in C$ について

$$f(\boldsymbol{x}) = \max_{\boldsymbol{v} \in C^*} \{f^*(\boldsymbol{v}) + \boldsymbol{v} \cdot \boldsymbol{x}\} \tag{B.2.10}$$

が成り立つ．

証明：$f^{**}(\boldsymbol{x}) := \max_{\boldsymbol{v} \in C^*} \{f^*(\boldsymbol{v}) + \boldsymbol{v} \cdot \boldsymbol{x}\}$ と定義する．任意の $\boldsymbol{x} \in C$ について $f(\boldsymbol{x}) = f^{**}(\boldsymbol{x})$ を示したい．まず定義 (B.2.5) で最小化を行なわず $\boldsymbol{y} = \boldsymbol{x}$ とおけば，上界 $f^*(\boldsymbol{v}) \leq f(\boldsymbol{x}) - \boldsymbol{v} \cdot \boldsymbol{x}$ が得られる．これを $f^{**}(\boldsymbol{x})$ の定義に代入すると，動かすべき $\boldsymbol{v}$ が消えるので最大化する必要もなく，

---

[15] C^* が凸でない例．$a > 0$ とし，凸集合 $C = \{(x,y) \,|\, x < 2a, y \in \mathbb{R}\} \subset \mathbb{R}^2$ 上の凸関数 $f(x,y) = (x^2+y^2)^2/4$ をとると，$\mathrm{grad}\, f(x,y) = (x^3 + xy^2, y^3 + yx^2)$ である．$b > 0$ として，点 $(a, \pm b)$ での勾配を考えると $(a^3 + ab^2, \pm(b^3 + ba^2)) \in C^*$ だが，これらを $1/2$ の重みで足した $(a^3 + ab^2, 0)$ は $b > \sqrt{7}a$ なら C^* からはみ出してしまう．

[16] すでに述べたように，通常の定義ではルジャンドル変換 (B.2.5) の右辺の min の前にマイナスをつける．こうすると，（定義域について適切な工夫をすれば）$f^*(\boldsymbol{u})$ も下に凸になり，理論の対称性は高くなる．

[17] 進んだ注：全ての正整数 n と $\sum_{i=1}^n \lambda_i = 1$ を満たす $\lambda_i > 0$ の組と $\boldsymbol{u}_1, \ldots, \boldsymbol{u}_n \in C^*$ について $\sum_{i=1}^n \lambda_i \boldsymbol{u}_i \in \mathbb{R}^n$ を C^* につけ加えてできる凸集合を $\mathrm{conv}[C^*]$ とする．ルジャンドル変換 (B.2.5) の min を inf に置き換えれば，$f^*(\boldsymbol{u})$ は $\mathrm{conv}[C^*]$ で定義された凸関数になる．新しくつけ加えられた $\boldsymbol{u}$ について $f^*(\boldsymbol{u})$ がきちんと定義されていることは，(B.2.9)（および，これを n 点に拡張した不等式）が inf の存在を保証していることからわかる．

$f^{**}(\bm{x}) \leq f(\bm{x})$ となる。次に $\bm{g}$ を $f(\cdot)$ の $\bm{x}$ における劣グラディエントとする。$f^{**}(\bm{x})$ の定義で最大化を行なわず $\bm{v} = \bm{g}$ とすると，下界

$$f^{**}(\bm{x}) \geq f^*(\bm{g}) + \bm{g} \cdot \bm{x} = \{f(\bm{x}) - \bm{g} \cdot \bm{x}\} + \bm{g} \cdot \bm{x} = f(\bm{x}) \quad \text{(B.2.11)}$$

が得られる。(B.2.7) を用いた。上界と下界が一致したので $f(\bm{x}) = f^{**}(\bm{x})$ である。∎

B-2-3 部分的なルジャンドル変換

熱力学では，通常，n 変数のうちの一部だけをルジャンドル変換する。それに対応する形式をまとめておこう。ここでは，記述を煩雑にしないため，変数の動く範囲を明示しない。

$f(\bm{x})$ を $\bm{x} = (x_1, \ldots, x_n)$ について下に凸な関数とする。$m \leq n$ を満たす m を選び，m 個の変数 $x_1, \ldots, x_m$ についてルジャンドル変換を行なう。$\hat{\bm{x}} = (x_1, \ldots, x_m)$, $\tilde{\bm{x}} = (x_{m+1}, \ldots, x_n)$ として，$\bm{x} = (\hat{\bm{x}}, \tilde{\bm{x}})$ と書くと便利だ。変数の組 $\hat{\bm{u}} = (u_1, \ldots, u_m)$ について，

$$f^*(\hat{\bm{u}}; \tilde{\bm{x}}) := \min_{\hat{\bm{y}}} \{f(\hat{\bm{y}}, \tilde{\bm{x}}) - \hat{\bm{u}} \cdot \hat{\bm{y}}\} \quad \text{(B.2.12)}$$

とする。これは，$f(\hat{\bm{x}}, \tilde{\bm{x}})$ で $\tilde{\bm{x}}$ を固定したものを $\hat{\bm{x}}$ の関数とみなしてルジャンドル変換 (B.2.5) していることに相当する。よって逆変換は，(B.2.10) そのままで，

$$f(\bm{x}) = f(\hat{\bm{x}}, \tilde{\bm{x}}) = \max_{\hat{\bm{v}}} \{f^*(\hat{\bm{v}}; \tilde{\bm{x}}) + \hat{\bm{v}} \cdot \hat{\bm{x}}\} \quad \text{(B.2.13)}$$

となる。

$\tilde{\bm{x}}$ を任意の値に固定したとき，$f^*(\hat{\bm{u}}; \tilde{\bm{x}})$ が $\hat{\bm{u}}$ について上に凸な関数になることは定理 B.9 から明らかである。逆に，$\hat{\bm{u}}$ を任意の値に固定したとき，$f^*(\hat{\bm{u}}; \tilde{\bm{x}})$ は $\tilde{\bm{x}}$ について下に凸である。これは（変換しないで残したから当たり前ということはなく）証明を要する事実だ。$0 < \lambda < 1$ として，定義より，

$$\begin{aligned}
f^*(\hat{\bm{u}}, &\{\lambda \tilde{\bm{x}} + (1-\lambda)\tilde{\bm{y}}\}) = \min_{\hat{\bm{z}}} \big[f(\hat{\bm{z}}, \{\lambda \tilde{\bm{x}} + (1-\lambda)\tilde{\bm{y}}\}) - \hat{\bm{u}} \cdot \hat{\bm{z}}\big] \\
&= \min_{\hat{\bm{z}}_1, \hat{\bm{z}}_2} \big[f(\{\lambda \hat{\bm{z}}_1 + (1-\lambda)\hat{\bm{z}}_2\}, \{\lambda \tilde{\bm{x}} + (1-\lambda)\tilde{\bm{y}}\}) \\
&\quad - \hat{\bm{u}} \cdot \{\lambda \hat{\bm{z}}_1 + (1-\lambda)\hat{\bm{z}}_2\}\big]
\end{aligned}$$

とできる.最小化する際に動かす量を $\lambda \hat{z}_1 + (1-\lambda)\hat{z}_2$ と書いても結果は変わらないことを用いた.ここで $f(\cdot)$ が下に凸であることを使うと,

$$\leq \min_{\hat{z}_1, \hat{z}_2}[\lambda f(\hat{z}_1, \tilde{x}) + (1-\lambda)f(\hat{z}_2, \tilde{y}) - \hat{u} \cdot \{\lambda \hat{z}_1 + (1-\lambda)\hat{z}_2\}]$$

$$= \lambda \min_{\hat{z}_1}\{f(\hat{z}_1, \tilde{x}) - \hat{u} \cdot \hat{z}_1\} + (1-\lambda)\min_{\hat{z}_2}\{f(\hat{z}_2, \tilde{y}) - \hat{u} \cdot \hat{z}_2\}$$

$$= \lambda f^*(\hat{u}, \tilde{x}) + (1-\lambda)f^*(\hat{u}, \tilde{y}) \tag{B.2.14}$$

となり,望む凸性が示される.

B-2-4 熱力学関数への応用

これまでの一般論を熱力学関数に適用した結果を見ておこう.熱力学(および統計力学)の設定では,前節の $x_1, \ldots, x_n$ が示量変数(あるいは示量変数の密度)の組であり,$u_1, \ldots, u_m$ が示強変数の組になる.

これまで述べてきたルジャンドル変換の一般論ともっとも自然に整合するのは,9-1-1 節で導入した (U, V, N) 表示ではなく,エネルギー U の代わりにエントロピー S を状態を指定する変数にとった (S, V, N) 表示である.(S, V, N) 表示での完全な熱力学関数はエネルギー $U[S, V, N]$ になる.後で詳しく述べるが,V, N を固定して $S[U, V, N]$ を U の関数とみなした際の逆関数が $U[S, V, N]$ である.$U[S, V, N]$ は (S, V, N) について下に凸で S について増加関数である.

エネルギーとエントロピーの関係については,本節の最後にまとめて議論することにして,まず $U[S, V, N]$ を出発点にしたルジャンドル変換についてまとめておこう.以下では統計力学の設定を念頭に,エネルギー密度 $u(S/V, N/V) := U[S, V, N]/V = U[S/V, 1, N/V]$ を中心に議論する[18].

エネルギー密度 $u(s, \rho)$ は (s, ρ) について下に凸な関数である.部分的なルジャンドル変換 (B.2.12) に従って s についてルジャンドル変換したものと,対応する逆変換 (B.2.13) は,

$$f(T;\rho) = \min_s\{u(s,\rho) - Ts\}, \qquad u(s,\rho) = \max_T\{f(T;\rho) + Ts\}$$
$$\tag{B.2.15}$$

となる.前節の結果から,自由エネルギー密度 $f(T;\rho)$ は,T について上

---

[18] 以下の議論は,$u(s, x_1, \ldots, x_n)$ のように多数の示量変数密度がある場合,あるいは,(密度ではなく)エネルギー $U[S, X_1, \ldots, X_n]$ のようにも,そのまま拡張できる.

B-2 ルジャンドル変換

に凸，ρ について下に凸な関数である。

エネルギー密度 $u(s,\rho)$ を s, ρ の双方についてルジャンドル変換すると，グランドポテンシャル密度

$$j(T,\mu) = \min_{s,\rho}\{u(s,\rho) - Ts - \mu\rho\} = \min_{\rho}\{f(T;\rho) - \mu\rho\} \quad \text{(B.2.16)}$$

が得られる。$j(T,\mu)$ は (T,μ) について上に凸な関数である。逆変換は，

$$u(s,\rho) = \max_{T,\mu}\{j(T,\mu) + Ts + \mu\rho\}, \quad f(T;\rho) = \max_{\mu}\{j(T,\mu) + \mu\rho\} \quad \text{(B.2.17)}$$

となる。

エネルギーとエントロピー

本文で用いたエントロピー $S[U,V,N]$ と上で用いたエネルギー $U[S,V,N]$ の関係をまとめて見ておこう。ここでもエントロピー密度 $s(u,\rho)$ とエネルギー密度 $u(s,\rho)$ を用いて議論するが，もちろん $S[U,V,N]$ と $U[S,V,N]$ についても同じことが言える。

エントロピー密度 $s(u,\rho)$ は，(u,ρ) について上に凸な，u についての増加関数である。変数 u,ρ は $\rho > 0$, $u > \epsilon_0(\rho)$ の範囲を動く。ρ を固定すれば，u から $s(u,\rho)$ への一変数の増加関数とみなすことができるので，逆関数 $u(\cdot,\rho) := s^{-1}(\cdot,\rho)$ が定義できる。詳しく言えば，任意の $\tilde{s}, \rho$ について

$$\tilde{s} = s(u(\tilde{s},\rho),\rho) \quad \text{(B.2.18)}$$

を満たすような関数として $u(s,\rho)$ を定義する。

$u(s,\rho)$ は，もちろん s についての増加関数である。さらに，(s,ρ) について下に凸であることが以下のように示される。$s(u,\rho)$ が上に凸なので，任意の u_1, u_2, ρ_1, ρ_2 と $0 < \lambda < 1$ に対して，

$$s(\lambda u_1 + (1-\lambda)u_2, \lambda\rho_1 + (1-\lambda)\rho_2) \geq \lambda s(u_1,\rho_1) + (1-\lambda)s(u_2,\rho_2) \quad \text{(B.2.19)}$$

が成り立つ。ここで，$s_1 = s(u_1,\rho_1)$, $s_2 = s(u_2,\rho_2)$ とおけば，$u_1 = u(s_1,\rho_1)$, $u_2 = u(s_2,\rho_2)$ である。また，$\tilde{\rho} = \lambda\rho_1 + (1-\lambda)\rho_2$ と書く。すると，(B.2.18) より，(B.2.19) の右辺は，

$$\lambda s_1 + (1-\lambda)s_2 = s\big(u(\lambda s_1 + (1-\lambda)s_2, \tilde{\rho}), \tilde{\rho}\big) \quad \text{(B.2.20)}$$

と表せる。よって，(B.2.19) は，

$$s\bigl(\lambda\,u(s_1,\rho_1) + (1-\lambda)\,u(s_2,\rho_2),\tilde{\rho}\bigr) \geq s\bigl(u(\lambda s_1 + (1-\lambda)s_2,\tilde{\rho}),\tilde{\rho}\bigr) \tag{B.2.21}$$

と書き直すことができる。$s(u,\rho)$ が u についての増加関数であることから,

$$\lambda\,u(s_1,\rho_1) + (1-\lambda)\,u(s_2,\rho_2) \geq u(\lambda s_1 + (1-\lambda)s_2, \lambda\rho_1 + (1-\lambda)\rho_2) \tag{B.2.22}$$

が得られる。$u(s,\rho)$ は下に凸である。

エントロピー密度 $s(u,\rho)$ と自由エネルギー密度 $f(T;\rho)$ を直接に結びつけるルジャンドル変換と逆変換は, 本文の (9.3.13), (9.4.10) にあるように,

$$f(T;\rho) = \min_u \{u - T\,s(u,\rho)\}, \qquad s(u,\rho) = \min_T \frac{u - f(T;\rho)}{T} \tag{B.2.23}$$

である。これを確かめよう。

まず, これらが互いに逆変換を与えることを確認する (問題 9.3 に, より直接的な議論がある)。ρ を一定に保ち, エントロピーを $s(u)$ と書く。これは u について上に凸。よって, 一変数のルジャンドル変換 (B.2.1), (B.2.3) から, x について下に凸な $\varphi(x)$ があり,

$$s(u) = \min_x \{\varphi(x) - u\,x\}, \qquad \varphi(x) = \max_u \{s(u) + u\,x\} \tag{B.2.24}$$

となる。ここで, $x = -1/T$, $f(T) = -T\,\varphi(-1/T)$ とすれば, (B.2.24) は (B.2.23) と一致する[19]。

最後に, (B.2.23) が上の (B.2.15) と等価であることを示す。それには, (B.2.15) の一つ目の変換と (B.2.23) の一つ目の変換が等価であることを見ればよい[20]。ρ を固定すれば, s と u は $u = u(s,\rho)$ あるいは $s = s(u,\rho)$ により, 一対一に対応する。よって s を動かして最小化するのも, u を動かして最小化するのも同じことであり,

$$f(T;\rho) = \min_s \{u(s,\rho) - T\,s\} = \min_u \{u - T\,s(u,\rho)\} \tag{B.2.25}$$

となる。

---

[19] $\varphi(x)$ は下に凸だが, $f(T) = -T\,\varphi(-1/T)$ は上に凸になる。この事実はこの段階で示すこともできるが, 下で見るように (B.2.23) が (B.2.15) と等価であることからすぐに示される。

[20] そうすれば, 二つ目の変換はそれぞれの一つ目の変換の逆変換なので, 自動的に等価とわかる。

付録 C. いくつかの厳密な結果の証明

　ここでは，本文中では詳述できなかった，いくつかの定理の証明を議論する。この部分の内容は，基本的には，ルエール[1]の教科書[2]の3章を下敷きに私がまとめ直したものである。関数解析の厳密な議論には踏み込まず，物理的に重要な論点のみを紹介する。厳密な証明に関心のある読者は，ルエールの本を参照されるか，ご自分で証明の穴を埋めることを試みていただきたい。

　ここで扱うのは，多数の同種粒子からなる量子系である。本文中にも登場した三種類のモデルを考える。つまり，ボソンの系，フェルミオンの系，そして，（3-2-2 節で扱った）粒子が区別できる仮想的な量子系である。それぞれのモデルを，簡単のため，B系，F系，D系（distinguishable の頭文字）と略すことにする。本文中の議論はD系を中心に進めたが，D系は自然界には存在しない人工的なモデルにすぎない。この付録では，現実的な意味のあるB系，F系を中心に議論を進める。そのため，数式もB系，F系で正しいものを書き，D系で$N!$の補正が必要になる場合には注意する。

　C-1 節でモデルを定義して，基本的な評価を整える。C-2 節では状態数が期待される普遍的なふるまいをもつことを示す。C-3 節では異なった確率モデルの等価性を議論する。

C-1　モデルの定義と基本的な性質

C-1-1　物理的な設定

　まず，モデルを定義しよう。$\Lambda = [0, L]^3 \subset \mathbb{R}^3$ を，一辺が L で体積が $V = L^3$ の立方体状の領域とする。この領域内に N 個の粒子のある系のヒ

---

[1] David Ruelle (1935–) ベルギーの数理物理学者。無限系の平衡統計力学を数学の問題として定式化した一人。力学系についての研究でも知られる。

[2] David Ruelle: *Statistical Mechanics: Rigorous Results*, (Benjamin, 1969). この本は読みやすいとは言えないので，本気で数理物理を志す方以外にはお勧めしない。

ルベルト空間を $\mathcal{H}_{\Lambda,N}$ とする。具体的には，$r_1,\ldots,r_N \in \Lambda$ の複素数値関数 $\varphi(r_1,\ldots,r_N)$ で，

$$\int d^3 r_1 \cdots d^3 r_N \, |\varphi(r_1,\ldots,r_N)|^2 < \infty \tag{C.1.1}$$

を満たすものが $\mathcal{H}_{\Lambda,N}$ の要素である。ただし，少なくとも一つの r_i が Λ の壁の上にあれば $\varphi(r_1,\ldots,r_N)=0$ という境界条件を課す。また，波動関数 $\varphi(r_1,\ldots,r_N)$ は，B系，F系においては，(10.1.17) の対称性を満たす。D系では任意の波動関数が許される。この系のハミルトニアンは，(3.2.25) のとおり，

$$\hat{H} = -\frac{\hbar^2}{2m}\sum_{j=1}^{N}\triangle_j + \sum_{\substack{i,j=1 \\ (i>j)}}^{N} v(|r_i - r_j|) \tag{C.1.2}$$

である。相互作用ポテンシャルは 3-2-2 節で述べた条件 i), ii) を満たすとする。

厳密な解析を行なうためには，この問題を関数解析の設定の中できちんと定義する必要がある。そのためには，ハミルトニアン $\hat{H}$ の定義域を明確にし，$\hat{H}$ を自己共役な演算子に拡張するという（定番の）作業がいる。これは，普通の物理の教育だけを受けた目には，数学者の趣味の「おまじない」のように映るのだが，実際には，以下の証明（特に補題 C.1 のミニマックス原理を適用する部分）を厳密に遂行するためにはこれらの考察は本質的なのである[3]。だが，このプロセスをきちんと解説していると膨大な量になってしまい，この本の枠を大きく越えてしまう（そもそも私には，その能力もない）。興味のある読者は，適切な教科書[4]で基礎を学ぶことをお勧めする。

$\mathcal{H}_{\Lambda,N}$ 上での $\hat{H}$ のエネルギー固有値を $E_1^{(N)}, E_2^{(N)}, \ldots$ とする。これらは $E_i^{(N)} \leq E_{i+1}^{(N)}$ を満たすように並べておく。状態数 $\Omega_{V,N}(E)$ を，これまで同様，$E_i^{(N)} \leq E$ を満たす最大の i と定義する（D系ではこれを $N!$ で割る）。分配関数 $Z_{V,N}(\beta)$ は，

---

3) 空間を一辺の長さが $\delta > 0$ の離散的な格子で近似し，ラプラシアンを対応する差分演算子に置き換えれば，$\hat{H}$ は（きわめて大きな次元の）有限次元行列になる。そのような $\hat{H}$ については，以下の証明は，初等的な線形代数と解析の知識だけで完全に厳密に遂行できる。δ をとてつもなく小さく選んでおけば，物理的には，連続系と変わりがないから，これで十分とする考えもあるだろう（しかし，余分な δ を持ち込むのは，あまりエレガントではない）。

4) たとえば，新井朝雄，江沢洋：『量子力学の数学的構造 I, II』（朝倉書店，1999 年）

C-1 モデルの定義と基本的な性質

$$Z_{V,N}(\beta) = \sum_{i=1}^{\infty} e^{-\beta E_i^{(N)}} \tag{C.1.3}$$

であり（D 系ではこれを $N!$ で割る），大分配関数 $\Xi_V(\beta,\mu)$ は，

$$\Xi_V(\beta) = \sum_{N=0}^{\infty} \sum_{i=1}^{\infty} e^{-\beta E_i^{(N)} + \beta \mu N} = \sum_{N=0}^{\infty} e^{\beta \mu N} Z_{V,N}(\beta) \tag{C.1.4}$$

である（D 系では二つ目の表式の N の和の直後に $1/N!$ を挿入する）．

C-1-2 ミニマックス原理

これからの解析で本質的な役割を果たすミニマックス原理について解説する．以下，多くの読者には耳慣れないだろう数学用語が登場するが，単に $\hat{A}$ はハミルトニアンだと思って読んでいただければ，話の内容はわかるはずだ．

一般に，可分なヒルベルト空間 $\mathcal{H}$ を考える．$\hat{A}$ を $\mathcal{H}$ 上の下に有界で離散スペクトルだけをもつ自己共役演算子とする．$\hat{A}$ の固有値を $a_1, a_2, \ldots$ と列挙する．この際，$a_i \leq a_{i+1}$ が成り立つように順番をつけておく．

$\mathcal{H}$ の任意の有限次元部分空間 $\mathcal{M}$ について，

$$\lambda_{\hat{A}}[\mathcal{M}] := \sup_{\substack{\varphi \in \mathcal{M} \\ (\langle\varphi,\varphi\rangle=1)}} \langle \varphi, \hat{A}\varphi \rangle \tag{C.1.5}$$

と定義する．sup は $\mathcal{M}$ の中の規格化された状態 φ すべてについてとる．

補題 C.1 (ミニマックス原理) 上の状況で，任意の $i = 1, 2, \ldots$ について，

$$a_i = \inf_{\substack{\mathcal{M} \\ (\dim \mathcal{M} = i)}} \lambda_{\hat{A}}[\mathcal{M}] \tag{C.1.6}$$

が成り立つ．ここでの inf は，次元 $\dim \mathcal{M}$ がちょうど i に等しいような部分空間 $\mathcal{M}$ のすべてについてとる．

ミニマックス原理は量子力学において重要な役割を果たすが，物理の世界では不思議なほど知られていない（[8] の 6.5.6 節に初等的な設定での解説がある）．簡単にその意味を見ておこう．

固有値を変分的に特徴づけているという意味で，(C.1.6) はよく知られている変分原理の一般化になっている．実際，$i = 1$ とすれば，一次元の部分空間 $\mathcal{M}$ を決めるのは規格化された状態 φ を一つ決めるのと同じことであり，$\lambda_{\hat{A}}(\mathcal{M}) = \langle \varphi, \hat{A}\varphi \rangle$ だから，(C.1.6) は最低固有値についての変分原理

そのものになる。

　ミニマックス原理の面白いところ（そして強力なところ）は，一般の固有値を二段階の変分によって特徴づけてしまうことだ。まず，i 次元の部分空間 $\mathcal{M}$ を決めて，その中で，期待値 $\langle\varphi,\hat{A}\varphi\rangle$ をできるだけ大きくする。そのあとで，部分空間 $\mathcal{M}$ をいろいろに動かして，（上で求めた）期待値の最大値が最小になるところを探そうというのである。

　このしかけは，話を逆転して考えるとわかりやすいだろう。$a_1, a_2, \ldots, a_i$ に対応する固有ベクトルで張られる i 次元の部分空間を $\mathcal{M}$ とする。このときは，明らかに $\lambda_{\hat{A}}(\mathcal{M}) = a_i$ になる。そして，これ以外の $\mathcal{M}$ をとると，必ず a_i よりも大きな固有値に対応する固有ベクトルの成分をひっかけてしまうから，$\lambda_{\hat{A}}(\mathcal{M})$ は a_i よりも大きくなってしまうというわけだ。

　有限次元のベクトル空間での補題 C.1 の証明は，[8] の 6.5.6 節にある。無限次元での証明については，前出のルエールの教科書，あるいは，関数解析の手頃な教科書を参照していただきたい。

　$\hat{B}$ を（$\hat{A}$ と同様に）下に有界で離散スペクトルだけをもつ自己共役演算子とする。やはり固有値を小さい方から $b_1, b_2, \ldots$ と並べておく。ここで，任意の $\varphi \in \mathcal{H}$ について，$\langle\varphi,\hat{A}\varphi\rangle \leq \langle\varphi,\hat{B}\varphi\rangle$ が成り立つとする（この事実を $\hat{A} \leq \hat{B}$ と書く）。

補題 C.2 上述の条件を満たす $\hat{A}, \hat{B}$ の固有値について，

$$a_i \leq b_i \tag{C.1.7}$$

が任意の $i = 1, 2, \ldots$ について成立する。

　$\hat{A}$ と $\hat{B}$ が交換する場合には，不等式 (C.1.7) は自明だが，一般には全く当たり前ではない。証明ではミニマックス原理が本質的である。

　証明の概略：任意の φ について $\langle\varphi,\hat{A}\varphi\rangle \leq \langle\varphi,\hat{B}\varphi\rangle$ である。φ について sup をとっても不等式は成り立つから，任意の部分空間 $\mathcal{M}$ について $\lambda_{\hat{A}}[\mathcal{M}] \leq \lambda_{\hat{B}}[\mathcal{M}]$. さらに，$\mathcal{M}$ について inf をとっても不等式は保たれるので，(C.1.6) を使えば (C.1.7) が得られる。■

C-1-3　簡単な不等式

　相互作用のある系と理想気体とを比較することで，状態数と分配関数についての簡単な上界を示しておく。これらは，後の証明で役に立つ。

理想気体についての評価

(C.1.2) で相互作用ポテンシャル $v(r)$ を 0 にした理想気体のハミルトニアンを $\hat{H}_{\text{ideal}}$ と書く。対応する（体積 $V = L^3$ の立方体 Λ の中に N 個の粒子のある系での）状態数を $\Omega_{V,N}^{\text{ideal}}(E)$、分配関数を $Z_{V,N}^{\text{ideal}}(\beta)$、大分配関数を $\Xi_V^{\text{ideal}}(\beta, \mu)$ とする。

量子理想気体では、D 系と F 系のあいだに簡単な関係があることを注意しておこう。F 系や B 系のエネルギー固有状態は、かならず D 系のエネルギー固有状態でもある（もちろん、逆は成り立たない）。さらに、F 系の任意の一つのエネルギー固有状態に対応する D 系のエネルギー固有状態は、ちょうど $N!$ 個ある[5]。D 系は状態数の定義の際に $N!$ で割っているので、これがちょうど打ち消され、D 系の状態数が F 系の状態数の厳密な上界になる。同じ理由で、D 系の分配関数と大分配関数は、それぞれ、F 系の分配関数と大分配関数の厳密な上界を与える。

まず、状態数について、以下の事実を示す。

補題 C.3 任意の $\rho > 0, \tilde{\beta} > 0$ に対して、$\tilde{\sigma}_0$ が存在し、

$$\Omega_{V,N}^{\text{ideal}}(E) \leq e^{\tilde{\sigma}_0 V + \tilde{\beta} E} \tag{C.1.8}$$

が任意の E と、$N/V = \rho$ を満たす十分に大きな V, N について成立する。

D 系、F 系についての証明：以下、$\rho = N/V > 0$ を固定する。D 系については、(3.2.21) に厳密な上界がある。さらに、スターリングの公式に対応する不等式 (A.2.8) により、$n! \geq (n/e)^n$ であることに注意すれば、ラフな評価 (3.2.15) がその上界を与えることがわかる。つまり、$\sigma_0(\epsilon, \rho) := \rho \log(\alpha \epsilon^{3/2} \rho^{-5/2})$ として、

$$\Omega_{V,N}^{\text{ideal}}(E) \leq e^{V \sigma_0(\epsilon, \rho)} \tag{C.1.9}$$

である（もちろん、$\epsilon = E/V$）。任意の $\tilde{\beta} > 0$ が与えられたとき、ϵ_0 を $\partial \sigma_0(\epsilon_0, \rho)/\partial \epsilon = \tilde{\beta}$ が成り立つように選ぶ（簡単に計算できて、$\epsilon_0 = 3\rho/(2\tilde{\beta})$ である）。$\sigma_0(\epsilon, \rho)$ は上に凸だから、

$$\sigma_0(\epsilon, \rho) \leq \sigma_0(\epsilon_0, \rho) + \tilde{\beta}(\epsilon - \epsilon_0) \tag{C.1.10}$$

であり、これを (C.1.9) に代入すれば、

---

[5] B 系のエネルギー固有状態に対応する D 系の固有状態の個数は定まっていない。

$$\Omega^{\text{ideal}}_{V,N}(E) \leq e^{V\{\sigma_0(\epsilon_0,\rho)+\tilde{\beta}(\epsilon-\epsilon_0)\}} = e^{\tilde{\sigma}_0 V + \tilde{\beta} E} \tag{C.1.11}$$

のように (C.1.8) が得られる。$\tilde{\sigma}_0 = \sigma_0(\epsilon_0, \rho) - \tilde{\beta}\epsilon_0$ である。

上で注意したように，D 系の状態数は F 系の状態数の上界だから，これによって F 系についても (C.1.8) が言えた。■

B 系についての証明：理想ボース気体のエネルギー固有状態を占有数表示（10-2-1 節のまとめを見よ）で表す。(10.2.10), (10.2.11) から，（与えられた $\tilde{\beta} > 0$ と）任意の $\mu < 0$ に対して，

$$\begin{aligned}\Omega^{\text{ideal}}_{V,N}(E) &= \sum_{(n_1,n_2,\ldots)} \chi\Big[\sum_{j=1}^{\infty} n_j = N\Big] \chi\Big[\sum_{j=1}^{\infty} \epsilon_j n_j \leq E\Big] \\ &\leq \sum_{(n_1,n_2,\ldots)} \exp\Big[-\tilde{\beta}\Big\{\sum_{j=1}^{\infty} \epsilon_j n_j - E\Big\} + \tilde{\beta}\mu\Big\{\sum_{j=1}^{\infty} n_j - N\Big\}\Big] \\ &= e^{\tilde{\beta}E - \tilde{\beta}\mu N} \Xi^{\text{ideal}}_V(\tilde{\beta},\mu) \end{aligned} \tag{C.1.12}$$

が成り立つ（ただし $\chi[\text{真}] = 1, \chi[\text{偽}] = 0$）。理想気体の大分配関数 $\Xi^{\text{ideal}}_V(\tilde{\beta},\mu)$ は，(10.2.29) のように計算できるので，対数をとり，一粒子状態密度の結果を使うことで，十分に大きい V について

$$\frac{1}{V} \log \Xi^{\text{ideal}}_V(\tilde{\beta},\mu) \leq -\beta \tilde{j}(\tilde{\beta},\mu) \tag{C.1.13}$$

が言える。これを (C.1.12) に代入すれば，

$$\Omega^{\text{ideal}}_{V,N}(E) \leq e^{\tilde{\beta}E - \tilde{\beta}\mu N - \tilde{\beta}\tilde{j}(\tilde{\beta},\mu)V} = e^{\tilde{\sigma}_0 V + \tilde{\beta} E} \tag{C.1.14}$$

のように (C.1.8) が得られる。$\tilde{\sigma}_0 = -\tilde{\beta}\mu\rho - \tilde{\beta}\tilde{j}(\tilde{\beta},\mu)$ である。■

次に D 系と F 系の分配関数の簡単な上界 (C.1.15) を示す。上で注意したことから，D 系について示せば十分である。D 系の理想気体の分配関数 $Z^{\text{ideal}}_{V,N}(\beta)$ は，5-2-1 節で評価したが，(5.2.4) で和を積分で近似した計算は，よく見ると和を上から押さえる評価になっている。つまり (5.2.5) の右辺は $Z^{\text{ideal}}_{V,N}(\beta)$ の厳密な上界を与える。よって，

$$Z^{\text{ideal}}_{V,N}(\beta) \leq \frac{V^N}{N!}\left(\frac{m}{2\pi\hbar^2\beta}\right)^{3N/2} \leq \left(\frac{\tilde{a}V}{N}\right)^N \tag{C.1.15}$$

を得る。ここでも $N! \geq (N/e)^N$ を用い，$\tilde{a} = e\{m/(2\pi\hbar^2\beta)\}^{3/2}$ とおいた。

B 系の分配関数には，このような簡単な上界はない。

相互作用する系と理想気体の比較

領域 Λ と粒子数 N を固定する．ヒルベルト空間 $\mathcal{H}_{\Lambda,N}$ での相互作用のあるハミルトニアン $\hat{H}$ のエネルギー固有値を $E_1, E_2, \ldots$ とし，理想気体のハミルトニアン $\hat{H}_{\text{ideal}}$ のエネルギー固有値を $E_1^{\text{ideal}}, E_2^{\text{ideal}}, \ldots$ とする．どちらも $E_i \leq E_{i+1}$ と $E_i^{\text{ideal}} \leq E_{i+1}^{\text{ideal}}$ を満たすように並べておく．

安定性 (3.2.27) から二つのハミルトニアンの間には，演算子としての大小関係

$$\hat{H} \geq \hat{H}_{\text{ideal}} - bN \tag{C.1.16}$$

が成り立つ．補題 C.2 から直ちに，エネルギー固有値についての不等式

$$E_i \geq E_i^{\text{ideal}} - bN \tag{C.1.17}$$

が導かれる．ここから，直ちに状態数の間の不等式

$$\Omega_{V,N}(E) \leq \Omega_{V,N}^{\text{ideal}}(E + bN) \tag{C.1.18}$$

が得られる[6]．

右辺に (C.1.8) を適用し，$\tilde{\sigma} = \tilde{\sigma}_0 + \tilde{\beta} b \rho$ とすれば，以下が得られる．

補題 C.4 任意の $\rho > 0$, $\tilde{\beta} > 0$ に対して，$\tilde{\sigma}$ が存在し，

$$\Omega_{V,N}(E) \leq e^{\tilde{\sigma} V + \tilde{\beta} E} \tag{C.1.19}$$

が任意の E と，$N/V = \rho$ を満たす十分大きな V, N について成立する．

分配関数についても同様の評価ができる．不等式 (C.1.17) を使って，相互作用のある系の分配関数 $Z_{V,N}(\beta)$ と，相互作用のない系の分配関数 $Z_{V,N}^{\text{ideal}}(\beta)$ を比較すると，

$$\begin{aligned}Z_{V,N}(\beta) &= \sum_{i=1}^{\infty} e^{-\beta E_i} \leq \sum_{i=1}^{\infty} e^{-\beta E_i^{\text{ideal}} + \beta bN} = e^{\beta bN} \sum_{i=1}^{\infty} e^{-\beta E_i^{\text{ideal}}} \\ &= e^{\beta bN} Z_{V,N}^{\text{ideal}}(\beta)\end{aligned} \tag{C.1.20}$$

が得られる（D 系では最左辺と最右辺以外を $N!$ で割る）．最右辺に (C.1.15) を適用し，$a = e^{\beta b} \tilde{a}$ とすれば，相互作用のある F 系，D 系の分配関数についての不等式

---

[6] 自分で絵を描いてみるのが一番いいが，たとえば次のように考える．$E = E_i^{\text{ideal}} - bN$ と書く．$E_i \geq E$ ということは（E 以下のエネルギー固有値はどんなに多くても i 個だから）$\Omega_{V,N}(E) \leq i$ である．一方，$i = \Omega_{V,N}^{\text{ideal}}(E_i) = \Omega_{V,N}^{\text{ideal}}(E + bN)$ なので (C.1.18) を得る．

$$Z_{V,N}(\beta) \leq \left(\frac{aV}{N}\right)^N \tag{C.1.21}$$

が得られる。

C-2 マクロな系での基底エネルギーと状態数のふるまい

ここでは，マクロな系の状態数の普遍的なふるまいについての 75 ページの定理 3.1 の証明の基本的なアイディアを紹介する。

基底エネルギー密度

まず基底エネルギー密度の存在から始めよう。与えられた $\rho > 0$ に対して，$\rho = N_0/\ell^3$ と $\ell > r_0$ を満たす ℓ と N_0 を選び，固定する。

一辺が $\ell - r_0$ の立方体 $\Lambda_1, \ldots, \Lambda_8$ を用意する。これらを距離 r_0 だけ離して図 C.1 のように並べると，一辺が $2\ell - r_0$ の立方体 Λ ができる。$\Lambda_1, \ldots, \Lambda_8$ の体積を $V_0 = (\ell - r_0)^3$ と書き，Λ の体積を $V_1 = (2\ell - r_0)^3$ と書く。ヒルベルト空間 $\mathcal{H}_{\Lambda_i, N_0}$ における $\hat{H}$ の基底エネルギーを $E_{\text{GS}}(V_0, N_0)$ と書く。

Λ に $8N_0$ 個の粒子が入った系を考える。異なった $\Lambda_1, \ldots, \Lambda_8$ をまたぐような相互作用だけを集めて，

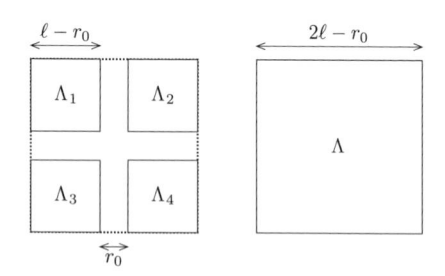

図 **C.1** 左図のように一辺が $\ell - r_0$ の立方体を r_0 だけ離して並べることで，右図の一辺が $2\ell - r_0$ の立方体ができる。ここでは二次元の場合を描いたが，三次元では 8 個の立方体を並べることになる。相互作用ポテンシャルの条件 (3.2.26) があるので，小立方体を r_0 だけ離すことにより，異なった小立方体に属する二つの粒子のあいだの相互作用ポテンシャルはかならず 0 以下である。

$$\hat{H}_{\rm b} := \sum_{\substack{i,j=1 \\ (i>j)}}^{8N_0} v(|\bm{r}_i - \bm{r}_j|)\chi[k \neq \ell \text{ があり}, \bm{r}_i \in \Lambda_k, \bm{r}_j \in \Lambda_\ell] \quad (\text{C.2.1})$$

とする。相互作用についての仮定 ii)(つまり、(3.2.26))より、$\hat{H}_{\rm b}$ に寄与する $v(|\bm{r}_i - \bm{r}_j|)$ は 0 以下。つまり、$\hat{H}_{\rm b} \leq 0$ である。ハミルトニアンを $\hat{H}_{\rm b}$ とそれ以外に分解すれば、

$$\hat{H} = \hat{H}_0 + \hat{H}_{\rm b} \leq \hat{H}_0 \quad (\text{C.2.2})$$

が言える。

変分原理を利用して基底エネルギーの不等式をつくろう。$i = 1, \ldots, 8$ について、$\mathcal{H}_{\Lambda_i, N_0}$ の中での規格化された基底状態を φ_i とし、それらのテンソル積 $\varphi = \varphi_1 \otimes \cdots \varphi_8$ を試行関数とする(これは、対称化・反対称化しない単なるテンソル積)。(C.2.2) を使い、$\hat{H}_0$ には異なった Λ_i を結ぶ相互作用が含まれていないことを考慮すると、

$$\langle \varphi, \hat{H}\varphi \rangle \leq \langle \varphi, \hat{H}_0 \varphi \rangle = \sum_{i=1}^{8} \langle \varphi_i, \hat{H}\varphi_i \rangle = 8\, E_{\rm GS}(V_0, N_0) \quad (\text{C.2.3})$$

が得られる。B 系、F 系では、φ を対称化・反対称化した状態を用いる必要があるが、そうしても、変分エネルギーは変わらない。よって、

$$E_{\rm GS}(V_1, 8N_0) \leq 8 E_{\rm GS}(V_0, N_0) \quad (\text{C.2.4})$$

という関係を得る。これより、

$$\frac{E_{\rm GS}(V_1, 8N_0)}{(2\ell)^3} \leq \frac{E_{\rm GS}(V_0, N_0)}{\ell^3} \quad (\text{C.2.5})$$

が得られる。同じことをくり返せば、$n = 0, 1, 2, \ldots$ について、

$$\frac{E_{\rm GS}(V_{n+1}, N_{n+1})}{(2^{n+1}\ell)^3} \leq \frac{E_{\rm GS}(V_n, N_n)}{(2^n\ell)^3} \quad (\text{C.2.6})$$

であることがわかる。ただし $V_n = (2^n\ell - r_0)^3$, $N_n = 8^n N_0$ とした。

$$t_n := \frac{E_{\rm GS}(V_n, N_n)}{(2^n\ell)^3} \quad (\text{C.2.7})$$

とおけば、(C.2.6) は $t_{n+1} \leq t_n$ を意味する。よって数列 $t_1, t_2, \ldots$ は収束するか $-\infty$ に発散するかのいずれかだが、(3.2.27) より $E_{\rm GS}(V_n, N_n) \geq -b N_n$ なので、発散はあり得ない。よって、$t_\infty = \lim_{n \nearrow \infty} t_n$ が存在する。

また、$n \nearrow \infty$ で $(2^n\ell)^3/V_n = (2^n\ell)^3/(2^n\ell - r_0)^3 \to 1$ だから、$(V_n)^{-1} E_{\rm GS}(V_n, N_n)$ の $n \nearrow \infty$ の極限も存在し、t_∞ に等しい。つまり、

極限

$$\epsilon_0(\rho) = \lim_{n \nearrow \infty} \frac{E_{\mathrm{GS}}(V_n, N_n)}{V_n} \tag{C.2.8}$$

が存在する．$N_n/V_n \to \rho$ が成り立つから，これで，単位体積あたりの基底エネルギーの存在が示される．より厳密には，(C.2.8) では V_n という特別な形の体積だけが扱われているのを一般の V に拡張する必要があるし，N_n/V_n が正確に一定ではないことも考慮する必要がある．これらの点の処理は，技術的には面倒だが，物理的な本質とは関わらない．

状態数のふるまい

次に，本題である状態数の評価に移ろう．与えられた $\rho > 0$ と $\epsilon > \epsilon_0(\rho)$ に対して，$\rho = N_0/\ell^3$, $\epsilon = E_0/\ell^3$, $\ell > r_0$ を満たす ℓ, N_0, E_0 を選び，固定する．先ほどと同様，立方体 $\Lambda_1, \ldots, \Lambda_8$ とそれらを合わせた Λ をとる．

$i = 1, \ldots, 8$ とする．ヒルベルト空間 $\mathcal{H}_{\Lambda_i, N_0}$ における $\hat{H}$ の固有状態に関する状態数は（これまでと同じ記号を使えば）$\Omega_{V_0, N_0}(E)$ である．$\mathcal{H}_{\Lambda_i, N_0}$ の中で，固有エネルギー E_0 以下の $\hat{H}$ のエネルギー固有状態が張る部分空間を $\mathcal{M}_i$ とする．$\mathcal{M}_i$ の次元は $\Omega_0 := \Omega_{V_0, N_0}(E_0)$ である．

ここで $\mathcal{H}_{\Lambda, 8N_0}$ の部分空間 $\mathcal{M} = \mathcal{M}_1 \otimes \cdots \otimes \mathcal{M}_8$ を考える．ただし，B 系，F 系では，単にテンソル積をとるだけでなく，積をとった後に，その結果を対称化ないしは反対称化すると約束しておく．$\mathcal{M}$ の次元は $(\Omega_0)^8$ である．

ミニマックス原理で重要な $\lambda_{\hat{H}}(\mathcal{M})$ の上界を求めよう．$i = 1, \ldots, 8$ について，任意の規格化された $\varphi_i \in \mathcal{M}_i$ をとり，$\varphi = \varphi_1 \otimes \cdots \otimes \varphi_8$ とする（これは，対称化・反対称化を行わない単なるテンソル積）．(C.2.3) と同様にして，

$$\langle \varphi, \hat{H}\, \varphi \rangle \leq \langle \varphi, \hat{H}_0\, \varphi \rangle = \sum_{i=1}^{8} \langle \varphi_i, \hat{H}\, \varphi_i \rangle \leq 8 E_0 \tag{C.2.9}$$

が得られる．B 系，F 系では，φ を対称化・反対称化した状態を用いる必要があるが，エネルギーの期待値の評価は変わらない．こうして，

$$\lambda_{\hat{H}}(\mathcal{M}) \leq 8\, E_0 \tag{C.2.10}$$

が示された．これが，この証明の要となる評価である．

$\mathcal{H}_{\Lambda, 8N_0}$ 上での $\hat{H}$ の下から i 番目のエネルギー固有値を E_i と書く．ミニマックス原理（補題 C.1）と不等式 (C.2.10) より，

$$E_{(\Omega_0)^8} \leq 8\, E_0 \tag{C.2.11}$$

が得られる。ここでも Λ の体積を $V_1 = (2\ell - r_0)^3$ とすれば,これより状態数についての不等式

$$\Omega_{V_1, 8N_0}(8E_0) \geq (\Omega_0)^8 = \{\Omega_{V_0, N_0}(E_0)\}^8 \tag{C.2.12}$$

あるいは,対数をとった

$$\frac{\log \Omega_{V_1, 8N_0}(8E_0)}{(2\ell)^3} \geq \frac{\log \Omega_{V_0, N_0}(E_0)}{\ell^3} \tag{C.2.13}$$

が示される。

不等式 (C.2.13) をくり返し用いれば,任意の $n = 0, 1, 2, \ldots$ について,

$$\frac{\log \Omega_{V_{n+1}, N_{n+1}}(E_{n+1})}{(2^{n+1}\ell)^3} \geq \frac{\log \Omega_{V_n, N_n}(E_n)}{(2^n\ell)^3} \tag{C.2.14}$$

が得られる。ここでも,$V_n = (2^n\ell - r_0)^3$, $N_n = 8^n N_0$ であり,さらに $E_n = 8^n E_0$ とした。

$$s_n := \frac{\log \Omega_{V_n, N_n}(E_n)}{(2^n\ell)^3} \tag{C.2.15}$$

と定義すれば,(C.2.14) は $s_{n+1} \geq s_n$ と書ける。数列 $s_1, s_2, \ldots$ は収束するか無限大に向けて単調に発散するかのいずれかである。ところが,上界 (C.1.19) があるため,発散はあり得ない。よって,極限 s_∞ が存在する。

後は基底エネルギーの議論と全く同様にして,極限

$$\sigma(\epsilon, \rho) = \lim_{n \nearrow \infty} \frac{1}{V_n} \log \Omega_{V_n, N_n}(E_n) \tag{C.2.16}$$

が存在し,s_∞ に等しいことがわかる。ここでも,$E_n/V_n \to \epsilon$, $N_n/V_n \to \rho$ が成り立ち,求める極限の存在が示された(細かい留意点についても,基底エネルギー密度の場合と同じ)。

$\sigma(\epsilon, \rho)$ の凸性は,問題 3.5 の解答で示したアイディアを (C.2.10) のような不等式で厳密化すれば証明できる。

C-3 三つの確率モデルの等価性

9-3 節のテーマだった三つの確率モデルの等価性について,厳密な結果の証明を見よう。以下の証明は(補題 C.5 の証明の除けば)初等的で,関数解析の知識も必要としない。ただし,C-1-3 節での評価を通じて,ミニマックス原理などを利用している。

C-3-1 ミクロカノニカル分布とカノニカル分布の等価性

ミクロカノニカル分布のエントロピー密度と，カノニカル分布の自由エネルギー密度を，ルジャンドル変換によって関係づける，330 ページの定理 9.2 を証明する．

以下では，密度 $\rho = N/V$ と逆温度 β を一定値に固定し，これらの量への依存性は断りなく省略する．N と V は，$\rho = N/V$ を保った範囲のみで変化させる．C-2 節での基底エネルギーについての評価から，十分大きい V について，$\hat{H}$ の基底エネルギー E_1 が，ある定数 c によって

$$E_1 \leq cV \tag{C.3.1}$$

と押さえられることがわかる．

分配関数の下界はやさしい．$e^{-\beta E}$ が E について単調減少だから，任意の j について

$$Z_{V,N}(\beta) = \sum_{i=1}^{\infty} e^{-\beta E_i} \geq \sum_{\substack{i \\ (E_i \leq E_j)}} e^{-\beta E_i} \geq e^{-\beta E_j} \sum_{\substack{i \\ (E_i \leq E_j)}} 1$$
$$= \Omega_{V,N}(E_j) e^{-\beta E_j} \tag{C.3.2}$$

が成り立つ（D 系では最左辺と最右辺以外を $N!$ で割る）．j をいろいろに動かして，最右辺を最大にしておけば，もっとも「お得」な下界

$$Z_{V,N}(\beta) \geq \max_E \Omega_{V,N}(E) e^{-\beta E} \tag{C.3.3}$$

が得られる．(C.3.2) の最右辺では E_j はとびとびの値をとるが，(C.3.3) では E を連続に変化させて最大値を探すことにする．$\Omega_{V,N}(E)$ が階段関数的な増加関数であることを考えると，最大値を与える E はちょうどいずれかの E_j に等しいことがわかる．

上界はもう少し面倒だ．まず，(9.3.1) と同様に，定数 $\Delta > 0$ を使って，エネルギーの範囲を Δ の幅ごとに「束ねて」和をとる．Δ は $\beta\Delta \geq 2$ を満たせば何でもよい．ここでは $\simeq$ を使わず，きちんと上界になるように処理すると，

$$Z_{V,N}(\beta) \leq \sum_{n=-1}^{\infty} \{\Omega_{V,N}(E_1 + (n+1)\Delta) - \Omega_{V,N}(E_1 + n\Delta)\} e^{-\beta(E_1 + n\Delta)}$$
$$\leq \sum_{n=-1}^{\infty} \Omega_{V,N}(E_1 + (n+1)\Delta) e^{-\beta(E_1 + n\Delta)}$$

C-3 三つの確率モデルの等価性

$$= e^{\beta \Delta} \sum_{n=0}^{\infty} \Omega_{V,N}(E_1 + n\Delta) e^{-\beta(E_1 + n\Delta)} \tag{C.3.4}$$

とできる。ただし，最後で $n+1$ と呼んでいたものを n と呼び直した。最後の和を評価するため，後で決める（V に依存しない）定数 $A > 0$ を使って，二つの和

$$\begin{aligned} Y_{\mathrm{main}} &:= \sum_{n \le AV} \Omega_{V,N}(E_1 + n\Delta) e^{-\beta(E_1 + n\Delta)}, \\ Y_{\mathrm{rem}} &:= \sum_{n > AV} \Omega_{V,N}(E_1 + n\Delta) e^{-\beta(E_1 + n\Delta)} \end{aligned} \tag{C.3.5}$$

を定義し，これらを別個に評価する。

Y_{main} の評価は自明で，最大値と項の数をかけて，

$$Y_{\mathrm{main}} \le AV \max_E \Omega_{V,N}(E) e^{-\beta E} \tag{C.3.6}$$

とすればよい。これが主要な項になる。

「残り (remainder)」である Y_{rem} の評価には，前に示した (C.1.19) を $\tilde{\beta} = \beta/2$ として用いると，

$$\begin{aligned} e^{\beta E_1} Y_{\mathrm{rem}} &\le e^{\beta E_1} \sum_{n > AV} e^{\tilde{\sigma} V + (\beta/2)(E_1 + n\Delta)} e^{-\beta(E_1 + n\Delta)} \\ &= e^{\tilde{\sigma} V + (\beta/2) E_1} \sum_{n > AV} e^{-(\beta/2) n\Delta} \le 2 e^{\tilde{\sigma}' V} e^{-(\beta/2) AV\Delta} \end{aligned} \tag{C.3.7}$$

が得られる。ただし，最右辺を得る際に (C.3.1) を使い，$\tilde{\sigma}' = \tilde{\sigma} + (\beta c/2)$ とした。また，等比級数の和の公式を使ったが，$\beta \Delta \ge 2$ から $(1 - e^{-(\beta/2)\Delta})^{-1} \le 2$ となることを用いて結果を簡単にした。

ここで，$(\beta/2) A \Delta > \tilde{\sigma}'$ が成り立つように A を選ぶ。すると，$V \nearrow \infty$ で (C.3.7) の最右辺は 0 に収束する。よって，V_0 を十分に大きくとれば，任意の $V \ge V_0$ について (C.3.7) の最右辺が 1 以下になり，$Y_{\mathrm{rem}} \le e^{-\beta E_1}$ が言える。一方，明らかに $Y_{\mathrm{main}} \ge e^{-\beta E_1}$ だから[7]，$Y_{\mathrm{rem}} \le Y_{\mathrm{main}}$ が言えたことになる。よって，(C.3.4), (C.3.5) に戻れば，$V \ge V_0$ について

$$\begin{aligned} Z_{V,N}(\beta) &\le e^{\beta \Delta} (Y_{\mathrm{main}} + Y_{\mathrm{rem}}) \le e^{\beta \Delta} 2 Y_{\mathrm{main}} \\ &\le 2AV e^{\beta \Delta} \max_E \Omega_{V,N}(E) e^{-\beta E} \end{aligned} \tag{C.3.8}$$

---

[7] D 系では，$1/N!$ の因子があるため，この評価はうまくいかない。代わりに，十分にエネルギーの低いエネルギー固有状態が $N!$ 個あることを示せばいいのだが，ここでは詳述しない。

という上界が得られる。ここで，

$$\lim_{V \nearrow \infty} \frac{1}{V} \log\{2AV e^{\beta\Delta} \max_E \Omega_{V,N}(E) e^{-\beta E}\}$$
$$= \lim_{V \nearrow \infty} \frac{1}{V} \log\{\max_E \Omega_{V,N}(E) e^{-\beta E}\} \qquad (C.3.9)$$

だから，分配関数の上界 (C.3.8) と下界 (C.3.3) から，無限体積での自由エネルギー密度について，

$$\begin{aligned}
f(\beta, \rho) &:= -\lim_{V \nearrow \infty} \frac{1}{\beta V} \log Z_{V,N}(\beta) \\
&= -\lim_{V \nearrow \infty} \frac{1}{\beta V} \log\{\max_E \Omega_{V,N}(E) e^{-\beta E}\} \\
&= \lim_{V \nearrow \infty} \min_E \left\{ \frac{E}{V} - \frac{\sigma_V(E/V, \rho)}{\beta} \right\} = \min_\epsilon \left\{ \epsilon - \frac{\sigma(\epsilon, \rho)}{\beta} \right\}
\end{aligned}$$
$$(C.3.10)$$

という等式が得られる（Dini の定理によって (C.3.10) が閉区間内の ϵ について一様収束であることを用いて lim と min を交換した）。ただし，$\sigma_V(E/V, N/V) := V^{-1} \Omega_{V,N}(E)$ という記号を導入した。(C.3.10) は，まさにルジャンドル変換の表式 (9.3.10) である。

凸性についての結果は，ルジャンドル変換についての一般論（付録 B-2）の帰結である。

C-3-2　カノニカル分布とグランドカノニカル分布の等価性

カノニカル分布の自由エネルギー密度と，グランドカノニカル分布のグランドポテンシャル密度を，ルジャンドル変換によって関係づける，333 ページの定理 9.3 を証明する。以下では，β を一定値に固定する。証明のために重要なのは以下の事実である。

補題 C.5 $\mu < \mu_0(\beta)$ とする。（μ に依存する）$A > 0$ があり，十分大きな V について，

$$\sum_{N > AV} e^{\beta\mu N} Z_{V,N}(\beta) \leq 1 \qquad (C.3.11)$$

が成り立つ。F 系と D 系では，この関係は任意の（正負の実数の）μ について成り立つ。

F 系，D 系では，前に示した不等式 (C.1.21) を使えば，この事実は簡単

に示される。$A = 2e^{\beta\mu}a$ とすれば，(C.1.21) より，$N > AV$ について

$$e^{\beta\mu N} Z_{V,N}(\beta) \leq \left(\frac{1}{2}\right)^N \tag{C.3.12}$$

である。これを $N > AV$ について足し上げれば，明らかに 1 より小さい。B 系での証明は厄介なので，最後にまわす。

$\Xi_V(\beta, \mu)$ の下界を求めるのは，簡単で，和の中から最大の項だけを残し，

$$\Xi_V(\beta, \mu) := \sum_{N=0}^{\infty} e^{\beta\mu N} Z_{V,N}(\beta) \geq \max_N \{e^{\beta\mu N} Z_{V,N}(\beta)\} \tag{C.3.13}$$

とすればよい。

上界を求めるため，補題 C.5 で決まる A を使って，

$$\Gamma_{\text{main}} := \sum_{N \leq AV} e^{\beta\mu N} Z_{V,N}(\beta), \qquad \Gamma_{\text{rem}} := \sum_{N > AV} e^{\beta\mu N} Z_{V,N}(\beta) \tag{C.3.14}$$

とする。もちろん，$\Xi_V(\beta, \mu) = \Gamma_{\text{main}} + \Gamma_{\text{rem}}$ である。主要項 Γ_{main} は，単に最大値に項の数をかけて，

$$\Gamma_{\text{main}} \leq AV \max_N \{e^{\beta\mu N} Z_{V,N}(\beta)\} \tag{C.3.15}$$

と評価する。一方，(C.3.11) より $\Gamma_{\text{rem}} \leq 1$ だが，明らかに $\Gamma_{\text{main}} \geq 1$ (Γ_{main} の和には $N = 0$ も入っている)。つまり，$\Gamma_{\text{rem}} \leq \Gamma_{\text{main}}$ が言える。よって

$$\Xi_V(\beta, \mu) = \Gamma_{\text{main}} + \Gamma_{\text{rem}} \leq 2\Gamma_{\text{main}} \leq 2AV \max_N \{e^{\beta\mu N} Z_{V,N}(\beta)\} \tag{C.3.16}$$

が得られる。明らかに，

$$\lim_{V \nearrow \infty} \frac{1}{V} \log \left\{ 2AV \max_N e^{\beta\mu N} Z_{V,N}(\beta) \right\}$$
$$= \lim_{V \nearrow \infty} \frac{1}{V} \log \max_N \{e^{\beta\mu N} Z_{V,N}(\beta)\} \tag{C.3.17}$$

なので，下界 (C.3.13) と上界 (C.3.16) から，

$$j(\beta, \mu) := -\lim_{V \nearrow \infty} \frac{1}{\beta V} \log \Xi_V(\beta, \mu)$$
$$= -\lim_{V \nearrow \infty} \frac{1}{\beta V} \log \max_N \{e^{\beta\mu N} Z_{V,N}(\beta)\}$$
$$= \lim_{V \nearrow \infty} \min_N \left\{ f_V\left(\beta, \frac{N}{V}\right) - \mu \frac{N}{V} \right\} = \min_\rho \{f(\beta, \rho) - \mu\rho\} \tag{C.3.18}$$

が示される（ここでも一様収束性を用いて lim と min を交換した）。ただし，$f_V(\beta, N/V) := -(\beta V)^{-1} \log Z_{V,N}(\beta)$ と書いた。これが，目標だったルジャンドル変換 (9.3.18) である。

B 系での補題 C.5 の証明

かなり面倒な評価になるので，細かいところまでは述べない。以下では，$f(\beta, \rho)$ や $Z_{V,N}(\beta)$ の β 依存性を省略して，$f(\rho), Z_{V,N}$ と書く。仮定から，$\mu < \mu_1 < \mu_0(\beta)$ および $\mu_1 = f'(\rho_1)$ を満たす ρ_1, μ_1 が存在する。ここで示すのは，V を十分大きな値に固定し，N をどんどん大きくするとき，

$$Z_{V,N} \leq e^{-\beta\mu_1(N-N_1) - \beta V f(\rho_1) + o(V)} \tag{C.3.19}$$

が成り立つことである。(C.3.19) からは，直ちに目標の (C.3.11) が得られる。

C-2 節と同じ立方体 Λ と $\Lambda_1, \ldots, \Lambda_8$ を考える。$\mathcal{H}_{\Lambda_i, N_i}$ を，Λ_i の中に N_i 個の粒子が入っている状況を表すヒルベルト空間とする。対称テンソル積 $\bigotimes_{i=1}^{8} \mathcal{H}_{\Lambda_i, N_i}$ は，$\mathcal{H}_{\Lambda, \sum_{i=1}^{8} N_i}$ の部分空間である。ヒルベルト空間 $\mathcal{H}$ 上のトレースを $\text{Tr}_{\mathcal{H}}[\,\cdot\,]$ と書く。不等式 (C.2.2) を使い，また，非負の演算子の部分空間でのトレースは全空間でのトレースを越えないことを使うと，

$$\text{Tr}_{\mathcal{H}_{\Lambda, \sum_{i=1}^{8} N_i}}[e^{-\beta\hat{H}}] \geq \text{Tr}_{\mathcal{H}_{\Lambda, \sum_{i=1}^{8} N_i}}[e^{-\beta\hat{H}_0}] \geq \text{Tr}_{\bigotimes_{i=1}^{8} \mathcal{H}_{\Lambda_i, N_i}}[e^{-\beta\hat{H}_0}]$$

$$= \prod_{i=1}^{8} \text{Tr}_{\mathcal{H}_{\Lambda_i, N_i}}[e^{-\beta\hat{H}}] \tag{C.3.20}$$

が得られる。分配関数について，

$$Z_{(2\ell-r_0)^3, \sum_{i=1}^{8} N_i} \geq \prod_{i=1}^{8} Z_{(\ell-r_0)^3, N_i} \tag{C.3.21}$$

が言えたことになる。この関係を n 回くり返して使えば，$N_1, \ldots, N_{8^n}$ について，

$$Z_{(2^n\ell-r_0)^3, \sum_{i=1}^{8^n} N_i} \geq \prod_{i=1}^{8^n} Z_{(\ell-r_0)^3, N_i} \tag{C.3.22}$$

が言える。ここで，$N_1, \ldots, N_{8^n-1}$ を上で決めた $N_1 = V\rho_1$ に等しくとり，残りの N_{8^n} を N と書くと，

$$Z_{(2^n\ell-r_0)^3, (8^n-1)N_1 + N} \geq \left(Z_{(\ell-r_0)^3, N_1}\right)^{8^n-1} Z_{(\ell-r_0)^3, N} \tag{C.3.23}$$

が得られる。対数をとって整理すると，

$$\log Z_{(\ell-r_0)^3, N} \leq \log Z_{(2^n\ell-r_0)^3, (8^n-1)N_1+N} - (8^n-1)\log Z_{(\ell-r_0)^3, N_1} \tag{C.3.24}$$

となる。

ここで，$\ell \gg r_0$ とすることで，r_0 を含む項を落としてしまおう。また，$f_L(\rho) := -(\beta L^3)^{-1} \log Z_{L^3, \rho L^3}$ とすると，(C.3.24) は，$V = \ell^3$ として，

$$\log Z_{V,N} \leq -8^n \beta V f_{2^n\ell}\left(\rho_1 + \frac{N-N_1}{8^n V}\right) + (8^n-1)\beta V f_\ell(\rho_1) + o(V) \tag{C.3.25}$$

と書き換えられる。ここで，V をとめて N をどんどん大きくしたいのだが，その際 $N \sim 8^n V$ となるように n を連動して大きくする。それによって，$f_{2^n\ell}(\cdot)$ の引数はつねに 1 のオーダーにできる。そこで，$f_{2^n\ell}(\cdot)$, $f_\ell(\cdot)$ を無限体積極限 $f(\cdot)$ に置き換え，凸性の帰結である

$$f\left(\rho_1 + \frac{N-N_1}{8^n V}\right) \geq f(\rho_1) + f'(\rho_1)\frac{N-N_1}{8^n V} = f(\rho_1) + \mu_1 \frac{N-N_1}{8^n V} \tag{C.3.26}$$

を使うと，(C.3.25) より

$$\log Z_{V,N} \leq -\beta\mu_1(N-N_1) - \beta V f(\rho_1) + o(V) \tag{C.3.27}$$

が得られる。これは，(C.3.19) である。

参考文献

統計力学の教科書・演習書：
「はじめに」でも述べたように，統計力学の一般的な教科書で推薦できるものは（私の知る限り）ない．以下，ごく標準的な二冊と相転移関係の教科書を挙げる．

[1] L. D. Landau and E. M. Lifshitz : *Statistical Physics, Part 1* (Butterworth-Heinemann, 1980)
有名なランダウの教程の一冊．熱力学，統計力学ともに基礎的な部分の記述には感心しない．しかし扱っている内容はきわめて豊富である．

[2] 久保亮五編：『大学演習 熱力学・統計力学』（裳華房，1998 年）
熱力学，統計力学の問題を網羅した決定版の演習書．各章の冒頭のサマリーも簡潔で的を射ている．

[3] 西森秀稔：『相転移・臨界現象の統計物理学』（培風館，2005 年）
スピン系の相転移・臨界現象についての，標準的な解説書．

[4] 田崎晴明，原隆：『相転移と臨界現象の数理』（共立出版，2015 年）
イジング模型の相転移と臨界現象についての厳密な結果の詳細な解説．

関連する分野の教科書：
本文中で参照した熱力学と数学の文献は以下のとおり．

[5] 田崎晴明：『熱力学——現代的な視点から』（培風館，2000 年）
[6] 佐々真一：『熱力学入門』（共立出版，2000 年）
[7] 清水明：『熱力学の基礎』（東京大学出版会，2007 年）
[8] 田崎晴明：『数学：物理を学び楽しむために』（ネット上で公開している）
http://www.gakushuin.ac.jp/~881791/mathbook/

科学史に関わるもの：
科学史のエピソードを書く際に参照した文献を挙げておく．

[9] A. Pais : *Subtle Is the Lord: The Science and the Life of Albert Einstein* (Oxford University Press, 1983)
晩年のアインシュタインと親交のあったパイスによる大部の伝記．アインシュタインの人生を描くだけでなく，彼がどのような問題に取り組み何を考え何を見いだしたかも，生き生きと語ってくれる．物理を学ぶ人すべてに推薦できる．邦訳もあるようだが，英語版は入手しやすいし，できれば英語で読んでみよう．

[10] C. Cercignani : *Ludwig Boltzmann: The Man Who Trusted Atoms* (Oxford University Press, 1999)
[11] E. ブローダ:『ボルツマン』, 市井三郎, 恒藤敏彦訳 (みすず書房, 1957 年)
[12] D. Lindle : *Boltzmann's Atom* (Free Press, 2001)
以上の三冊はボルツマンの伝記である. それぞれ長所短所があり, 未だ決定版といえるボルツマンの伝記はないようだ.
[13] 江沢洋:『だれが原子をみたか』(岩波書店, 1976 年)
江沢が「中学生のために」と書いた本だが, 専門家にとっても学ぶところの多い名著である.
[14] G. Gallavotti : *Statistical Mechanics: A Short Treatise* (Springer, 1999)
数理物理学の教科書だが, 最初の章には, ボルツマン自身の考えについての詳しい分析がある.
[15] L. Brown, A. Pais and B. Pippard (eds.) : *Twentieth Century Physics* (Taylor and Francis, 1995)
[16] J. J. O'Connor and E. F. Robertson : *The MacTutor History of Mathematics archive*, http://www-history.mcs.st-and.ac.uk/history/
[17] 『理化学辞典』(第三版増補版) (岩波書店, 1985 年)

演習問題解答

演習問題 8.

8.1 「別の書き方」(8.1.17) を用いると便利だ。系 j のエネルギー固有状態を $i_j = 1, 2, \ldots$ とし，対応するエネルギー固有値を $E_{i_j}^{(j)}$，粒子数を $N_{i_j}^{(j)}$ とする。各部分の状態を $(i_1, \ldots, i_M)$ と列挙すれば全系の状態が指定できるが，粒子を M 個の部分に振り分ける自由度があるので全部で $\left(\sum_{j=1}^{M} N_{i_j}^{(j)}\right)! \bigg/ \prod_{j=1}^{M} N_{i_j}^{(j)}!$ 個の状態が得られる。つまり，組 $(i_1, \ldots, i_M)$ にはボルツマン因子

$$\left\{\left(\sum_{j=1}^{M} N_{i_j}^{(j)}\right)! \bigg/ \prod_{j=1}^{M} N_{i_j}^{(j)}!\right\} \exp\left[\sum_{j=1}^{M}(-\beta E_{i_j}^{(j)} + \beta\mu N_{i_j}^{(j)})\right]$$

が対応するとみなしてよい。よって (8.1.17) より $\Xi =$

$$\sum_{(i_1,\ldots,i_M)} \left\{1 \bigg/ \left(\sum_{j=1}^{M} N_{i_j}^{(j)}\right)!\right\} \left\{\left(\sum_{j=1}^{M} N_{i_j}^{(j)}\right)! \bigg/ \prod_{j=1}^{M} N_{i_j}^{(j)}!\right\} \exp\left[\sum_{j=1}^{M}(-\beta E_{i_j}^{(j)} + \beta\mu N_{i_j}^{(j)})\right] = \prod_{j=1}^{M} \left\{\sum_{i_j}(1/N_{i_j}^{(j)}!) \exp[-\beta E_{i_j}^{(j)} + \beta\mu N_{i_j}^{(j)}]\right\} = \prod_{j=1}^{M} \Xi_j$$

である。確率についても同様。

8.2 最右辺から出発し，

$$\beta^{-1}\partial\{\log\Xi\}/\partial V = \beta^{-1}\Xi^{-1}\partial\{\sum_i \exp[-\beta E_i(V) + \beta\mu N_i]\}/\partial V$$
$$= -\Xi^{-1}\sum_i\{\partial E_i(V)/\partial V\}\exp[-\beta E_i(V) + \beta\mu N_i] = -\langle\partial\hat{H}(V)/\partial V\rangle$$

となる。

演習問題 9.

9.1 $n! = \Gamma(n+1) = \int_0^\infty dt\, t^n e^{-t}$ の被積分関数を $t^n e^{-t} = e^{f(t)}$ と書く。$f(t)$ が最大になる $t = n$ のまわりで二次まで展開すれば $f(t) \simeq (n\log n - n) - (2n)^{-1}(t-n)^2$ となる。よって $n! \simeq \int_{-\infty}^{\infty} dx \exp[(n\log n - n) - (2n)^{-1}x^2] = e^{n\log n - n}\sqrt{2\pi n}$ であり，整理すれば (A.2.2) となる。

9.2 まず熱力学の側の準備。ギブスの自由エネルギーとヘルムホルツの自由エネルギーを結ぶルジャンドル変換は $G[T,P;N] = \min_V\{PV + F[T;V,N]\}$ である。$g(\beta, P) = G[T,P;N]/N$，$\tilde{f}(\beta, V/N) = F[T;V,N]/N = F[T;V/N,1]$ とすると，$g(\beta, P) = \min_v\{Pv + \tilde{f}(\beta, v)\}$ となる。ここで $Z_{V,N}(\beta) \sim \exp[-\beta N\tilde{f}(\beta, V/N)]$ と書けるので，$v = V/N$ として，$Y_N(\beta, P) \sim \int_0^\infty dv \exp[-\beta N\{Pv + \tilde{f}(\beta, v)\}]$ である。N が大きいとして指数関数の中身の最大値をとれば $Y_N(\beta, P) \sim \exp[-\beta N g(T,P)] \sim$

513

$\exp[-\beta G[T, P; N]]$ が得られる。また，$\varphi(v) = \beta\{Pv + \tilde{f}(\beta, v)\}$ とし $\varphi(v)$ を最小にする v を $v_{\min}$ と書けば，
$V(\beta, P) = \partial G/\partial P = N\int_0^\infty dv\, v\, \exp[-N\varphi(v)]/\int_0^\infty dv\, \exp[-N\varphi(v)] \simeq Nv_{\min}$
である。

9.3 (a) 与えられた T に対して，$1/T = \partial S[U, V, N]/\partial U|_{U=U(T)}$ により $U(T)$ を決める。凸性より任意の U について $S[U, V, N] \leq S[U(T), V, N] + (U - U(T))/T$ である。これを使えば，(9.1.19) の右辺 $\geq \min_U\{U - T S[U(T), V, N] - (U - U(T))\} = U(T) - T S[U(T), V, N]$ である。一方，最小化を行わず単に $U = U(T)$ と置く事で，(9.1.19) の右辺 $\leq U(T) - T S[U(T), V, N]$ が言える。上界と下界が一致したので最小値は存在し $U(T) - T S[U(T), V, N]$ に等しい。(b) $0 < \lambda < 1$ とする。$F[\lambda T + (1-\lambda)T'; V, N] = \min_U\{U - (\lambda T + (1-\lambda)T')S[U, V, N]\} \geq \lambda \min_U\{U - T S[U, V, N]\} + (1-\lambda)\min_U\{U - T'S[U, V, N]\} = \lambda F[T; V, N] + (1-\lambda)F[T'; V, N]$ である。また，最小化するために動かす U を敢えて $\lambda U + (1-\lambda)U'$ と書くと，$F[T; \lambda V + (1-\lambda)V', \lambda N + (1-\lambda)N'] = \min_{U,U'}\{\lambda U + (1-\lambda)U' - T S[\lambda U + (1-\lambda)U', \lambda V + (1-\lambda)V', \lambda N + (1-\lambda)N']\} \leq \lambda \min_U\{U - T S[U, V, N]\} + (1-\lambda)\min_{U'}\{U' - T S[U', V', N']\} = \lambda F[T; V, N] + (1-\lambda)F[T; V', N']$ となる。(c) (9.1.19) で最小化をせず任意の U をとれば $F[T; V, N] \leq U - T S[U, V, N]$ なので，(9.1.20) の右辺 $\geq S[U, V, N]$ である。一方，$F[T; V, N] = U(T) - T S[U(T), V, N]$ なので，(9.1.20) の右辺 $= \min_T\{(U - U(T))/T + S[U(T), V, N]\} \leq S[U, V, N]$ である（最小化を行わず $U(T) = U$ となる T を選んだ）。上界と下界が一致したので，(9.1.20) の右辺は $S[U, V, N]$ である。

演習問題 10.

10.1 複号同順の上をボゾン，下をフェルミオンとする。まず分布関数の近似は $f(\epsilon) \simeq e^{-\beta(\epsilon-\mu)} \pm e^{-2\beta(\epsilon-\mu)}$. 以下，ガウス積分から得られる $\int_0^\infty dx\sqrt{x}e^{-ax} = \sqrt{\pi}/(2a^{3/2})$ をくり返し使う。密度は $\rho = \int_0^\infty d\epsilon\, \nu(\epsilon)f(\epsilon) \simeq \{c\sqrt{\pi}e^{\beta\mu}/(2\beta^{3/2})\}\{1 \pm 2^{-3/2}e^{\beta\mu}\}$ と書ける。これを $e^{\beta\mu}$ の二次方程式とみなして解いてもいいが，二次までの近似を出すだけなら，まず一つ目の $e^{\beta\mu}$ について解いて，$e^{\beta\mu} \simeq \{2\beta^{3/2}\rho/(c\sqrt{\pi})\}\{1 \mp 2^{-3/2}e^{\beta\mu}\} \simeq \{2\beta^{3/2}\rho/(c\sqrt{\pi})\}\{1 \mp \beta^{3/2}\rho/(c\sqrt{2\pi})\}$ とすればよい。最後の形にするために残った $e^{\beta\mu}$ に一次までの評価を代入した。圧力は，$P = (\beta V)^{-1}\log \Xi = \beta^{-1}\int_0^\infty d\epsilon\, c\sqrt{\epsilon}\{\mp \log(1\mp e^{-\beta(\epsilon-\mu)})\} \simeq \beta^{-1}\int_0^\infty d\epsilon\, c\sqrt{\epsilon}\{e^{-\beta(\epsilon-\mu)} \pm e^{-2\beta(\epsilon-\mu)}/2\} = \beta^{-1}e^{\beta\mu}\{c\sqrt{\pi}/(2\beta^{3/2})\}\{1 \pm 2^{-5/2}e^{\beta\mu}\} \simeq \rho kT\{1 \mp \beta^{3/2}\rho/(2^{3/2}c\sqrt{\pi})\}$ と評価できる。古典理想気体の ρkT に比べると，ボゾン系の圧力が低く，フェルミオン系の圧力が高い。

10.2 部分積分を使えば，$P = (\beta V)^{-1}\log\Xi = \beta^{-1}\int_0^\infty d\epsilon\, c\sqrt{\epsilon}\{\mp\log(1\mp e^{-\beta(\epsilon-\mu)})\} = (2/3)\int_0^\infty d\epsilon\, c\epsilon^{3/2}e^{-\beta(\epsilon-\mu)}/(1 \mp e^{-\beta(\epsilon-\mu)}) = (2/3)\int_0^\infty d\epsilon\,\nu(\epsilon)\epsilon f(\epsilon) = (2/3)u$ となる。ボース・アインシュタイン凝縮が起きているときにも，一粒子基底状態からの圧力とエネルギー密度への寄与がないことから，同じ関係が示される。

10.3 (a) $\rho = c\epsilon_\mathrm{f}$ より $\epsilon_\mathrm{f} = \rho/c$ である。$\int d\epsilon (e^{\beta(\epsilon-\mu)}+1)^{-1} = -\beta^{-1}\log[e^{-\beta\epsilon}+e^{-\beta\mu}]$ だから，密度を決める積分は実行できて，$\rho = \int_0^\infty d\epsilon c/(e^{\beta(\epsilon-\mu)}+1) = (c/\beta)\log(e^{\beta\mu}+1)$ となるから，$\mu = \beta^{-1}\log(e^{\beta\epsilon_\mathrm{f}}-1)$ である。これを低温 ($\beta\epsilon_\mathrm{f} \gg 1$) で評価すると，$\mu \simeq \epsilon_\mathrm{f} - \beta^{-1}e^{-\beta\epsilon_\mathrm{f}}$ となる。この形は kT で展開できないことに注意（これは状態密度が一定であるため。この系で低温展開を行なうと $\mu = \epsilon_\mathrm{f}$ となる）。高温 ($\beta\epsilon_\mathrm{f} \ll 1$) では $\mu \simeq \beta^{-1}\log(\beta\epsilon_\mathrm{f})$ となり，(10.2.44) と一致する。(b) 単に積分して

$$r_\mathrm{f} = (1/\epsilon_\mathrm{f})\int_0^{\epsilon_\mathrm{f}} d\epsilon (e^{\beta(\epsilon-\mu)}+1)^{-1} = 1 - (\beta\epsilon_\mathrm{f})^{-1}\log(2 - e^{-\beta\epsilon_\mathrm{f}})$$

となる。よって低温 ($\beta\epsilon_\mathrm{f} \gg 1$) では $r_\mathrm{f} \simeq 1 - \log 2/(\beta\epsilon_\mathrm{f})$，高温 ($\beta\epsilon_\mathrm{f} \ll 1$) では $r_\mathrm{f} \simeq \beta\epsilon_\mathrm{f}$ のようにふるまう。

10.4 対称性から任意の β について $\mu = w + (g/2)$ と選べば，$\rho = cw$ となる。$\beta g \gg 1$, $\beta w \gg 1$ とする。エネルギー密度への下のバンドからの寄与は，$\int_0^w d\epsilon c\epsilon (e^{\beta(\epsilon-\mu)}+1)^{-1} \simeq c\int_0^w d\epsilon \epsilon (1 - e^{\beta(\epsilon-\mu)}) = (w\rho/2) - (cw/\beta)e^{-\beta g/2}$ であり，上のバンドからの寄与は，$\int_{w+g}^{2w+g} d\epsilon c\epsilon (e^{\beta(\epsilon-\mu)}+1)^{-1} \simeq c\int_{w+g}^{2w+g} d\epsilon \epsilon e^{-\beta(\epsilon-\mu)} = \{c(w+g)/\beta\}e^{-\beta g/2}$ である。よって，$u(\beta,\rho) \simeq [(w/2) + \{g/(\beta w)\}e^{-\beta g/2}]\rho$ であり，求める比熱 $c(T,\rho) \simeq \{kg/w + g^2/(2wT)\}e^{-g/(2kT)}\rho$ は低温ではきわめて小さい。この形は $(kT)^{-1}$ のべきには展開できないので，低温展開では決して求められない。この系では，フェルミエネルギー ϵ_f がギャップの中にあるので，ϵ_f 近辺の粒子のふるまいが低温での性質を決めるという低温展開の基本的な思想が成り立たない。さらに，基底状態から励起するためには，かならず粒子がエネルギーギャップ g を越えて励起しなくてはならない。このような比熱のふるまいは，基底状態で下のバンドがちょうど「埋まっている」とき（電子系ではバンド絶縁体にあたる）に普遍的に見られる。

10.5 グランドカノニカル分布なら前問と同様にして，任意の N について $\langle \hat{H} \rangle_\beta = Ng/(e^{\beta g/2}+1)$ となる。カノニカル分布の $N=1$ は，$\langle \hat{H} \rangle_\beta = ge^{-\beta g}/(1+e^{-\beta g})$ となり，明らかにグランドカノニカル分布とは異なって $e^{-\beta g}$ の因子が現れる。一般の N については励起した粒子の個数を n として，$Z(\beta) = \sum_{n=0}^{N} [N!/\{(N-n)!\,n!\}]^2 e^{-\beta gn}$ である（$\epsilon=0$ のバンドから n 個の粒子を抜く組み合わせが $N!/\{(N-n)!\,n!\}$，$\epsilon=g$ のバンドに n 個の粒子を入れる組み合わせが $N!/\{(N-n)!\,n!\}$）。$N \gg 1$, $n \gg 1$ ならスターリングの公式 (3.2.14) を使い，$\rho = n/N$ として

$$Z(\beta) \simeq N\int_0^1 d\rho \exp[-2N\{\rho\log\rho + (1-\rho)\log(1-\rho) + (\beta g/2)\rho\}]$$

となる。積分の中身が最大になるのは $\rho = (e^{\beta g/2}+1)^{-1}$ のときであり，これを代入して整理すれば $Z(\beta) \simeq$ (定数)$(1+e^{-\beta g/2})^{2N}$ となる。よって $\langle \hat{H} \rangle_\beta \simeq Ng/(e^{\beta g/2}+1)$ とグランドカノニカル分布に一致する。カノニカル分布でのこのような漸近評価の結果が，グランドカノニカル分布では自動的に導けることは注目すべきである（もちろん，両者の等価性を示すには同様の漸近評価が必要）。

10.6 61 ページの例 3-1-2.b，66 ページの例 3-2-1.b に戻り，二次元の自由粒子の性質を調べると，一粒子基底状態のエネルギーは $\epsilon_1 = 2E_0$ であり，単位面積あたりの一粒子状態密度は $\nu(\epsilon) = m/(2\pi\hbar^2) =: \tilde{c}$ と定数になる。三次元と同様に計算を進

めると，μ を決める関係は，$\tilde{\eta}(x) := \int_0^\infty du/(e^{-x+u}-1)$ を使って，$\rho = (\tilde{c}/\beta)\tilde{\eta}(\beta\mu)$ と書ける。ここで，$x \nearrow 0$ で $\tilde{\eta}(x) \nearrow \infty$ なので任意の β, ρ に対して $\mu(\beta,\rho) < 0$ が決まる。これを用いれば，$\langle \hat{n}_1 \rangle$ が体積のオーダーにならないことが示される。

10.7 等方的なポテンシャルの場合の ω^3 を $\omega_1(\omega_2)^2$ に置き換えるだけ。$T_{\rm c} \simeq 1.5 \times 10^{-7}$ K となる。

10.8 $\epsilon_{\bm{k}} = \hbar c|\bm{k}|$ であり，偏極が二種類あることから一粒子状態密度を求めると $\nu(\epsilon) = \epsilon^2/(\pi^2 \hbar^3 c^3)$ である。あとは問題 10.2 と全く同様。$\bm{k}$ についての積分の表式から出発して積分変数を $k = |\bm{k}|$ に直しても同じことができる。

演習問題 11.

11.1 (a) $Z_L(\beta, 0) = \displaystyle\sum_{(\sigma_1,\ldots,\sigma_L)} \exp\left[\beta J \sum_{i=1}^{L-1} \sigma_i \sigma_{i+1}\right]$

$= \displaystyle\sum_{(\sigma_1,\ldots,\sigma_L)} \exp\left[\beta J \sum_{i=1}^{L-2} \sigma_i \sigma_{i+1}\right] \exp[\beta J \sigma_{L-1}\sigma_L]$

だが，σ_{L-1} の値によらず $\displaystyle\sum_{\sigma_L = \pm 1} \exp[\beta J \sigma_{L-1} \sigma_L] = 2\cosh(\beta J)$ だから，$Z_L(\beta, 0) = 2\cosh(\beta J) Z_{L-1}(\beta, 0)$ となる。(b) $Z_2(\beta, 0) = 4\cosh(\beta J)$ なので，上の関係から $Z_L(\beta, 0) = 2^L \{\cosh(\beta J)\}^{L-1}$ である。

11.2 $\eta_i = 0, 1$ をサイト i に吸着した個数とする。全体の個数が $N = \displaystyle\sum_{i=1}^{N_{\rm s}} \eta_i$ であることから，$\Xi = \displaystyle\sum_{\eta_1,\ldots,\eta_{N_{\rm s}}=0,1} \exp\left[\sum_{i=1}^{N_{\rm s}} \beta(v+\mu)\eta_i\right] \prod_{i=1}^{N_{\rm s}}(1-\eta_i \eta_{i+1})$ と書ける（ただし $\eta_{N_{\rm s}+1} = \eta_1$ とする）。$1 - \eta_i \eta_{i+1}$ は隣り合うサイトに分子が入ると 0 になる。転送行列 M を $({\rm M})_{00} = 1$, $({\rm M})_{11} = 0$, $({\rm M})_{10} = ({\rm M})_{01} = e^{\beta(v+\mu)/2}$ によって定義すると，$\Xi = \displaystyle\sum_{\eta_1,\ldots,\eta_{N_{\rm s}}=0,1} \prod_{i=1}^{N_{\rm s}} ({\rm M})_{\eta_i, \eta_{i+1}} = {\rm Tr}[{\rm M}^{N_{\rm s}}]$ となる。M の固有値の大きい方を $\lambda = \{1 + \sqrt{1 + 4e^{\beta(v+\mu)}}\}/2$ とすると，$N_{\rm s}$ が大きいとき $\Xi \simeq \lambda^{N_{\rm s}}$ となる。被覆率は $\Theta = \beta^{-1} \partial (\log \lambda)/\partial \mu = 2e^{\beta(v+\mu)}/\{1 + 4e^{\beta(v+\mu)} + \sqrt{1+4e^{\beta(v+\mu)}}\}$ となる。$\beta(v+\mu) \ll -1$ ならば $\Theta \simeq e^{\beta(v+\mu)}$ であり相互作用のない場合と一致。$\beta(v+\mu) \gg 1$ では $\Theta \simeq (1/2) - e^{-\beta(v+\mu)/2}/4$ となる。

11.3 $\eta_i = 0, 1$ をサイト i に吸着した個数とする。この系の大分配関数は $\Xi = \displaystyle\sum_{\eta_1,\ldots,\eta_{N_{\rm s}}=0,1} \exp\left[\beta g \sum_{\langle i,j\rangle} \eta_i \eta_j + \beta(v+\mu) \sum_{i=1}^{N_{\rm s}} \eta_i\right]$ である（$\langle i,j\rangle$ は隣り合うサイトの組）。$\eta_i = (\sigma_i + 1)/2$ によりスピン変数 $\sigma_i = \pm 1$ を導入すると，上の指数関数の引数は $(\beta g/4) \displaystyle\sum_{\langle i,j\rangle} \sigma_i \sigma_j + \{\beta g + \beta(v+\mu)/2\} \sum_i \sigma_i + \{(\beta g/2) + \beta(v+\mu)/2\} N_{\rm s}$ となる。ここで $J = g/4$, $\mu_0 H = 2g + (v+\mu)/2$ とすれば，Ξ は（定数倍を除いて）イジング模型の分配関数になる。被覆率 Θ は $(\langle \sigma_i \rangle + 1)/2$ と一致する。強磁性体の磁化過程に対応し，十分に低温で μ を負の値から増加させていくと，μ が $-4g - v$ を越えるところ（$H = 0$ に対応する）で被覆率が不連続に変化する。また，この被覆率の「とび」は温度が相転移点に近づくと小さくなり，相転移点以上では被覆率は

演習問題解答 517

11.4 $\beta = \beta_{\mathrm{mf}}$ での自己整合方程式は $\psi = \tanh(\psi+\beta\mu_0 H)$ である。右辺を展開し，$\psi \simeq \psi+\beta\mu_0 H-(\psi+\beta\mu_0 H)^3/3$ とし，これを解けば $\psi \simeq (3\beta\mu_0 H)^{1/3}-\beta\mu_0 H \simeq (3\beta\mu_0 H)^{1/3}$ であるから，$\delta = 3$ となる。

11.5 格子点 0 に注目し，その周辺のスピンのゆらぎを無視して $\psi = \langle S_i \rangle$ とすると，S_0 に関わるエネルギーは $E_{S_0} = -zJ\psi S_0 + D(S_0)^2$ である。よって S_0 の期待値は $\langle S_0 \rangle = 2\sinh(\beta z J\psi)/\{e^{\beta D} + 2\cosh(\beta z J\psi)\}$ である。右辺を $g(\psi)$ と書く。平均場近似の自己整合方程式は $\psi = g(\psi)$ である。本文の解析にならえば，$g'(0) = 2\beta z J/(e^{\beta D} + 2)$ が 1 より大きいときに自発磁化が出現すると結論できる。この場合の転移点を決める方程式 $g'(0) = 1$ は一般には解けないが，D について展開し最低次での解を求めると，$\beta_{\mathrm{mf}} \simeq 3/(2zJ - D)$ となる。D が負で大きくなると強磁性相 ($\beta > \beta_{\mathrm{mf}}$) の範囲は広がり，$D$ が正で大きくなると強磁性相の範囲は小さくなる。多くの読者はここまで解答しただろうが，実は，この系の相転移は意外に複雑である。$g'(0) \leq 2\beta zJe^{-\beta D} \leq 2zJ/(eD)$ からわかるように（最右辺は β を動かした際の最大値），D が正で十分に大きくなれば任意の β において $g'(0)$ は 1 を越えない。この場合には相転移がないと結論できそうに見えるが，実際に $g(\psi)$ のグラフを計算機で描いてみると，β を十分に大きくすれば，$g'(0) < 1$ であっても，ψ がある程度大きいところで急に $g(\psi)$ が大きくなり，$\psi \neq 0$ 以外に $\psi = g(\psi)$ の解が現れることがある。このようなときには，温度を下げていくと，自発磁化が 0 から正の値に不連続にジャンプする不連続相転移が起きていると考えられる。

11.6 この分布で期待値をとると $\langle \hat{\sigma}_i \rangle = \psi$ であり，異なったスピンは独立なので $i \neq j$ なら $\langle \hat{\sigma}_i \hat{\sigma}_j \rangle = \langle \hat{\sigma}_i \rangle \langle \hat{\sigma}_j \rangle = \psi^2$ となる。よってエネルギーの期待値は $\langle \hat{H} \rangle = -(z/2)NJ\psi^2 - N\mu_0 H\psi$ である。独立性に注意してシャノンエントロピーを計算すると，

$$S[\boldsymbol{p}] = -k\sum_{\sigma_1,\ldots,\sigma_N=\pm 1}\prod_{i=1}^{N}\{(1+\psi\sigma_i)/2\}\sum_{i=1}^{N}\log[(1+\psi\sigma_i)/2]$$
$$= -k\sum_{i=1}^{N}\sum_{\sigma_i\pm 1}\{(1+\psi\sigma_i)/2\}\log[(1+\psi\sigma_i)/2] = -kN\sigma(\psi)$$

のように (11.4.24) の量と一致。よって (11.4.27) の量を使って $F[\boldsymbol{p}] = N\{\tilde{f}(\beta,\psi) + \mu_0 H\psi\}$ と書ける。この量を最小化するのはまさに (11.4.29) であり，ここで扱った変分問題は長距離相互作用するモデルと等価なことがわかる。

11.7 まず，ひたすら Z の展開 (11.5.6) への寄与を数え上げる。はじめは $m = 10$ について。まず二つの連結成分からなるグラフ。図の (a) と (b) が重ならないで現れるようなパターンは $2N(N - 6)$ 通り。よって寄与は $2N(N - 6)\kappa^3\delta^{10}$ である。次に，連結したグラフ。2×3 の長方形を基本に変形した図形の形を数え上げると $N\{10\kappa^4 + 8\kappa^5 + 2\kappa^6\}\delta^{10}$ となる。次に $m = 12$ について。まず，三つの連結成分からなるグラフ。図の (a) 三つが重ならないグラフの数は $(N/6)\{4(N - 8) + 4(N - 9) + (N - 13)(N - 10)\} = (N^3/6) - (5N^2/2) + (31N/3)$ である。展開への寄与は $\{(N^3/6) - (5N^2/2) + (31N/3)\}\kappa^3\delta^{12}$ である。次に二つの連結成分。(a) と (c)，

(d) のようなグラフからの寄与を求めると, $(N^2 - 12N)\kappa^5\delta^{12} + (6N^2 - 62N)\kappa^4\delta^{12}$ である. 最後は連結したグラフ. 数が多いので間違えそうだが, 足し上げると寄与は $N\{25\kappa^5 + 20\kappa^6 + 18\kappa^7 + 6\kappa^8 + \kappa^9\}\delta^{12}$ となる. 以上を全て足し上げ, 再び f_L の展開に書き直す. $\log(1+x) \simeq x - (x^2/2) + (x^3/3)$ を使って δ^{12} までの項を全て整理すると, N^3, N^2 のかかった項は完全にキャンセルする. (11.5.9) の $O(\delta^{10})$ は, $\{-12\kappa^3 + 10\kappa^4 + 8\kappa^5 + 2\kappa^6\}\delta^{10} + \{(31/3)\kappa^3 - 62\kappa^4 + 13\kappa^5 + 20\kappa^6 + 18\kappa^7 + 6\kappa^8 + \kappa^9\}\delta^{12} + O(\delta^{14})$ となる.

11.8 (a) 分配関数は
$$Z_{V,N}(\beta) = \{(V-bN)^N/N!\}\{m/(2\pi\hbar^2\beta)\}^{3N/2}\exp[\beta\alpha N^2/V]$$
となるので, (5.1.7) より $P(T,V) = NkT/(V-bN) - \alpha N^2/V^2$ となる. 関数形を吟味すれば, $T < T_c := 8\alpha/(27kb)$ では, $P(T,V)$ が V について増加する領域があることがわかる. (b) $Y_N(\beta, P)$ を求める積分の被積分関数 $e^{-\beta PV}Z_{V,N}(\beta)$ を最大にする V を求めればよい. よって, 与えられた T, P について, $V(T, P)$ は関数 $\Phi(V) = N\log(V-bN) - \beta PV + \beta\alpha N^2/V$ を最大にする V である. $P > P_c := \alpha/(27b^2)$ では, 任意の T について, $\Phi(V)$ は唯一の極大値をもつ. $P < P_c$ では, $\Phi(V)$ が二つの極大値をもつような T がある. 特に, T を増加させたとき, 最大が一方の極大から他方の極大に移ることがあり, その際には, 圧力一定で温度を変化させたとき体積に有限のとびがあるという液体・気体転移が見られる. より詳しくは, 問題への脚注としてあげた熱力学関連の文献を参照.

索　引 （I・II 巻）

欧　文

Avogadro　5
Bernoulli　11
Birkhoff　98
Bohr　145
Boltzmann　7
Bose　350
Brillouin　195
Broglie　414
Casimir　259
Clausius　11
Curie　150
Dalton　5
de Broglie　414
Debye　225
Democritos　4
Dirac　351
Doppler　266
Dulong　200
Einstein　9
Fermat　21
Fermi　350
Fourier　209
Gauss　47
Gibbs　11
Hamilton　213
Heisenberg　151
Helmholtz　120
Hesse　475
Ising　428
Joule　8
Kirchhoff　233

Lagrange　211
Landau, E. D. H.　20
Landau, L. D.　392
Langevin　150
Langmuir　303
Laplace　21
Legendre　314
Lenz　428
Liouville　97
Loschmidt　8
Lucretius　4
Mach　6
Maxwell　9
Onsager　95
Ostwald　6
Pascal　21
Pauli　358
Penzias　264
Perrin　10
Petit　200
Planck　58
Poisson　49
Rayleigh　253
Ruelle　493
Sackur　138
Schrödinger　57
Shannon　50
Sinai　98
Slater　362
Sommerfeld　390
Stefan　241
Stirling　49

1

Tetrode　138
van der Waals　472
von Neumann　78, 100
Weiss　442
Wien　241
Wilson　264

和文

あ行

アインシュタイン　9, 12, 95, 116, 201, 253, 255, 264, 267, 351, 402
アインシュタイン方程式　267
アインシュタインモデル　201
アヴォガドロ　5
アヴォガドロ定数　8
アヴォガドロの法則　5
圧力　133
アリストテレス　5
イジング　428, 441
イジング模型　428
一粒子状態密度　366
ヴィーン　241
ヴィーンの経験則　241
ヴィーンの法則　241
ウィルソン　264
上に凸　474
宇宙背景輻射　264
エネルギー　55
　──とエントロピーの拮抗　129, 171, 184
　──の期待値　115, 127, 133, 294, 377
　──のゆらぎ　116, 127
エネルギー殻　85, 448
エネルギー固有状態　55
エネルギー固有値　55
エネルギー等分配則　175
エルゴード仮説　97

エルゴード的　98
エルゴード理論　97
エンタングル　342
エントロピー　133
　ギブス──　127
　シャノン──　50, 127, 129
　相対──　50, 129
　フォンノイマン──　78
　ミクロカノニカル分布と──　321
エントロピー的な弾性　185
応答係数　116
オストヴァルト　6
オミクロン　20
音響子　412
オンサーガー　95
音速　225

か行

ガウス　47
ガウス積分　269
ガウス分布　47
化学ポテンシャル　290
確率　27
　事象が生じる──　28
確率分布　27
確率変数　26
確率密度　46, 167
確率密度関数　46
重ね合わせの原理　341
カシミール　259
カノニカルアンサンブル　107
カノニカル分布　107, 132
ガリレイ　263
完全な熱力学関数　312
ガンマ関数　270
擬似自由エネルギー　453
基準座標　213
期待値　29
　──の線形性　29

索　引　　　3

気体定数　　111, 200
気体分子運動論　　11
ギブス　　11, 101, 116, 129
ギブスエントロピー　　127
ギブスのパラドックス　　138
ギブスの変分原理　　129
ギブス分布　　107
ギブス・ヘルムホルツの関係式　　122
基本状態　　25
逆温度　　112
キュリー　　150, 426
キュリー温度　　426
キュリーの法則　　150, 441
強磁性イジング模型　　428
強磁性相　　427
共役
　凸関数の――　　485
協力現象　　420
キルヒホッフ　　233
空洞輻射　　237
クラウジウス　　11
クラウジウスの関係式　　130
クラスター　　51
クラスター展開　　465
グランドカノニカルアンサンブル　　292
グランドカノニカル分布　　286, 292
グランドポテンシャル　　296, 316
くりこみ　　259
系　　25
経験分布　　50
原子論　　4
交換相互作用　　151
光子　　413
高分子　　178
光量子仮説　　255
互換　　353
黒体　　234
黒体輻射　　234
黒体放射　　234

個数密度　　243
固有振動　　207
固有振動数　　207

さ　行

鎖状高分子　　178
サッカー　　138
サッカー・テトロード方程式　　138
ジーンズ　　253
磁化　　147, 431
磁化率　　149, 432
磁気モーメント　　142
示強変数　　312
自己整合方程式　　444
自己無撞着方程式　　444
事象　　25
下に凸　　474
自発磁化　　426
自発的対称性の破れ　　447
シャノン　　50
シャノンエントロピー　　50, 127, 129
自由エネルギー　　120
自由粒子　　57
縮退　　383
シュテファン　　7, 241, 259
シュテファン・ボルツマンの法則　　241, 259
ジュール　　8
シュレディンガー表現　　58
シュレディンガー方程式　　57, 58, 61, 74, 84, 191, 343, 354, 357
準安定状態　　419, 425, 456
常磁性　　149, 396
常磁性相　　427
小正準集団　　94
小正準分布　　93
状態数　　65
状態方程式

ファンデルワールスの—— 472
　理想気体の—— 137, 188, 300, 380
ショットキー 157
ショットキー型の比熱 157
示量性 121
　グランドポテンシャルの—— 317
　熱力学的エントロピーの—— 307
　ヘルムホルツの自由エネルギーの —— 314
示量変数 305
スケーリング等式 470
スターリング 49
スターリングの公式 49, 71, 137, 271
スピン 142, 345
スピン配位 429
スレーター行列式 362
スレーターディターミナント 362
正規分布 47
正準交換関係 58, 214
正準集団 107
正準分布 107
絶対温度 111
線形 219
占有数 364
相 419
相加性
　熱力学的エントロピーの—— 307
相空間 97, 166
操作 306
相対エントロピー 50, 129
相対論 414
相転移 52, 419
素事象 25

た 行

対称性
　イジング模型の—— 434

　波動関数の—— 351
対称性の自発的な破れ 85, 424, 447, 466
大数の法則 40
大正準集団 292
大正準分布 292
大分配関数 291
大偏差原理 50
多原子分子 186
断熱準静操作 151, 306
断熱消磁 151
断熱操作 306
断熱定理 130
チェビシェフ不等式 37
置換 353
秩序パラメター 406, 426
長距離相互作用 451
超流動 406
調和振動子 161
低温展開 382, 460
ディラック 351
テトロード 138
デバイ 225, 228
デバイ温度 230
デバイの比熱の式 229
デモクリトス 4
デュロン 200
デュロン・プティの法則 200, 223, 230
転移温度 405, 426
転移点 404
転送行列 439
テンソル積 342
等温吸着式 303
等確率の原理 90
統計 359
統計物理学 3
統計力学 3
等重率の原理 90

索　引

特殊相対性理論　414
特性関数　28
独立　31
凸関数　474
凸集合　473
ドップラー　266
ドルトン　5

な 行

内部自由度　345
二原子分子　185
二項分布　49
二重階乗　270
熱　130
熱輻射　233
熱平衡状態　81
熱放射　233
熱容量　116
熱浴　103, 146, 180, 236, 287
熱力学極限　436
熱力学の第一法則　81
熱力学の第二法則　121
ノーマルモード　207

は 行

背景輻射　264
ハイゼンベルク　151
排他律　358
パウリ常磁性　396
パウリの排他律　358
パーコレーション　51
波数　59, 209
波数ベクトル　62, 222, 243, 248
パスカル　21
波動関数　58
　　──の対称性　351
場の量子論　257
ハミルトニアン　57
ハミルトン　213

パリティー　353
バンド構造　390
非線形　219
左微分　477
ビッグバン　265
非平衡統計力学　95
標準偏差　35
標本点　25
ファンデルワールスの状態方程式
　　472
ブートストラップ　444
フーリエ　209
フーリエ展開　209
フェルマー　21
フェルミ　351
フェルミエネルギー　371
フェルミオン　350
フェルミ・ディラック統計　351
フェルミ分布関数　377
フェルミ粒子　350
フォノン　412
フォンノイマンエントロピー　78
不確定性関係　169
物理量　26
プティ　200
普遍性　13, 65, 73, 81, 85, 102,
　　150, 158, 200, 228
　　臨界現象の──　468
フラストレーション　432
ブラッグ・ウィリアムズ近似　472
プランク　58, 255, 260, 262
プランクの輻射公式　260
プランクの法則　260
プランク分布　260
分散　35
分散関係　205, 221
分子場　443
分配関数　107, 132
分布関数　47

平均値　29
平均場　443
平均場近似　442
平衡状態　81
平衡統計力学　3
ペラン　10
ベルヌーイ　11
ヘルムホルツ　120
ヘルムホルツの自由エネルギー　120, 133
ヘルムホルツ方程式　246
偏光ベクトル　248
ペンジアス　264
変分原理　310
ポアッソン　49
ポアッソン分布　49
ボーア　145
ボース　351, 402
ボース・アインシュタイン凝縮　402
ボース・アインシュタイン統計　351
ボース分布関数　377
ボース粒子　350
ボゾン　350
ほぼ確実に　29
ボルツマン　7, 11, 12, 95, 101, 107, 111, 168, 185, 190, 195, 200, 227, 241, 259, 321
ボルツマン因子　107, 132
ボルツマン定数　111
ボルツマンの原理　321
ボルツマンの公式　321

ま 行

マクスウェル　9, 11, 168, 185, 190, 195
マクスウェル方程式　242
マクスウェル・ボルツマン分布　11, 168
マクロ　2, 81

マクロな量子系　83
マッハ　6, 186
右微分　477
ミクロ　2
ミクロカノニカルアンサンブル　93
ミクロカノニカル分布　93
密度演算子　78
密度行列　78
無限体積極限　436
モル比熱　200

や 行

ゆらぎ　35
　エネルギーの——　116
　粒子数の——　294
　——と応答の関係　117
揺動応答関係　117

ら 行

ラグランジュ　209, 213
ラプラシアン　61
ラプラス　21, 209
ラプラスの方法　329, 453
ラングミュアーの等温吸着式　303
ランジュヴァン　150, 183
ランジュヴァン関数　183
ランダウ　391
ランダウの記号　20
ランダム変数　26
リザバー　103, 146, 180, 236, 287
理想気体　63, 185
理想フェルミ気体　381
粒子数の期待値　294, 377
粒子数のゆらぎ　294
粒子浴　287
量子化
　調和振動子の——　218, 219
　電磁場の——　256
量子光学　257

索　引

量子場の理論　257
臨界温度　405, 426
臨界現象　52, 422
臨界指数　423
臨界点　404, 422
累積分布関数　47
ルクレティウス　4
ルジャンドル変換　314, 485, 486
レイリー　253
レイリー・アインシュタイン・ジーンズの法則　253
レイリー・ジーンズの法則　253
劣グラディエント　483
劣勾配　483
劣微分　483
連成振動　202
レンツ　428
ロシュミット　8, 241

著者略歴

田　崎　晴　明
（た　ざき　はる　あき）

1986年　東京大学大学院理学系研究科博
　　　　士課程修了
　　　　Princeton 大学講師，学習院大
　　　　学助教授等を経て，
1999年　学習院大学理学部教授
1997年　第1回久保亮五記念賞受賞

主要著書

熱力学—現代的な視点から
　　　　　　（培風館，新物理学シリーズ）
くりこみ群の方法
　　（共著，岩波書店，岩波講座・現代の物理学）
相転移と臨界現象の数理
　　（共著，共立出版，共立叢書・現代数学の潮流）

Ⓒ　田崎晴明　2008

2008年12月 5 日　初　版　発　行
2025年 9 月18日　初版第18刷発行

新物理学シリーズ38
統　計　力　学　Ⅱ

著　者　田崎晴明
発行者　山本　格

発行所　株式会社　培　風　館
東京都千代田区九段南4-3-12・郵便番号102-8260
電話(03)3262-5256(代表)・振替00140-7-44725

中央印刷・牧 製本

PRINTED IN JAPAN

ISBN978-4-563-02438-3　C3342